绿色矿山系列丛书

神东煤炭集团绿色矿山建设研究与实践

王存飞　栗建平　刘　树
高文清　刘儒侠　张立辉　　著

U0342227

北　京
冶 金 工 业 出 版 社
2024

内 容 提 要

本书立足新阶段、聚焦新要求，系统阐述了神东煤炭集团及生产矿井绿色矿山建设、科技创新体系构建历程，总结分析了绿色矿山管理实践以及取得的资源效益、环境效益、社会效益。作为黄河流域最大的煤炭生产企业，神东煤炭集团努力走出了一条生态优先、绿色低碳的高质量发展新路子，为黄河流域、全国煤炭行业生态保护和高质量发展提供可借鉴、可复制、可推广的典型模式和示范标杆，充分发挥了黄河几字湾上的"绿色引擎"作用。

本书可供致力于煤炭绿色矿山建设的企业管理和技术人员及科研院所专家学者参阅。

图书在版编目（CIP）数据

神东煤炭集团绿色矿山建设研究与实践/王存飞等

著 . --北京：冶金工业出版社，2024. 8. --ISBN 978-

7-5024-9926-6

Ⅰ. TD2

中国国家版本馆 CIP 数据核字第 2024WM8567 号

神东煤炭集团绿色矿山建设研究与实践

出版发行	冶金工业出版社		电　话	(010)64027926
地　址	北京市东城区嵩祝院北巷 39 号		邮　编	100009
网　址	www.mip1953.com		电子信箱	service@ mip1953.com

责任编辑　夏小雪　美术编辑　吕欣童　版式设计　郑小利
责任校对　梅雨晴　责任印制　禹　蕊
北京建宏印刷有限公司印刷
2024 年 8 月第 1 版，2024 年 8 月第 1 次印刷
710mm×1000mm　1/16；14.5 印张；251 千字；222 页
定价 96.00 元

投稿电话　(010)64027932　投稿信箱　tougao@cnmip.com.cn
营销中心电话　(010)64044283
冶金工业出版社天猫旗舰店　yjgycbs.tmall.com
（本书如有印装质量问题，本社营销中心负责退换）

前　　言

2019年9月18日，习近平总书记在黄河流域生态保护和高质量发展座谈会上发表重要讲话，明确"黄河流域生态保护和高质量发展"作为重大国家战略。2023年10月5日，国务院发布《国务院关于推动内蒙古高质量发展　奋力书写中国式现代化新篇章的意见》（国发〔2023〕16号），提出深化体制机制改革，探索资源型地区转型发展新路径，要求全面推动绿色勘查、绿色矿山建设，探索制定促进矿山企业采用先进技术的激励政策。

绿色矿山建设是以资源合理利用、节能减排、保护生态环境和促进地企和谐为主要目标，以开采方式科学、资源利用高效、企业管理规范、生产工艺环保、生态环境恢复为基本要求，将绿色发展理念贯穿于矿产资源开发利用全过程，实现资源开发与经济效益、生态效益和社会效益的协调统一。煤炭企业绿色矿山建设是一个全新的系统工程，有着艰巨性、动态性、长期性的特点。

作为黄河流域最大的煤炭生产企业，神东煤炭集团经过几代人多年的不懈努力，成功打造了黄河流域生态保护和高质量发展先行示范，量身打造了黄河几字湾区域地企协同发展先行示范，倾力打造了高碳产业低碳发展先行示范，努力走出了一条生态优先、绿色低碳的高质量发展新路子，为黄河流域、全国煤炭行业生态保护和高质量发展提供可借鉴、可复制、可推广的典型模式和示范标杆，充分发挥了黄河几字湾上的"绿色引擎"作用。

本书共分为六章。

第一章　绿色矿山建设发展历程。收集国内和国外、中央和地方有关政策标准要求、总结国内外绿色矿山建设发展历程，分析矿业绿色发展面临的形势任务，研判未来发展趋势。

第二章　神东煤炭集团绿色矿山建设发展战略。按照矿区环境、资源开发方式、资源综合利用、节能减排、科技创新与智能矿山、企业管理与企业形象六个方面绿色矿山建设标准要求，系统总结集团及生产矿井绿色矿山建设历程。

第三章　神东煤炭集团绿色矿山建设科技创新体系。从采掘技术、大型装备、智能矿山技术、绿色低碳技术、安全管理技术等五个方面，系统论述神东煤炭集团绿色矿山建设科技创新体系构建历程，并对关键技术、核心工艺、关键装备予以详细说明。

第四章　神东煤炭集团绿色矿山建设重点工程部署与实施。系统分析2019年以来神东煤炭集团及生产矿井部署开展的34项绿色矿山建设重点工程项目部署、项目进展、实施成效，解决的关键问题，为便于比较分析和推广，分为采矿、综合利用、信息化智能化技术工艺研发与应用工程三类予以系统论述。

第五章　神东煤炭集团绿色矿山建设水平提升管理体系。结合神东煤炭集团及生产矿井绿色矿山管理实践，从提升全产业链现代企业管理效能、构建以精益化成本分析为核心的成本管理体系、形成绩效管理长效机制三个角度，提炼绿色矿山建设企业管理的亮点成果，总结形成神东煤炭集团绿色矿山建设水平提升管理体系，为其他矿山企业管理提供借鉴。

第六章　神东煤炭集团绿色矿山建设成效卓著。总结分析神东煤炭集团绿色矿山建设取得的资源效益、环境效益、社会效益。着眼于历史发展长期实践探索历程，归纳提炼形成神东煤炭集团绿色矿山建设典型模式和创新成果，在全国范围推广。

本书可供矿山企业绿色矿山从业人员、科研院所从事绿色矿山研究人员、政府机关管理绿色矿山人员和社会各界对绿色矿山建设感兴趣的人员阅读参考。

在本书编写过程中，得到了中关村绿色矿山产业联盟、北京绿海盛源认证服务有限公司、北京众华高科咨询有限公司等单位的支持。迟国铭、彭海兵、佘永明、张博、彭苏萍、孟永兵、陈殿赋、高天强、杨晓强、方中喜、叶小东、高登云、郑铁华、冯晓斌、张登山、刘小平、任满翊、李永勤、白正平、杨真、郭建军、杨建彬、周海丰、高奎英、刘兆祥、王新国、何沛东、张志杰、张永福、俞才、王志峰、马亚东、罗伙根、曹军、陈竹等人对本书给予了大力支持并提出了宝贵意见。

中关村绿色矿山产业联盟王亮、吴海军、许莉、赵伟伟、杨森、袁永榜等人参与了本书的编写。本书在编写过程中参考了相关的文献资料，在此向其作者表示衷心的感谢！

由于编者水平有限，书中难免存在疏漏和不足之处，敬请广大读者批评指正。

作　者

2024 年 5 月

目　　录

第一章 绿色矿山建设发展历程

第一节 绿色矿山内涵

一、背景

矿产资源的开发利用为社会经济发展提供了重要的物质基础和能源保障，与此同时也引发了一系列的环境污染和生态恶化问题，解决矿区的可持续发展问题具有迫切性和现实性。随着工业文明的快速飞跃，全球经济急速发展，人类社会对自然资源的开发利用达到空前规模。人口、资源、环境问题日益严重，资源短缺、环境问题关系全人类的生存和发展。矿产资源可持续开发利用、生态环境保护成为全人类重要研究课题。绿色矿山是一种全新的矿山发展模式，被认为是解决矿山可持续发展的最佳途径。随着绿色矿山建设相关政策的推广，绿色矿山试点单位数量迅速增加，绿色矿山建设稳步推进。

（一）矿业在经济发展中起着重要支撑作用

中国作为矿业大国，能源生产和消费高居世界榜首，其中一次能源、粗钢、十种有色金属、黄金、水泥等产量长期维持世界领先水平，矿产资源的开发利用为中国国民经济的增长做出了巨大的贡献。煤炭、原油、天然气、铁、铜、金、锂、钾盐等矿产资源是中国整体经济社会发展和人民生活水平提高重要的物质基础和动力来源。此外，中国作为拥有400余座矿业城（镇）的国家，长期以来，矿业发展不仅为区域的经济发展提供了重要的物质保障，在对整个社会的就业方面也表现出了较强的吸纳能力，所提供的工资水平相对较高，在带动区域经济发展、有力推动国内工业化和城镇化进程的同时，保障了社会整体的稳定。矿业在促进经济增长，维持社会稳定，改善民生等方面发挥了重要作用。

（二）资源环境对经济社会发展的约束趋紧

我国资源约束趋紧、生态环境恶化等问题尚未得到根本性解决，依靠资源消耗为主的粗放型发展方式使我们在实现经济快速增长的同时付出了沉重的环境代价，资源环境问题的日益突显已成为制约当前社会和经济发展的重要因素。其中，作为和资源环境联系最为密切的矿业，由于长期以巨大的资源消耗为代价实现经济的增长，能源消耗总量持续上升、对外依存持续提高、资源利用效率过低以及生态环境日益恶化等问题已逐步显现。同时，对比世界其他国家的能源消耗数据，我国单位产值能耗远高于世界平均水平，经济发展以巨大的能源消耗为代价，资源利用效率较低，对外依存持续提高等问题日益加重，资源保障程度已无法满足我国当前经济发展的需求。

从生态环境来看，我国整体的生态环境形势不容乐观。其中，矿业作为国民经济发展的基础产业，因其"先破坏后治理"或"破坏后无力治理"的传统发展模式使我们在实现经济增长的过程中付出了巨大的资源环境代价。由于矿产资源的勘查开采具有较强的负外部性，开发过程直接作用于自然界，必然会破坏原有的平衡，从而诱发矿山地质环境问题。近年来，伴随着矿业经济的持续增长，矿产资源的开发利用程度逐渐加深，矿区地质环境问题突出，历史遗留问题严重，地面沉降、滑坡、泥石流、水土流失等现象频繁发生。此外，工业行业中和矿业相关的 12 个行业作为重污染行业，其生产发展过程中所产生的污染物是环境污染的主要来源，是造成当地环境污染的重要组成部分。

面对生态环境问题的日益恶化，为了改善其现状，修复由于矿产资源开发等所带来的环境问题，推动实现区域的长期可持续发展，国家不得不加大环境的治理力度，命令取缔、关闭和停产重污染工业，矿业发展步入低迷，地区整体的产业结构布局以及经济发展形势均受到了极大的影响。环境事件的频繁发生，矿业开发利益主体之间的矛盾不断激化，生态环境问题已逐渐成为危害人类健康、制约经济和社会发展的重要因素。

（三）绿色矿业是实现矿业经济可持续发展的重要内容

长期以来，粗放式的矿业发展方式导致了资源浪费、环境破坏以及社会问题高发等一系列负面影响，违背了我国经济社会发展的总体目标。为此，党的十八大从战略高度上做出了大力推进生态文明建设的战略决策。党的十八届五中全会基于"四个全面"的战略布局所倡导的"创新、协调、绿色、开放、共享"的五大发展理念，成为决定我国"十三五"发展全局，乃至实现中国"由大变强"的一场深刻变革。作为国民经济的基础产业，矿业经济发展需要责无旁贷地承担起生态文明建设的战略任务，在创新、协调、绿色、开放、共享中积极承担起行业责任。此外，为打好污染防治攻坚战，在经济"新常态"的背景下，传统的矿业发展方式已无法满足未来经济发展形势的需要，为应对经济发展的要求，根据供给侧结构性改革的要求，对矿业行业进行转型升级，从根本上实现绿色发展，已是当前矿业经济发展所将面临的首要担当。

2005 年 8 月 15 日，时任浙江省委书记习近平同志在湖州安吉余村调研考察时，提出"绿水青山就是金山银山"理念。2005 年 12 月，湖州在全国率先提出建设绿色矿山，把矿山生态环境保护作为当务之急，作为贯彻"绿水青山就是金山银山"理念的具体实践，努力打通"绿水青山"和"金山银山"转换通道，实现"青山"和"金山"的互动共赢。

（四）新时期煤炭绿色矿山建设的重要性

（1）贯彻新发展理念的客观要求。绿色矿山建设是我国未来矿业发展方向，是贯彻"创新、协调、绿色、开放、共享"五大新发展理念的必然要求。煤炭行业只有顺应时代发展潮流，全面贯彻落实新发展理念，牢固树立"绿水青山就是金山银山"的绿色发展理念，将绿色发展理念贯穿于煤炭资源规划、勘察、开发利用与保护全过程，才能引领和带动煤炭行业实现高质量发展。

（2）转变发展方式的必然选择。当前，随着资源和环境压力的日益增大，转变经济发展方式成为战略要求。要通过转变发展方式，推动矿业经济发展向主要依靠提高资源利用效率转变。煤炭行业建设绿色矿山，既是提高能源资源保障能力的现实选择，也是转变发展方式、建设节约型社会的必然要求。

（3）尽心尽力履行社会责任的必然要求。煤炭企业建设绿色矿山，使企业将高效利用资源、保护环境、促进矿地和谐的外在要求转化为企业发展的内在动力，自觉承担起节约集约利用资源、节能减排、环境重建、土地复垦的社会责任。同时，建设绿色矿山对于完善矿产资源管理，全面规范矿产资源开发秩序具有重要意义。

二、概念与内涵

绿色矿山是指在矿产资源开发全过程中，实施科学有序的开采，对矿区及周边生态环境扰动控制在可控范围内，实现矿区环境生态化、开采方式科学化、资源利用高效化、企业管理规范化和矿区社区和谐的矿山。

矿区环境生态化，强调坚持生态优先、保护优先和"三同时"原则，边生产、边治理、边恢复，保障矿区生产和生活环境的安全性、生态性、保障性、便捷性和舒适性。开采方式科学化，要求资源开发应选择资源节约型、环境友好型开采方式，最大限度地减少资源开发对周边环境的扰动和破坏。资源利用高效化，强调在开采主要矿产的同时，对具有工业价值的共生和伴生矿产统一规划、综合勘查、综合评价、综合开采、综合利用，实现资源高效开发。企业管理规范化和矿区社区和谐化，则要求矿山企业建立完善绿色矿山管理制度，规范企业管理，履行企业社会责任，促进矿地和谐发展。

结合当前新形势和新的发展要求，绿色矿山的内涵是以发展绿色经济，实现资源效益、生态效益、经济效益和社会效益的协调统一为目标，以依法办矿、规范管理、安全生产为前提，以资源高效利用、环境保护、节能减排和社区和谐为核心，以科技创新为保障的一种全新的矿山建设和经营模式。

第二节　我国绿色矿山建设发展历程

"绿色矿山"作为矿业一个全新的、多维的发展理念和模式，是伴随着矿业发展阶段同步发展起来的，从提出到形成再到发展经历了相当长的过程。大致划分为以下三个阶段：谋划起步阶段（2002—2008 年）、试点探索阶段（2008—2014 年）、快速发展阶段（2015 年至今）。

一、思想引领　地方实践

2002 年，联合国开发计划署驻华代表处组织撰写的《中国人类发展报告2002：绿色发展 必选之路》，指出中国的发展对全球稳定至关重要，强调中国的绿色改革之路是"平衡增长的未来"之路，中国将传统的自然与环境价值观作为可持续发展的基础，并继续与国际社会接轨，逐渐形成自己的可持续模式。具有中国色彩的"绿色发展"理念，逐渐进入我国政府管理与社会研究的视野。

2003 年，科学发展观提出后，统筹人与自然和谐发展，处理好经济建设、人口增长与资源利用、生态环境保护关系的可持续发展要求，对我国长期形成的，存在着矿产资源开发利用粗放浪费、综合利用率较低、矿产开发小散乱和矿山环境破坏等突出问题的粗放型增长方式，提出了巨大挑战。需要在坚持可持续发展观念的基础上，重新审视传统矿产资源管理与开发利用方式的弊端，创新推进矿业的可持续发展。

2007 年 11 月 13 日，原国土资源部主办的中国国际矿业大会在北京开幕，此次大会以"坚持科学发展观，推进绿色矿业"为主题，明确中国政府将建立健全适应市场经济规则的矿业运行机制和管理制度，推动矿业走节约、清洁、安全和可持续的发展道路。针对绿色矿业政策、资源高效利用、矿山环境与矿业安全以及国际矿产品市场等问题，提出从"勘探、节约、环保、秩序、合作"五个方面倡导发展绿色矿业、建设绿色矿山，对绿色矿山建设工作"谋篇布局"。

2008 年 11 月 22 日，由原国土资源部、中国铝业股份有限公司、中国矿产联合会主办的"2008 年中国矿业循环经济论坛"在南宁召开。本次论坛的主旨是贯彻落实科学发展观，发展循环经济，建设绿色矿业，建设资源节约型、环境友好型和谐社会，促进经济又好又快持续发展。其间中国矿业联合会会同中国铝业公司、首钢矿业公司等十一家矿山企业、行业协会，共同签订了《绿色矿山公约》，主要内容包括坚持科学发展观，建设绿色矿业；坚持依法办矿；坚持科学规划与管理；坚持科技进步与创新；加强综合利用，实施循环经济，确保矿区环境达标，建设新的矿区生态环境；加强土地复垦；加强企业文化，确保安全生产；承担社会责任，建设和谐矿区；坚持以人为本与文明建设。

在中央指引下，地方对绿色矿山的发展进行了积极探索，制定并出台了矿山建设的相关文件，都将"绿色"的理念融入其中。2003 年，河北省国土资源厅发布《关于印发"河北省绿色矿山建设实施方案"的通知》（冀国土资环〔2003〕32 号）、《关于进一步落实"河北省绿色矿山建设实施方案"的通知》（冀国土资环〔2003〕32 号），使矿山地质环境保护工作更加规范。2004 年，黑龙江省全面实行矿山生态环境准入制、矿山地质环境保证金制、环境影响评价和危险性评估管理制三项制度，遏制以牺牲生态环境为代价进行矿产资源开发的行为。2005 年，浙江在全国率先启动创建绿色矿山的试点，先后制定了《浙江省绿色矿山创建指南》《浙江省省级绿色矿山创建管理暂行办法》等有关绿色矿山的文件以及全省绿色矿山考核指标。湖州市政府出台了《湖州市人民政府关于创建绿色矿山的实施意见》（湖政发〔2005〕81 号），提出了创建绿色矿山的指导思想、总体目标、绿色矿山基本条件，将《湖州市矿产资源总体规划（2005—2015 年)》提出的绿色矿山"五化"内容进一步细化成 24 项具体标准。湖州市按"证照齐全、管理规范、诚信守法、规模经营、自愿申报"的原则，分建筑石料、石灰石、膨润土三类，选择湖州新开元碎石有限公司青山矿、鹿山坞矿业有限公司鹿山坞矿、中国南方水泥有限公司大煤山矿等 7 家矿山企业作为试点，编制了建设方案，采取"一年试点先行""三年全面实施"的步骤，大力推进绿色矿山建设。试点积累了有益的经验，树立了典型，发挥了示范引领作用。江苏省进行"绿色矿山建设考评指标研究"项目，在分析江苏省典型矿山的基础上，提出绿色矿山建设的基本条件、标准和考评指标体系。

二、整体规划 试点探索

2008 年 12 月，国务院批准实施的《全国矿产资源规划（2008—2015 年）》指出："为全面贯彻党的十七大精神，深入落实科学发展观，切实落实节约资源和保护环境的基本国策，促进我国矿业持续健康发展，提高矿产资源对经济社会可持续发展的保障能力，实现全面建设小康社会宏伟目标，特依据《中华人民共和国矿产资源法》及其实施细则等法律法规，制定本规划"。《规划》中，首次明确了发展绿色矿业的整体要求，并确定"到 2020 年基本建立绿色矿山格局"的发展目标。这也标志着绿色矿山纳入国家和政府重点工作任务，开始统筹推进绿色矿山建设和绿色矿业发展。

2010 年 8 月 13 日，原国土资源部发布了《关于贯彻落实全国矿产资源规划发展绿色矿业建设绿色矿山工作的指导意见》（国土资发〔2010〕119 号），明确提出了发展绿色矿业的要求，随文附带了《国家级绿色矿山基本条件》，对绿色矿山的基本条件进行了规定：依法办矿、规范管理、综合利用、技术创新、节能减排、环境保护、土地复垦、社区和谐、企业文化。这是第一次以政府文件的形式提出了关于建设"绿色矿山"的明确要求，也是推进绿色矿山工作的重要指导性文件。

2011 年 3 月 14 日，第十一届全国人民代表大会第四次会议批准发布《国民经济和社会发展第十二个五年规划纲要》，其中明确要求"发展绿色矿业，强化矿产资源节约与综合利用，提高矿产资源开采回采率、选矿回收率和综合利用率。"同年 3 月国土资源部公布了首批 37 家国家级绿色矿山试点单位名单，由此拉开了创建国家级绿色矿山试点单位的序幕。

2012 年 3 月，国土资源部遴选 183 家矿山企业为第二批国家级绿色矿山试点单位；次年 4 月评选出 239 家单位为第三批试点单位；2014 年 7 月，确定 202 家单位为第四批试点单位。至此，全国共有四批 661 家绿色矿山试点单位，涉及能源、黑色、有色、黄金、化工、非金属及建材等各行业，涵盖全国 29 个省（自治区、直辖市），为推进我国绿色矿山建设打下了坚实基础。

三、完善制度　全面推进

2015 年，中共中央、国务院先后印发了《关于加快推进生态文明建设的意见》和《生态文明体制改革总体方案》，对推动绿色发展做出了全面部署。其中，明确提出了加强绿色矿业发展工作，对绿色矿山建设的要求也更加明确。

2016 年 3 月，"大力推进绿色矿山和绿色矿业发展示范区建设"作为重点任务和重大工程在《国民经济和社会发展第十三个五年规划纲要》中进行了统筹安排及部署；11 月国土资源部发布了《全国矿产资源规划（2016—2020 年)》，提出"到 2020 年基本建立安全、稳定、经济的资源保障体系，基本形成节约高效、环境友好、矿地和谐的绿色矿业发展模式"。

2016 年 3 月 17 日，《国民经济和社会发展第十三个五年规划纲要》印发，将"大力推进绿色矿山和绿色矿业发展示范区建设"作为重点任务和重大工程进行部署。

2016 年 11 月 2 日，《国务院关于全国矿产资源规划（2016—2020 年）的批复》（国函〔2016〕178 号）明确要求，"通过规划实施，到 2020 年基本建成节约高效、环境友好、矿地和谐的绿色矿业发展模式"。

2017 年 3 月 22 日，《国土资源部 财政部 环境保护部 国家质量监督检验检疫总局 中国银行业监督管理委员会 中国证券监督管理委员会关于加快建设绿色矿山的实施意见》（国土资规〔2017〕4 号）印发，明确了绿色矿山建设三大建设目标，提出施行"四类"支持政策，全面推进绿色矿山建设工作。

2017 年 5 月，国土资源部部署启动了绿色矿山建设工作，并召开了绿色矿山建设动员部署视频会。

2018 年，自然资源部公告发布了非金属、化工、黄金、煤炭、砂石、石油、水泥灰岩、冶金、有色 9 个行业绿色矿山建设规范，要求矿山企业在贯彻"创新、协调、绿色、开放、共享"新发展理念的基础上，坚持依法办矿的过程中，矿山企业需要构建符合矿区环境、资源开发方式、资源综合利用、节能减排、科技创新与数字化矿山、企业管理与企业形象等 6 个方面建设规范的绿色矿山。9 个标准的发布，标志着我国绿色矿山建设进入了制度化、规范化、标准化阶段。

2019 年 7 月 9 日，由自然资源部矿产资源保护监督司指导，中国自然资源经济研究院联合相关单位编制的《绿色矿山建设评估指导手册》正式发布，手册为各省（市、县）开展 2019 年度绿色矿山遴选工作提供重要参考依据。

2020年6月1日，为做好绿色矿山遴选工作，自然资源部矿产资源保护监督司印发《绿色矿山评价指标》和《绿色矿山遴选第三方评估工作要求》，对评价指标标准进行了统一，并对第三方评估工作进行了规范。评价指标从矿区环境、资源开发方式、资源综合利用、节能减排、科技创新与智能矿山、企业管理与企业形象6个方面，明确了100项评价指标，作为评价矿山企业是否符合标准要求的依据。

2020年9月，我国在第七十五届联合国大会一般性辩论上郑重宣布中国二氧化碳排放力争于2030年前达到峰值，努力争取2060年前实现碳中和这一"双碳"目标。矿产资源作为全球能源转型过程的重要一环，矿业也将迎来前所未有的发展机遇，与此同时，矿业也面临着产品成本增高、矿石品位下降、产能提升不确定性增加、环境社会约束大、投资风险高等诸多挑战与困难，矿业绿色发展已是必由之路。

2021年10月8日，中共中央、国务院印发《黄河流域生态保护和高质量发展规划纲要》，要求落实绿色矿山标准和评价制度，2021年起新建矿山全部达到绿色矿山要求，加快生产矿山改造升级。

2021年12月15日，生态环境部等18部门联合印发《"十四五"时期"无废城市"建设工作方案》，要求"全面推进绿色矿山、'无废'矿区建设，推广尾矿等大宗工业固体废物环境友好型井下充填回填，减少尾矿库贮存量"，并将绿色矿山建成率先作为必选评价指标。

2022年1月30日，自然资源部印发《自然资源部办公厅关于开展绿色矿山"回头看"的通知》（自然资办〔2022〕168号），部署开展绿色矿山回头看工作，加强绿色矿山监督管理。

2023年10月5日，国务院发布《国务院关于推动内蒙古高质量发展奋力书写中国式现代化新篇章的意见》（国发〔2023〕16号）提出深化体制机制改革，探索资源型地区转型发展新路径。在推动矿产资源有序开发利用方面，要严格落实国土空间规划、用途管制和生态环境分区管控要求，做好能源资源基地、国家规划矿区、重点勘查开采区与生态保护红线、自然保护地的衔接，基本草原内允许新设经依法依规批准的国家重大矿产资源勘探开发项目。全面推动绿色勘查、绿色矿山建设，探索制定促进矿山企业采用先进技术的激励政策。完善矿产资源节约与综合利用相关制度，务实加强矿山安全保障设施和能力建设，分类处置不具备安全生产条件的矿山，推动非煤矿山资源整合，鼓励综合开发利用与煤共伴生资源。

与此同时，各省积极加入绿色矿山建设的热潮，制定并出台了适合地方的一系列制度文件。2013 年，广西壮族自治区发布《广西绿色和谐矿山建设规划（2011—2020 年）》，福建省制定《全省矿山复绿行动实施方案》，将绿色矿山建设作为生态省建设的重要内容。

内蒙古自治区政府及相关部门，及时制定出台了相关实施方案、规划、制度。2012 年内蒙古制定区域绿色矿山的实施方案，建立国家级-自治区级-盟市级三级绿色矿山管理体制。

2021 年 10 月 22 日，内蒙古自治区人民政府印发《内蒙古自治区人民政府办公厅关于印发自治区"十四五"工业和信息化发展规划的通知》（内政办发〔2021〕63 号），在"优化升级能源和战略资源基地"中提出，要依据生态环境承载力，有序高效开发能源资源，大力发展现代能源经济，推动形成多能互补、综合利用、集约高效的能源生产供应方式，保护性开发稀土等战略资源，高值化利用战略资源，为确保国家能源和战略资源安全、满足自治区经济发展需求提供坚实有力支撑。统筹生态环境保护与煤炭开发生产，科学确定煤炭开发布局、开发秩序和开发强度，加快淘汰煤炭落后产能，有序释放先进产能，稳定煤炭产量，增强供给、储备和调节能力，推进煤炭清洁高效利用。加快建设绿色煤矿、智能煤矿，到 2025 年生产煤矿全部达到绿色矿山标准、智能煤矿标准。

2022 年 8 月 19 日，内蒙古自治区人民政府印发《内蒙古自治区人民政府关于印发自治区矿产资源总体规划（2021—2025 年）的通知》（内政发〔2022〕24 号）。在第六章"矿业绿色发展"中提出全面推进绿色矿山建设。一是规范绿色矿山建设。构建"政府引导、企业主体，标准引领、政策扶持、强化监管，落实责任、激发活力"的绿色矿山建设新机制。进一步完善符合自治区实际的绿色矿山建设标准体系，将绿色发展理念贯穿矿产资源开发全过程，开展绿色矿山建设行动，实行第三方评估制度和绿色矿山名录管理制度。新建矿山要全部达到绿色矿山建设标准；生产矿山要按照绿色矿山建设标准加快改造升级，限期达到绿色矿山建设标准。二是加大政策支持力度。实行矿产资源支持政策，对实行总量调控矿种的开采指标、矿业权投放，符合产业政策和矿山发展规划的，优先向绿色矿山安排。保障绿色矿山建设用地，将绿色矿山建设所需项目用地纳入规划重点项目清单，并在土地利用年度计划中优先保障新建、改扩建绿色矿山合理的新增建设用地需求。支持绿色矿山企业复垦，盘活存量工矿用地。加大财税政策支持力度。

第三节 我国绿色矿山建设现状

自开始试点工作以来，我国绿色矿业发展已走过 10 余年光辉历程，发展绿色矿业、建设绿色矿山成为新形势下矿产资源管理与矿业发展的重要方向和工作抓手，是矿业行业践行习近平总书记生态文明思想的实际行动。经过企业自评、第三方评估、省级核查推荐，除北京和上海外，全国 29 个省（市、区）共有 1200 余家矿山企业被评选纳入全国绿色矿山名录库。绿色矿山建设在全国已取得了一定成效，也得到了社会的认可，为在全国范围内推广和引领绿色矿山建设起到了非常重要的指导和借鉴作用。

一、绿色矿山建设取得的成效

绿色矿山建设从倡导绿色发展理念，凝聚行业发展共识，到各地积极探索实践，上升为国家战略和行动，在转变资源利用方式、提高资源利用效率、协调资源开发与生态保护的关系、推进企业履行社会责任等方面都发挥了重要作用，取得了显著成效。

矿业绿色发展理念日益深入人心。各地、各部门共同推进绿色矿山建设和矿业绿色发展，将绿色发展理念融入矿产资源规划、勘查、开发利用与保护全过程。各地纷纷制定绿色矿山建设相关政策标准、制度、办法和奖励措施，大力引导矿山企业绿色转型发展。越来越多的矿山企业认识到，只有主动适应绿色发展形势要求，加强技术研发，加快绿色工艺设备升级，建立运行高效的管理模式，推动矿地融合发展，才能有效提升市场竞争力和可持续发展能力。此外，矿业绿色发展理念融入"一带一路"倡议，如紫金矿业在塞尔维亚、华钰矿业在塔吉克斯坦严格按照绿色矿山建设标准开展相关项目建设，获得当地政府和民众的肯定和支持。

绿色矿山建设标准体系逐步构建。自然资源部发布有色、冶金等 9 项绿色矿山建设行业标准，印发了评价指标和第三方评估工作要求。在此基础上，浙江、湖南等 16 个省发布了 60 余项地方标准，制定了具体量化评估指标和评估管理办法。山东黄金集团、中国石油等大型矿业集团，积极研制企业标准并实际应用。目前，国家标准、行业标准、地方标准、团体标准、企业标准相互配合，主要行业全覆盖、有特色的绿色矿山标准体系已初步形成。

管理体制机制逐步建立。"部门协同、四级联创、企业主体、第三方评估、社会监督"的工作机制已经形成。29 个省（区、市）印发绿色矿山建设实施方案或规划。20 个省级自然资源主管部门联合财政、环保、质检、银监等部门，建立了部门协调机制或联席会议制度，为绿色矿山建设工作提供有力组织保障。内蒙古、湖南、山东等 9 个省（区）制定出台绿色矿山建设管理办法；《陕西省秦岭生态环境保护条例》首次将"绿色矿山建设"写入法规；青海省等地在矿业权出让合同公告中明确提出绿色矿山建设的相关要求；浙江省开展"互联网+绿色矿山"数字化移动监管平台的建设，实现绿色矿山工作全流程监管。

矿地和谐发展格局初步形成。注重以人为本，强化环境健康和社会风险防控，倡导"开发一方资源、促进一方发展、造福一方百姓"。

矿业绿色发展与国家区域发展总体战略相结合，在乡村振兴、精准扶贫、解决当地就业、基础设施改善等方面发挥了积极推动作用。各地积极探索建立企地磋商协作机制、共享资源收益机制，引导矿山企业与当地群众共享发展收益，实现矿地融合发展。比如，吉林伊通在编制矿产资源开发利用方案及相关规划与矿区新农村建设规划及基础设施建设规划有机结合；湖北夷陵建立健全磷矿产业共享基金制度和政府磷化产业发展专项基金制度；新疆伊州矿山企业组织开展"百企帮百村"活动，为贫困人员提供了较多就业机会，加快了脱贫攻坚的进度。

二、绿色矿山典型发展模式

我国在绿色矿山试点推进和建设过程中，各地矿山强企业因地制宜、积极探索，形成了一批可复制可推广的典型模式，彰显了示范引领作用。如：大幅减少固废排放和更多利用资源的井下充填绿色开采模式，实现共伴生资源效益最大化的资源综合利用模式，立体化工厂化的集约化建设模式，矿山土地复垦和节约用地的采矿用地新模式，工矿景观旅游与矿区复垦绿化相结合的矿山遗迹多功能融合模式，"开一方资源、惠一方百姓"的矿地和谐模式，将绿色发展融入企业常态化管理提高市场竞争力的绿色管理创新模式，吸引社会资金共同促进绿色矿山建设的绿色金融发展模式等。

（一）绿色开采模式

实现绿色开采是矿山开发的首要任务，是合理利用资源和做好生态环境保护的重要内容。为提高煤炭开采回采率，减少矸石占地和地面塌陷，着力打造以山东新汶集团为代表的"以矸换煤"绿色开采新模式，实现"矸石不升井、矸石山搬下井"，既解放了资源，也减少了土地塌陷毁损，保护了耕地。神华集团黑岱沟煤矿坚持边开采边治理，着力建设稳定的矿区生态环境，矿区及周边植被覆盖率由开发前的11%提高到目前的62%以上。抚顺矿业集团东露天矿全面推行采空区回填和土地复垦，矿区绿化覆盖率达可绿化面积的91%，形成"煤海绿洲"。湖州新开元碎石有限公司采用高压喷淋、喷雾抑尘技术以及封闭式输送系统，形成"环保化开采、清洁化加工、无尘化运输"的绿色生产模式。山西义棠煤业保水开采实现带压区安全开采，保护奥灰水不受破坏。南京栖霞山铅锌矿采用上向分层胶结充填采矿法和浮选+磁选选矿工艺，实现了选矿废水、尾矿和采掘废石零排放和资源化全部利用。锦丰金矿在采矿上采用完善的品位控制和过程控制机制，应用细菌氧化预处理技术进行处理高砷、高汞难选冶含金矿石，突破了复杂破碎金矿高效开采工艺难题，并获得国家科学技术奖二等奖，2017年选冶总回收率达86.31%，远高于设计指标。

（二）资源综合利用模式

资源节约与综合利用是绿色矿山建设的重要内容，综合开发低品位、难选冶、共伴生资源，既提高了资源利用效益，又减少了储量动用并解决了资源禀赋不好的问题。通过采选技术创新，内蒙古白云鄂博实现铌、钪综合回收技术突破。浙江遂昌金矿实现了采矿回采率保持在99.2%以上、选矿回收率保持在95.8%以上、采矿贫化率保持在18%以下，并制定了一系列制度与办法。同煤塔山矿加强对煤炭、煤矸石、高岭土、粉煤灰等综合利用，打造了"绿色开采、综合利用、吃干榨净"的循环经济发展模式。四川攀钢创新选矿装备集成和全尾矿深度回收利用技术，实现钛、钴等多种共伴生元素的综合回收。河北冀东等创新选矿技术路线和推广适用技术使低品位得到规模化综合利用。安徽铜陵创新矿山管理模式实现千米深井开采及伴生硫、铁资源高效回收利用，显著增强综合经济效益。广西南丹实现对细脉易自燃资源的再利用，释放难采储量，完成塌陷区烟气的综合治理。云磷集团创新选矿技术，低品位胶磷矿入选品位由23%降至20.9%。瓮福集团高效开采磷矿，综合回收伴生碘、氟资源，并回收化工废水用于选矿，实现废水零排放。广东云浮硫铁矿利用低品位硫铁矿生产硫精矿，用烧渣资源生产铁精粉，走出了综合回收"铁"的新路子。

（三）采矿用地新模式

矿山复垦是对矿山土地开发利用及其影响范围内生态环境恢复的过程，是统筹推进区域山水林田湖草系统治理的重要组成部分。哈尔乌素露天煤矿经过表土采集堆存-岩石排弃压实-表土覆盖-土地覆盖-土地整形等一系列规范措施对矿山排土场进行改造，改造后再进行种草、种树，对土地进行养护。经过人工复垦的矿山征用土地土壤熟化后，表层土壤结构得到极大改善，昔日"鸡爪子山"变成了一碧万顷的沃土良田。广西平果铝土矿运用采矿临时用地-复垦还地良性循环创新模式，大规模高标准开展矿区复垦，重建了以农业耕地为主、林灌草优化的人工生态系统，实现政府、企业、农民多赢的采矿临时用地-复垦还地良性循环创新模式。瓮福磷矿采取工程治理和自然恢复相结合的方式，通过实施场坪、边坡整治、覆土、修筑边坡沟及防洪排水设施和拦挡设施、植树植草绿化等建设内容，对破坏的地质环境进行工程治理及人工复绿。

节约土地是在满足矿山建设基本功能的前提下，采取一系列政策技术措施，减少对土地资源的消耗，开发用地的潜力，不断提高节约用地的程度和水平。云南锡业集团以整合资源、统一规划、产能优化配置、中小矿群集约开发为核心的"区域矿山"建矿模式，对多个旧矿区，重新统一规划，创建了以5座集约化矿山、3座现代化选厂和3大生产辅助系统为主体的区域矿山，区内传统小矿开采模式得到了根本性改变。

（四）矿山遗迹多功能用途开发模式

矿山遗迹多功能用途开发模式即是通过打造生态园林、度假村、矿山公园等功能区的方法来实现矿山遗迹生态效益、经济效益和社会效益有机统一的一系列方法和过程的集合。如四川嘉阳矿山将博物馆、采矿遗迹、尾矿库、塌陷复垦绿化区等有机融合，建设成为工矿旅游景观；徐州市贾汪区利用采煤塌陷区，通过"基本农田整理、塌陷地复垦、生态环境修复、湿地景观开发"的"四位一体"建设模式，建成潘安湖湿地公园；宁波北仑通过综合利用土地资源撬动废弃矿山环境修复，将矿山生态环境治理与乡村振兴、地质灾害治理、全域土地综合整治等有机结合，利用"牛头颈"废弃矿山的独特地势，打造全球唯一的高山台地赛车场。治理过程中应根据治理对象的特征因地制宜选择相应的方法。对于离城镇居民点较近，交通较便利的矿山，通过对治理区域的边坡削坡降坡、废弃地的平整清理、土地复垦与植被恢复、绿化养护等处理，建成各具特色的生态园林。对于远离城镇居民点或地处农村的矿山，利用特有的自然景观和农业优势建设成集生产、观光、休闲娱乐一体的生态农庄。

（五）矿地和谐模式

倡导企业开发一方资源，造福一方百姓，促进矿地和谐，是绿色矿山建设的重要目的之一。很多绿色矿山企业地处偏远山区和贫困地区，十分重视与当地群众共享开发收益，既实现了资源优势转变为经济优势，也有利于当地群众摆脱贫困。云磷集团探索形成以"矿业反哺农业，扶持集体经济，企业文化交流，建立沟通机制"的"云磷—汉营模式"，每年解决当地就业 3200 人次，修建道路和农灌工程，定期组织医疗、文艺进村等活动；辽宁抚顺罕王傲牛铁矿支持新农村建设，带动一个贫困村发展成为远近闻名的富裕村；广西平果铝土矿率先进行矿业用地改革试点，实行边开矿边复垦，及时还地于民，实现"采矿无痕、绿色矿山、协调发展"的良性循环。

（六）绿色管理模式

绿色管理模式指的是企业将绿色发展理念贯穿企业经营管理全过程，在追求企业发展的同时降低或避免生产过程及产品给生态系统带来的污染和破坏，实现经济与环境的共赢。紫金矿业将绿色矿山管理要求融入 ESG 管理体系中，明确到 2030 年，所有矿山达到绿色矿山建设标准；中钢富全矿业结合价值管理、标准化管理、风险管理等管理理论和方法提出了包含三大体系的"RHO"高效管理模式，并将其作为"五位一体"绿色矿山建设的制度保障。

（七）绿色金融模式

在生态文明建设日渐深入人心、绿色矿山建设成为行业共识并进入实质性推进阶段的当下，绿色金融正通过其强大的杠杆功能，探索融入绿色矿山建设的有效模式，成为绿色矿山建设的助推器。如 2019 年 3 月 22 日，山东黄金 10 亿元债券募集资金到账，标志着全国首单绿色矿山债券在山东省成功发行，将全部用于绿色矿山建设项目，主要面向污染防治、资源节约与循环利用、清洁能源生产等新旧动能转换重大工程。

三、全国绿色矿山名录

2019 年以来，先后遴选两批 1200 余家绿色矿山进入全国绿色矿山名录，并实施动态管理。

（一）大中型矿山占绝对优势

按矿山规模来看，大型矿山 779 家，中型矿山 367 家，小型矿山 126 家，大中型矿山比例 90.1%，小型矿山不足 10%，分析其主要原因在于大中型矿山的资金、设备、技术、人才队伍等软硬件实力都比较强，能够投入更多资金建设绿色矿山，而小型矿山受经济实力的影响，相对投入建设绿色矿山的资金有限，所以对于他们来说，绿色矿山建设的难度相对比较大。

大型矿山中，非金属矿占比最高达到46%，以水泥用灰岩为主；能源矿山占比近32%，且90%的大型矿是煤矿，金属矿产占比21.18%，以铁矿为主；水汽矿产最少，只有矿泉水4家。

（二）开采方式以地下开采为主

从开采方式来看，地下开采矿山695家，占绿色矿山数量的54.64%；露天开采矿山502家，占绿色矿山数量的39.37%，低于地下开采10个百分点；露天地下联合开采75家，占矿山数量的近6%。地下开采中，能源矿产占近48%，且以煤矿为主，占比75%；金属矿占41%，以金矿为主；非金属矿仅占10%。

（三）不同区域绿色矿山建设各具特色

中部地区绿色矿山数量占到了三分之一，矿种上以非金属矿为主。西部地区大中型绿色矿山比例超过全国水平，约占全部绿色矿山数量的三分之一，以能源绿色矿山占比最高。东部地区绿色矿山是地下开采，占比达52%。东北部地区绿色矿山建设以大中型为主。

（四）非金属矿产绿色矿山建设上升空间大

能源矿产、金属矿产、非金属矿产的绿色矿山数量占比分别是28.93%、31.68%和38.99%，但和三类矿产占全国矿山数量的比例相比还有一定差距，非金属矿产绿色矿山数量占比与全国绿色矿山数量占比差异达到30.35%，分析原因主要是非金属矿开发利用对生态环境的影响相对较大、更直观，而且在开发利用效率、科技创新等方面还存在短板，因此，对于非金属绿色矿山建设应加大技术创新和管理创新的力度。

第四节　国外矿山绿色发展情况

对于绿色矿山，国外并没有明确的提法，但对矿产资源开发利用、矿山生态环境保护与矿业经济发展进行了系统的研究。A. W. Clark（1999年）理论论证了矿产资源开采、矿山环境、社区与经济间具有一致的兼容性。Preston S. Chiaro（2001年）指出，在矿业开发利用过程中，矿业公司既能为社会提供必要的矿产品，又必须为保护生态环境、提供社会福利之间做些事情。矿山经营必须处理好的几个关系中，Morrison，Lisa（2002年）认为最重要的有三点：第一点要最大限度地服务股东，按股东大会决定的目标，实现最大限度的收益，提供最高资本投资回报率；第二点是经营管理好矿山企业，实现矿产资源的帕累托最优配置；第三点，也是最重要的一点，就是最大限度地减少对矿山环境的破坏，恢复、治理矿区生态环境，并在矿山经营过程中给予矿山环境补偿。这种观点，实质上就是建设绿色矿山，发展绿色矿业的重要内涵。杰克·科林（2007 年）、K. H. Esbensen（2009 年）、P. Geladi（2009 年）等均指出：矿产资源开发利用过程中一定要拓展矿业延伸领域，充分考虑矿产资源的利用效率、环境的保护效率、矿工的健康、安全、区域经济和社会的协调发展。Hilson 分析了矿山环境保护、企业绩效和社会道德责任之间各利益相关群体的关系；O'Regan 等用系统动力学模型研究了在可持续发展目标下的矿业政策与企业投融资决策之间的定量关系；Prinsloo 等评估了南非矿业市场化过程中环境绩效和经济绩效；D. C. Yearley（2007 年）、J. A. Ocampo（2011 年）、E. B. Barbier（2010 年）指出：矿业是一种特殊产业，矿山企业是微小单位，在其经营过程中，必须创新经营模式，通过这种经营模式，适应矿山当地的政府管理、周边环境、当地社区群体的需求，实现矿业经济的协调、可持续性发展。Maheshi 等用生命周期评价模型分析了基于不同情景下的斯里兰卡废料矿山经济与环境效益。

在具体实践方面，国外并没有明确的"绿色矿山"提法，但在矿产资源开发利用过程已经体现了"绿色矿山"的内涵。早在 19 世纪，英、美等西方国家就注重对矿区植被的保护，以及对矿区周边环境的美化上。第二次世界大战以后，随着经济社会发展对自然资源的消耗速度急剧增加，以及"资源特别是能源、矿产资源等是有限的"意识增强，提高资源的利用效率成为政界和学界研究的焦点，矿产资源开发利用也从单纯的环境保护延伸至"资源的综合利用"。

当前，资源环境问题已成为世界各国经济社会发展的重要制约，绿色发展成为世界发展的主流，"绿色""可持续""负责任""透明度"等关键词已经逐步成为全球矿业发展的基本理念与遵循，节能减排与环境保护任重道远，科技创新成为人类发展与进步的唯一途径。在此经济社会背景下，澳大利亚、加拿大、美国、英国、芬兰等发达国家采取了一系列措施，制定了保护矿山环境的法律法规，对矿产资源的勘查和开发进行了严格的限制，环境的可持续发展居于压倒一切的地位，不允许以牺牲环境为代价进行矿业开发活动。

一、澳大利亚

澳大利亚号称"坐在矿车上的国家"，是全球最重要的矿产资源供应地，矿业是其支柱产业和传统产业之一。经过多年的矿业发展和100多年矿业立法历史，澳大利亚已经成为全球矿业管理最好的国家之一。目前，澳大利亚矿业发展处于"矿业2.0（绿色矿业发展阶段）"向"矿业3.0"（智能化发展阶段）的过渡期，其绿色矿业发展模式成熟、机制体制完善，实现高度数字化和智能化矿山是其深化绿色矿业发展的创新模式。

澳大利亚政府高度重视生态环境持续改善，在推进绿色矿业发展过程中，首先树立了大的地球生态系统观，将矿区视为周边生态系统重要的一部分，考虑到矿山勘探和开发会对周边的植被、地质构造、地表水和地下水系统、生物多样性等产生较大的影响。因此，澳大利亚推进绿色矿业发展目标是以勘探、开发和修复等矿业活动必须围绕生态系统最小的影响和较大的恢复韧性为条件开展，政府重点从源头控制，注重准入制度和机制建立，通过市场机制倒逼矿山企业走金融化、规模化、集约节约化、现代化、机械化的绿色矿山建设之路，形成优胜劣汰的市场退出机制。

在澳大利亚，首先，政府依据《环境和生物多样性保护法（1999）》对矿山项目进行环境评估和审批，评估工作主要委托第三方专业评估机构开展，政府管理部门根据评估结果和评估意见进行审批，批准后才能开展矿业活动。其次，开展矿业活动前矿业企业还要依法编制《矿山环境保护和关闭规划》，并向国家缴纳抵押金作为"矿山关闭基金"用于矿山关闭后的生态恢复、设施拆除、产业转型等。最后，矿业公司要依据州政府批准的《开采计划与开采环境影响评价报告》开展矿业活动，边开采边进行生态恢复，包括：植被恢复、土地复垦、酸性废水的处理和矿山环境治理的验收等。验收由政府主管部门根据矿业公司制订的《开采计划与开采环境影响评价报告》而确定的生态环境治理协议书为依据，组织有关部门和专家分阶段进行验收。政府会对矿山生态环境恢复好的矿业公司通过降低抵押金或颁发奖章来激励。

澳大利亚绿色矿业发展模式总体上围绕矿山环境生态系统最小影响和恢复为原则，依据相关法律法规，由企业自行编写环境保护和矿山修复的规划和工作计划，政府负责评审和验收，激励手段是矿山关闭基金的抵押金返还及额外奖励。"企业主导、源头严控"是澳大利亚绿色矿山建设的主要模式。

二、加拿大

在矿业发展过程中，加拿大特别注重矿业的可持续与绿色发展，重点放在环境保护、促进经济增长和改善社企关系上。矿山企业在取得采矿许可证前，必须提供矿山环境保护计划和环保措施、矿山复垦和关闭计划等，通过政府审查后还要通过现金支付、资产抵押、债券保险、信用证支付、法人担保等形式确保关闭、复垦及后续的处理或监督费用的到位。相对于澳大利亚的缴纳押金制度更灵活，对一些资金能力较弱的中小矿山企业有一定支持。现阶段，加拿大矿业发展处于"矿业 2.0（绿色矿业发展阶段）"。后期，其绿色矿业发展模式基本成熟、机制体制日趋完善，企业金融化程度逐步提高，规模化、现代化、机械化的能力增强，深化绿色矿业发展是其这一阶段推进矿业发展的重要途径。

2009 年 5 月，加拿大自然资源部启动了"绿色矿业"倡议（GMI），通过建立完整的生命周期，支持加拿大矿业公司创新绿色技术，改善矿山环境。通过创新方法，尽量减少采矿产生的废物，将其转化为环保资源，并留下干净的水，恢复地貌景观和健康的生态系统。倡议包含四个主题：一是减少污染物排放。探索选择条件优越的矿床进行开采，将废石留在原地。同时研究包括清洁处理，增值矿产副产品，减少废气排放，氰化物和生物浸出替代技术等，在采矿、加工、冶炼综合一体化中实质性的提高能源效率。二是创新废物管理。为满足日益严格的监管要求和处理公众关注的问题，改善废物（或尾矿）管理和处理技术将有利于降低矿山运转和关闭的成本，同时也会降低对环境影响和负债。三是生态系统风险管理。包括研究对金属危害和对其风险评估更好的方法、金属毒性评估、金属产品管理、环境影响监测，改进填埋和闭坑方法，降低公共和私营部门成本。四是矿井闭坑和复垦。协调矿业、各省和各地区之间根据气候评估变化的影响，制定适宜的战略、技术和更好的废物管理政策及复垦实践。

2016 年，加拿大自然资源部发布了《绿色矿业发展计划》，分别从尾矿管理、原住民关系、能源利用、温室气体排放、有害物管理、员工培训等方面对绿色矿业做了要求，一是尾矿管理，包括履行尾矿管理政策和承诺、建立尾矿管理系统、报告尾矿管理年检结果、尾矿库运行维护等；二是与原住民的关系，要求评测《原住民和社区延展协议框架》完成情况并公布结果；三是能源利用和温室气体排放管理，包括建立能源利用管理系统、能源利用报告系统和能源强度绩效目标；四是温室气体排放管理系统，包括建立温室气体排放管理报告系统、温室气体排放强度绩效目标；五是生物多样性保育，按照 2009 年批准的《生物多样性保育协议框架》，加拿大矿业协会公布前一年度该框架的测评结果；六是外在化利益相关社区的认同度，要求建立利益相关社区的参与和对话机制及响应系统；七是报告系统，需评测矿山安全与健康情况，将于次年公布前一年度的测评结果；八是危险管理规划，包括公布危机管理准备情况、检查结果，开展员工培训；九是矿山关闭，按照相关法律法规及 2008 年批准的《矿山关闭协议》进行矿山关闭工作。

与澳大利亚发展模式不同，加拿大绿色矿业发展模式侧重末端治理的闭坑复垦的环境修复和废弃物治理，在最低程度影响矿区环境前提下，尽量减少企业环境修复活动和成本，既兼顾了中小矿山企业的利益，又推进了绿色矿山建设。

三、美国

20 世纪 70 年代以来，美国社会公众高度关注环境质量问题，包括空气和水的质量、矿区复垦和环境变化、地质灾害发生、生态景观持续改善等。政府为此制定了严格矿业管理和环境保护的法律法规，规定矿业活动必须保持土地、空气和水的原有水平，矿山闭坑后继续维持"原状"。对环境的影响评估和修复计划成为美国审批矿权的一个重要前提条件，政府严格对矿山勘探、开发的环境影响及防治措施进行审核，包括审核企业提交的环境影响报告书和防治措施计划、征询矿区所在地政府和社会公众的意见和建议后持续修改计划、征求农业和林业等相关部门的意见和建议后反复修改、各方意见一致方可通过评估（各方难以一致意见时由政府裁定是否可以通过，但主要还是参考民众意见），这样的一个矿山环境影响评估往往需要经过几年时间才能走完全部程序。通过评估后企业才能获得探矿权或者采矿权，矿区开发前矿业公司还必须向政府交纳"复垦保证金"，以用于日后矿山闭坑的复垦工作。在矿业活动过程中，民众有权参与监督，一旦发现问题，民众可随时向管理部门或者法院提出诉讼。美国的矿业管理模式可以说是民众参与了矿山管理和治理的全过程，政府充分体现"以民为本"，征询多方意见，严格管控，按照这样一个规范、严谨的矿业管理体系运行。

美国的矿业发展模式强调矿业的可持续发展和环境保持"原貌"，注重企业履行社会责任，兼顾相关各方的利益，形成人与自然和谐的矿业发展局面。从前期规划、过程监管和闭坑验收等全过程开展政府、企业、社会、市场等多元化的矿业发展管控，将矿业活动对环境扰动降到最低。现阶段，美国矿业发展处于"矿业 3.0"（智能化发展阶段）的前期，其绿色矿业发展模式极大地推动了矿山开展数字化和智能化管理，尤其在露天矿的数字化方面。采矿软件系统、矿山开发生态系统设计软件系统、数字遥感和远程采矿控制技术、自动化采矿和监控系统、安全和灾害预警系统、标准化信息管理体系等开始应用推广，引领全球矿业绿色发展。

四、英国

英国矿业管控体系主要包括矿产规划管理、准入管理、环境保护监管和关闭复垦管理等内容。第一，政府发布矿产资源开发规划，并对生态环境保护、环境与安全管理、运输环节的环境保护、废弃物循环回收利用和回填处理提出要求；第二，矿山企业根据政府发布规划标准和要求编制开发计划和环境影响及恢复措施，提交政府审批，政府根据许可证准入制度开展评审并颁发矿产规划许可证（能源矿产还需要矿产开发许可证）；第三，政府依据《矿产开采法》等相关法律对矿山企业活动开展监督管理，矿山企业则通过内控管理，建立安全和环境管理体系，通过 ISO 14000 环境管理体系认证等对标管理；第四，差异化的矿山废弃与土地复垦管理，英国的矿山复垦以 1971 年《城乡规划法》颁布时间为界，之前历史遗留的废弃矿山复垦工作由于矿山企业的责任规定不明确而主要由政府提供废弃地补助的方式来完成，之后的矿山复垦由矿山经营者承担，复垦要求是在取得矿山许可证时就已经明确验收标准。

由于英国的矿业在其国民经济发展的作用逐渐减弱，英国的矿业发展具备进入 3.0 时代条件。英国矿业的前端管控主要是通过实施严格的矿产规划许可证制度，提高新建矿山的准入门槛，确保勘查、开发活动更符合可持续发展的要求。在矿业活动过程中通过规范的对标管理和运营，使企业高标准开展绿色矿山建设活动，为企业开展数字化和智能化矿山改造提供条件。英国矿业的末端治理侧重于历史遗留的废弃矿山复垦管理，基于历史文化价值、社会经济利益、生物多样化等考虑，鼓励社会资本进入矿山复垦领域，推进"矿山+"模式修复，包括"矿山+旅游""矿山+国家公园""矿山+矿业遗址""矿山+植物园""矿山+特色酒店""矿山+博物馆"等模式。

五、芬兰

芬兰矿产资源丰富，在采矿技术和采矿生产设备方面的专业知识和创新技术在全球矿业领域处于领先水平，绿色生产方法在采矿中得到充分重视，在此背景下，芬兰成为绿色矿业的积极倡导者，发布了《芬兰矿产资源战略》和《绿色矿业计划（2011—2016）》。芬兰矿产资源战略的长期目标是，使矿业成为具有全球竞争力的活跃部门，确保芬兰的原材料供应，支持区域发展，促进负责任地利用自然资源。芬兰矿业 2050 年愿景：芬兰将成为全球可持续矿业的"先锋"，矿业成为芬兰国民经济的重要支撑。

芬兰在 2011 年制定了《绿色矿业计划（2011—2016）》，该计划的主要目标包括使芬兰成为全球负责的绿色矿业经济先驱；开发可以提供给芬兰矿业公司的新的商业化前沿技术；在选择的矿业研究领域取得全球领先地位。

《绿色矿业计划（2011—2016）》的主要内容包括提高材料和能源效率；保证矿产资源能满足未来需求；最大限度地减轻对环境和社会的负面影响；改进工作和组织管理水平；确保矿山闭坑后土地的可持续利用。通过新技术、新方法来实现以上目标。绿色矿业计划研发的技术可以帮助减轻采矿对环境的影响。其长期目标旨在研发地下采矿新技术并得到广泛应用，特别是在城市地区和自然保护区应用这些地下采矿新技术可以降低其环境影响。同时，考虑采矿项目从开采到闭坑周期内的环境和社会影响。

总之，国外在矿山环境保护和地质环境治理方面也取得了巨大的成就。国外矿业法规中对于环境影响评价、自然保护区等各类保护区保护、水土流失及土壤污染控制、水质保护、空气质量保护、固体废弃物的管理、矿山闭坑后的复垦及废弃设施管理以及其他问题（如噪声、危险化学品的使用管理）等都有明确的规定和责任归属。典型矿业国家矿山恢复都有自己的技术要求和标准，加拿大、美国、澳大利亚等矿业公司主要根据联邦政府和州政府规定的具体技术要求而实施，使得国外矿山环境保护与治理都比较超前，同时国外的开采方式与中国的矿山开采方式还存在一定的差异，有些时候不能照搬国外的做法，需要根据中国的矿山环境实际情况进行管理。

第二章 神东煤炭集团绿色矿山建设发展战略

第一节 企业发展概况

一、神东煤炭集团简介

(一) 集团简介

神东煤炭集团公司是国家能源集团的源头与骨干煤炭生产企业,于 1984 年开发建设,地处蒙、陕、晋三省区能源富集区,主要负责国家能源集团在神府东胜煤田骨干矿井和山西保德煤矿,以及配套项目的生产运营。同时,代管杭锦能源公司。公司主营煤炭生产及洗选加工,煤炭产品主要是块煤、特低灰煤和混煤,特征是"三低一高",即:低硫 (≤0.5%)、低磷 (≤0.05%)、低灰 (≤8.5%)、中高发热量 (5500×4.1858 kJ/kg 左右),是优质动力、化工和冶金用煤,被誉为"城市环保的救星"。截至 2022 年底,公司累计生产煤炭 35.59 亿吨。

公司共有 16 个部门,62 个二级单位,其中生产单位 14 个、专业化服务单位14 个、综合后勤单位 21 个、全资公司 5 个、控股公司 4 个、参股公司 3 个、代管单位 1 个。公司现有生产矿井 13 个,核定产能 1.74 亿吨,其中内蒙古境内 7个,核定产能 7900 万吨;陕西境内 5 个,核定产能 8700 万吨;山西境内 1 个,核定产能 800 万吨。3000 万吨以上矿井 1 个,2000 万~3000 万吨矿井 2 个,1000 万~2000 万吨矿井 5 个,1000 万吨以下矿井 5 个。采掘机械化率 100%,原煤生产效率最高为 150 t/工,直接工效最高为 1170 t/工,企业主要指标达到国内一流、世界领先水平。

公司累计创造中国企业新纪录百余项,获得授权专利 1554 项、国家科学技术进步奖 8 项,其中《神东现代化矿区建设和生产技术》获国家科学技术进步奖一等奖,上湾煤矿 "8.8 m 超大采高智能综采工作面成套装备研发与示范项目"获第六届中国工业大奖。公司先后被授予全国 "五一劳动奖状"、第三届中华环境奖、全国质量奖等奖项，以及全国文明单位、中央企业先进基层党组织等称号。公司获评"2020—2021年度煤炭工业安全高效集团（矿区）"，14座矿井全部被命名为"安全高效矿井"，其中，12座矿井被命名为"特级安全高效矿井"，2座矿井被命名为"一级安全高效矿井"。

（二）集团党建

神东煤炭集团公司党委所属基层党委35个（矿处33个、直属1个、管辖1个），党总支14个，基层党支部625个，党员8845名。党的十九大以来，在集团党组的坚强领导下，公司党委坚持以习近平新时代中国特色社会主义思想为指导，深入贯彻落实党的十九大和十九届二中、三中、四中全会精神，牢记"社会主义是干出来的"伟大号召，认真落实新时代党的建设总要求和全国国有企业党的建设工作会议精神，提高政治站位，聚焦主责主业，坚持党的领导，加强党的建设，深入贯彻落实新时代党的组织路线，积极推动全面从严治党向纵深发展，为公司实现高质量发展提供坚强政治保证。

党的二十大以来，神东煤炭集团强化引领，纵深推进全面从严治党，持续深入贯彻习近平总书记关于国有企业党的建设的重要论述，贯彻新时代党的建设总要求，深入构建大党建工作格局，统筹开展基层党支部示范升级和党员先锋队、党员示范岗创建工作，不断提高党委领导力、支部战斗力、干部执行力，以高质量党建引领保障高质量发展。

传承弘扬神东精神，为企业安全高效发展提供源动力。近年来，神东煤炭集团公司始终坚持把传承、弘扬神东精神作为开展思想政治工作的关键点，以构建"四位一体"神东精神认同机制、推行"1114"工作法为着力点，搭建载体平台、创新路径举措，将践行神东精神新的时代内涵体现在公司高质量发展的各个方面，贯穿于建设具有国际竞争力的世界一流企业的全过程，为推动神东高质量发展提供了强大的精神动力和思想保证。

强化思维，保障国家能源安全。能源是国家现代化的重要支撑，关乎国计民生和国家安全。党的十八大以来，习近平总书记就能源工业、国有企业改革发展发表了一系列重要论述，也对国家能源集团作出了一系列重要指示批示。神东煤炭集团作为承担着能源保供重任的煤炭央企，是保障国家能源安全的中坚力量，特别是在我国油气资源不足，对外依存度较高，加上国际能源博弈和地缘政治冲突不断加剧的背景下，坚决担负起了保障国家能源安全的使命职责。神东煤炭集团强化理论思维，提高政治站位，深刻认识十九届六中全会的重大意义；强化历史思维，保持战略定力，在党的百年奋斗重大成就激励中强化使命担当；强化发展思维，从党的百年奋斗历史经验中汲取推动企业高质量发展的智慧和力量。

强化党员教育工作。党的十八大以来，党中央高度重视党员教育工作，先后制定了一系列制度文件，推动党员教育工作向科学化、制度化、规范化方向不断发展。神东煤炭集团公司坚持以党中央关于党员教育系列精神为指导，在党员教育工作中坚持"顶层设计、载体创新"，坚持面向全体党员，以"关键少数"为重点，分层分类，采用多种形式，强化党员教育工作，取得了新成效。一是结合实际，注重总结，创新党员教育方式。通过创新理论教学、实践教学、专题培训、宣讲、教材内容等，形成了"12345"理论学习模式、"线上+线下"全覆盖培训形式、特色党性教育实践线路、独特党建宣讲形式、特色培训教材内容。二是完善机制，建立制度，形成保障有力的培训体系。神东煤炭集团坚持做好党员教育工作机制保障、制度保障"两个保障"，形成了三级培训体系与责任落实机制。三是定目标，重实效，推动党员教育工作高质量开展。

发挥标杆党支部在实践工作中的引领示范作用。党的十九大报告指出，要以提升组织力为重点，突出政治功能，把基层党组织建设成为坚强战斗堡垒。这是党中央从战略和全局高度对党的基层组织建设提出的新定位新要求，为做好新时代基层党建工作指明了方向。保德煤矿探放水队党支部在神东煤炭集团党委开展先进基层党支部升级示范活动以来，通过党建引领安全生产，2017—2019年，连续三年创造3项世界纪录，2018年和2019年党支部先后被神东煤炭集团党委评定为示范党支部和标杆党支部，党建标杆引领特色鲜明、成效显著。

深入推进党风廉政建设。神东煤炭集团作为国有大型煤炭企业，员工有3万多人，下属煤矿单位13家，专业化服务单位30余家，煤炭年产量近2亿吨。神东煤炭集团每年在工程建设、技术改造、设备维修、物资采购、地企协调等方面投入的资金量大，涉及生产、采购、机电设备维修等多个环节，廉洁风险链条长、范围广，风险防范压力较大。只有打造一支廉洁从业的干部职工队伍，才能确保企业经营的顺利进行。神东煤炭集团深刻把握党的二十大做出的全面从严治党部署，坚决扛起管党治党的责任，持续正风肃纪反腐，全力营造风清气正的良好政治生态。

加强思想宣传工作，提升舆论引导水平。宣传思想工作是党的思想建设工作的重要组成部分。多年来，神东煤炭集团公司宣传思想工作始终坚持以习近平新时代中国特色社会主义思想为指引，认真贯彻落实《中国共产党宣传工作条例》，自觉承担起举旗帜、聚民心、育新人、兴文化、展形象的使命任务，全面践行"社会主义是干出来的"伟大号召，坚持守正创新，不断丰富内容形式，切实加强舆论引导，为建设一流示范企业提供了思想保证、舆论支持、精神动力和文化支撑。一是坚持正确政治方向，在舆论引导的基础性、战略性工作上下功夫；二是坚持守正创新，在舆论引导的关键处、要害处下功夫；三是坚持内容为王，在舆论引导的质量和水平上下功夫。

二、神东煤炭集团生产矿井概况

神东煤炭集团旗下共有 14 个生产矿井，分别是大柳塔煤矿、补连塔煤矿、布尔台煤矿、锦界煤矿、石圪台煤矿、哈拉沟煤矿、上湾煤矿、榆家梁煤矿、保德煤矿、乌兰木伦煤矿、金烽寸草塔煤矿、柳塔煤矿、寸草塔煤矿、活鸡兔煤矿。

（一）大柳塔煤矿

大柳塔煤矿位于陕西省神木市西北部，行政区划属神木市大柳塔镇管辖，距离神木城直线距离约为 52.5 km。大柳塔煤矿于 1987 年 10 月开工建设，1996 年 1 月投产，原设计生产规模 6.0 Mt/a，开采方式为井工，采用大采高壁式综采采煤方法。2014 年经国家煤炭安全监察局批复生产能力核定为 18.0 Mt/a，生产能力为 10.0 Mt/a，采用井工+露采联合开采方式。

大柳塔煤矿 2021 年储量年报剩余可采储量为 501.0 Mt（井工储量为 466.85 Mt，露采储量为 34.15 Mt），三盘区露天开采井田面积为 8.19 km²，可采储量为 34.15 Mt。煤层平均厚度为 3.15 m。全区以一个剥采比生产，剥采比为 12.51 m³/t，回采率 97% 以上。

（二）补连塔煤矿

补连塔煤矿是神东煤炭集团在神府东胜煤田开发建设的特大型现代化矿井之一，位于内蒙古自治区鄂尔多斯市伊金霍洛旗境内，煤质优良，被誉为"绿色煤炭"。补连塔煤矿始建于 1987 年 10 月。2015 年 6 月 5 日，批准补连塔煤矿核定生产能力为 28.0 Mt/a。2022 年剩余可采储量为 11.7 亿吨，剩余服务年限为 32.2 年。

补连塔煤矿在 2004 年 4 月被内蒙古自治区命名为"标兵文明企业"，2005 年被中央文明委命名为"全国文明单位"。2006 年 1 月顺利通过了 NOSA 四星级认证。2006 年 12 月获得"内蒙古自治区环境友好企业"称号。2008 年被中国煤炭工业协会评为特级安全高效矿井。2009 年被国家煤矿安监局命名为"国家级安全质量标准化煤矿"。同行业中首批通过了 ISO 9001 质量体系、ISO 14001 环境管理体系和 OHSAS 18001 职业安全健康管理体系认证。多年来，补连塔煤矿引进世界一流的采矿设备，各生产系统实现了集中监控，自动化程度和综合技术装备居世界先进水平，自投产以来取得了良好的经济和社会效益，连续九年被评为煤炭工业系统特级安全（高产）高效矿井。

（三）布尔台煤矿

布尔台煤矿是由国能神东煤炭投资、神东煤炭分公司建设的生产能力、主运输系统提升能力、煤炭洗选加工能力均位于世界第一的大型矿井，位于内蒙古自治区鄂尔多斯市伊金霍洛旗乌兰木伦镇境内，于 2008 年 4 月建成。布尔台煤矿井田为一多边形，东西最长为 22.1 km，南北最宽为 17.0 km，面积为 192.632 km²，设计可采储量为 2013.41 Mt。井田内地质构造简单，共有可采煤层 10 层，采用斜井平硐综合开拓方式，开采标高 + 1200 ~ + 700 m，设计生产能力为 20.0 Mt/a。矿井配套选煤厂设计能力为 30.0 Mt/a。

（四）锦界煤矿

锦界煤矿隶属于陕西国华锦界能源有限责任公司，是由国家能源集团（原神华集团）旗下的北京国华电力公司、山东鲁能发展集团有限公司、陕西电力银河集团有限公司三家单位于 2004 年 3 月共同出资组建的国有全新现代企业，位于陕西省神木市西南部锦界镇，距离神木市区 38 km，负责为神木锦界电厂供煤。锦界煤矿是 2006 年 3 月中国神华能源股份有限公司从原神华集团收购陕西国华锦界能源公司 70% 股权，另 30% 股权归属于山东鲁能发展集团有限公司。陕西国华锦界能源有限责任公司委托神华神东煤炭分公司负责矿井建设和生产管理。锦界煤矿东西宽 12.29 km，南北长 12.47 km，截至 2020 年 12 月底，剩余保有储量 1909.253 Mt。于 2004 年 5 月开始建设，可采资源总量为 1384.903 Mt，核定生产能力为 18.0 Mt/a，配套建设 20.0 Mt/a 洗煤厂。

（五）石圪台煤矿

石圪台煤矿是神东煤炭集团的主要生产矿井之一，位于陕西省神木市西北直距约 55 km 处的乌兰木伦河东北侧，行政区划属神木市大柳塔镇所辖。石圪台煤矿始建于 1987 年 11 月，2015 年 6 月，国家煤矿安全监察局批复石圪台煤矿核定生产能力为 12.0 Mt/a。石圪台煤矿地质构造简单，煤层倾角为 1°~3°，赋存稳定，具有埋藏浅、易开采的优势。矿井为低瓦斯矿井。煤炭品种为中高发热量的不粘煤和长焰煤，主采煤层煤质优良，具有特低灰、特低硫和低磷、热稳定性好的特点，是良好的动力、气化、化工和民用煤。截至2022年10月，全井田保有资源量5.8177亿吨，可采储量3.0425亿吨。

（六）哈拉沟煤矿

哈拉沟煤矿隶属神华神东煤炭集团有限责任公司，前身是神木县地方国有煤矿，1999年11月由神东煤炭集团收购。2004年12月8日建成投产，设计生产能力为10.0 Mt/a，成为神东煤炭集团千万吨矿井群中的骨干矿井之一。矿井井田面积为72.1308 km²，共含可采煤层8层，主要稳定可采煤层3层，截至2021年底，哈拉沟煤矿剩余保有资源储量为518.96 Mt，矿井剩余可采储量为329.486 Mt。2015年，矿井核定生产能力为16.0 Mt/a。哈拉沟煤矿井田内地质构造条件简单，属低瓦斯矿井，水文地质类型为中等。煤层赋存稳定，煤质稳定，是优质动力、化工和冶金用煤，其特点是"三低一高"，被誉为"城市环保的救星"。哈拉沟煤矿连续多年被评为煤炭工业特级安全（高产）高效矿井，是全国煤炭工业先进煤矿，矿井安全、生产、技术、经营等各项指标创中国煤炭行业先进水平。

（七）上湾煤矿

上湾煤矿是神东煤炭集团的骨干矿井之一，位于内蒙古自治区鄂尔多斯市伊金霍洛旗境内，始建于1986年12月，设计生产能力为0.6 Mt/a，后扩建为3.0 Mt/a。根据原国土资源部《关于煤炭国家规划区内蒙古东胜矿区准格尔矿区采矿权设置方案的批复》，神东煤炭集团对井田进行了优化调整，计划将采矿权同属中国神华能源股份有限公司的上湾煤矿、补连塔煤矿和呼和乌素尔林兔井田的三个采矿许可证合并为上湾、补连塔煤矿两个采矿许可证，合并后上湾井田面积为64.2096 km²，生产规模为13.0 Mt/a，开采标高从1130~1005 m。上湾煤矿采用平硐、斜井、立井联合开拓；主要稳定可采煤层3层，煤层平均厚度分别为5.2 m、5.3 m和2.6 m，均为不粘煤。煤质特点为特低磷、特低硫、特低灰、中高发热量。商品煤主要作为优质动力煤、民用煤和液化用煤。

（八）榆家梁煤矿

榆家梁煤矿是中国神华神东煤炭集团公司的骨干矿井之一，始建于1987年，原设计生产能力为1.5 Mt/a。1988年，神木县自筹1500万元建设，1995年简易投产。2008年矿井产权划归中国神华，由神东煤炭集团全资自主经营。榆家梁煤矿采矿许可证核定生产能力为16.3 Mt/a，2017年国家煤矿安全监察局以煤安监函核定榆家梁煤矿生产能力为 13.0 Mt/a。榆家梁煤矿井田由 31 个拐点圈定，井田南北长约 8.0 km，东西宽 7.0 km，开采标高 1205～1040 m，面积约为 56.3 km²。矿井可采煤层有 3 层，其中一煤层资源已枯竭，现有两层煤，截至 2021 年 3 月底矿井剩余保有储量为 68.48 Mt，可采储量为 46.01 Mt。榆家梁煤矿现有 3 个工业场地，分别为 5⁻²煤主井工业场地、4⁻³煤副井工业场地和 5⁻²煤副井工业场地。

（九）保德煤矿

保德煤矿是神东煤炭集团的主要生产矿井之一，位于山西省保德县境内，距保德县城东约 13 km，分属东关、桥头两镇辖区。陕西省与山西省的韩府一级公路、沧榆高速公路和神朔复线电气化铁路从矿区中部通过，神朔铁路在该矿地面生产洗选系统北侧设有枣林装车站。保德煤矿是由原保德地方煤矿技术改造而成的矿井。矿井一期 5.0 Mt 改扩建工程于 2002 年 1 月 15 日开工，2002 年 10 月 1 日建成投产，2003 年 6 月达产。2016 年 5 月，矿井改扩建后生产能力为 8.0 Mt/a。

（十）乌兰木伦煤矿

中国神华能源股份有限公司乌兰木伦煤矿位于内蒙古自治区鄂尔多斯市伊金霍洛旗境内，行政区划隶属伊金霍洛旗乌兰木伦镇。井田东西宽约 7 km，南北长约 10 km，面积为 44.1053 km²，开采方式为井工开采。乌兰木伦煤矿由原东胜精煤公司于 1987 年立项报批，1992 年建成开始试生产，2018 年 1 月经国家煤矿安全监察局批准，核定生产能力为 5.1 Mt/a。截至 2021 年 12 月 31 日，保有资源量为 286.609 Mt。配套建有 6.8 Mt/a 的选煤厂，选煤工艺分别为：200～50（25）mm 级块煤采用重介浅槽排矸；50（25）～2.0 mm 级末煤采用重介旋流器排矸；2.0～0.2 mm 级粗煤泥采用螺旋分选机排矸；−0.2 mm 级细煤泥采用加压过滤机和压滤机回收。井下原煤经选煤厂洗选加工以后，产品煤全部通过铁路外运。

（十一）金烽寸草塔煤矿

金烽寸草塔煤矿是中国神华能源股份有限公司神东煤炭集团公司所属的生产矿井之一，地处内蒙古自治区伊金霍洛旗乌兰木伦镇。井田东西长约 5.15 km，南北宽约 4.55 km，南与布尔台煤矿相邻，西部与湾图沟矿井相邻，北隔乌兰木伦河与柳塔矿相邻，东与布尔台煤矿、富祥煤矿相邻。寸草塔煤矿始建于 1988 年 8 月，于 1992 年简易投产。2005 年 8 月至 2008 年 6 月经过技术改造，生产能力提高到 2.7 Mt/a。

（十二）柳塔煤矿

柳塔煤矿位于内蒙古自治区鄂尔多斯市伊金霍洛旗境内，行政区划隶属伊金霍洛旗布尔台格苏木管辖。井田地处伊金霍洛旗的东南，乌兰木伦河河东一带，距离东胜城区约 45 km，向南 25 km 可达陕西省神木县大柳塔镇。柳塔煤矿由包头矿务局建井工程处承建，1990 年 10 月建成。1998 年经内蒙古煤炭工业厅决定将该矿划归于万利煤炭公司管理，同时并入神华集团。2005 年进行技改，生产能力扩大到 3.0 Mt/a，2006 年 12 月投产，2009 年划为神东煤炭集团。柳塔煤矿经济类型为股份有限公司，开采矿种为煤炭，开采方式为地下开采。柳塔煤矿矿井主要可采煤层的可采储量为 132.47 Mt。

（十三）寸草塔煤矿

寸草塔煤矿位于内蒙古自治区鄂尔多斯市伊金霍洛旗境内，具体位置在乌兰木伦镇松定霍洛村东北一带。井田距伊金霍洛旗政府所在地阿勒腾席热镇（简称阿镇）约 35 km。寸草塔煤矿 1990 年 10 月建成，1991 年 4 月投入生产。1998 年归入万利煤炭分公司，并更名为中国神华能源股份有限公司神东煤炭分公司寸草塔煤矿。寸草塔煤矿产业升级改造后设计生产能力为 2.4 Mt/a，开采标高从 1165～1035 m。资源储量为 275.64 Mt，可采储量为 73.04 Mt，剩余可采储量为 27.75 Mt。

（十四）活鸡兔煤矿

中国神华能源股份有限公司活鸡兔矿煤矿位于陕西省与内蒙古自治区交界处的陕西一侧，行政区划隶属陕西省榆林市神木市大柳塔试验区管辖，北距鄂尔多斯市 60 km，南距神木市 61 km。煤矿南北长约 9.76 km，东西宽约 10.6 km，面积约为 63.78 km。井田东北与大柳塔煤矿大柳塔矿井毗邻，东南与朱盖塔井田接壤，西北与武家塔露天矿、温家塔井田相邻。活鸡兔煤矿始建于 1993 年 3 月，2000 年上级公司通过对矿井结构进行调整，将投产移交后的活鸡兔煤矿与大柳塔煤矿合并组建成新的大柳塔煤矿。矿井生产能力为 11.7 Mt/a，截至 2021 年底剩余可采储量为 4.07 亿吨/年。

第二节 神东煤炭集团绿色矿山建设情况

一、神东煤炭集团绿色矿山建设目标

作为世界七大煤田之一"神府东胜煤田"的主要开发建设者，神东煤炭集团负责开发建设的神东矿区，由于地处黄土高原丘陵沟壑区与毛乌素沙漠过渡带，其风蚀区面积占 70%，植被覆盖率仅为 3%～11%，生态环境十分脆弱，是全国水土流失重点监督区与治理区之一，在建设伊始，神东矿区便几乎同时开展了绿色矿山的建设。

在多年的发展过程中，神东煤炭集团始终坚持绿色发展理念，在开发建设过程中不断地创新和探索，研发出"三期三圈"生态防治技术与模式。"三期"指按时间维度划分，开展采前、采中、采后"三期协同"保护治理。"采前期"进行大面积风沙与水土流失治理，系统构建区域生态环境功能，增强抗开采扰动能力；"采中期"进行全过程污染控制与资源化利用，全面保护地表生态环境，减少对生态环境的影响；"采后期"进行大规模土地复垦与经济林营造，永续利用水土生态资源，发挥生态环境效益。"三圈"指按水平空间维度划分，开展"三圈协同"保护治理。"三圈"分为外围防护圈、周边常绿圈和中心美化圈。外围保护圈是对矿区外围流动沙地进行修复，以优化草本为主、草灌结合的林分结构营造生态防护林，建成沙漠绿洲；周边常绿圈是对矿井周边裸露山地进行修复，优化水土保持整地技术，建设"两山一湾"周边常绿林与"两纵一网"公路绿化，形成常绿景观；中心美化圈是对生产生活周边环境进行全面改善，建成园林式小区、厂区以及景观化道路，绿地率达 40% 以上，植被覆盖度达 80% 以上。通过"三期三圈"空间立体化布局开展生态环境防治，矿区植被覆盖率由开发初期的 11% 提高到 65%，绿化植物种类由 16 种增加到近百种，微生物和动物种群数量大幅增加，风沙天数由 25 天以上减少为 5 天以内，降雨量不均匀的现象得到明显改善。

在解决大规模采煤与脆弱的生态环境之间矛盾方面，坚持开发和治理并重，建立了土地资源恢复与利用、水资源循环利用、生态资源可持续利用的发展主线，三者达到协调发展。神东煤炭集团根据多年的实践经验，探索极具科学性的"绿色开采+清洁利用+生态治理"发展模式，在创新型绿色开采的道路上，从无轨橡胶轮、无盘区、加长工作面布置、特厚煤层全高一次性开采等一系列煤炭开采技术变革，到三级处理、三循环、三利用废水处理和利用模式的创新，为煤炭绿色开采、水资源保护提供了有力保障。神东煤炭集团充分把握生态系统的内在规律，推进综合治理，逐步形成生态环境治理体系和治理技术，使得在开采资源的同时更好地恢复生态环境，实现煤炭开采与生态环境之间友好、协调发展。

在打造绿色矿井过程中，针对煤炭生产中产生的废气、废水、废渣"三废"

问题，神东煤炭集团创新"三控三用"废弃物防治用模式，坚持"源头控制、末端利用"理念。一是对产生的废气进行综合防治，从井下生产到地面选煤全过程实施封闭控制，在装车外运环节采用喷洒自主研发的封尘固化剂，实现了采煤不见煤、外运不洒煤；二是对废水进行综合利用，矿井水全部实施达标治理与充分利用，创新了3级处理、3类循环、3种利用的废水处理与利用模式；三是废渣综合治理，创新井下无岩巷布置技术，从源头减少矸石产量。掘进产生的矸石充填废弃巷道，实现掘矸不升井。地面分选产生的煤矸石，采取制砖、制砂等方式，实现地面分选矸石资源化利用。通过采取以上有效防治措施，"三废"治理取得了很好效果。截至目前，神东煤炭集团所属的大柳塔煤矿、布尔台煤矿、石圪台煤矿、哈拉沟煤矿、榆家梁煤矿、保德煤矿、活鸡兔煤矿等7矿（8井）都入选了国家级绿色矿山名录，补连塔煤矿、上湾煤矿等6个煤矿入选了自治区级绿色矿山，全集团力争2025年全部入选国家级绿色矿山。

二、按照标准积极推进绿色矿山建设

基于神东煤炭集团各生产矿井绿色矿山建设实际，针对现有绿色矿山建设成果，对照《煤炭行业绿色矿山建设规范》（DZ/T 0315—2018）和《绿色矿山评价指标》（2020年版），根据内蒙古自治区人民政府《关于印发乌海及周边地区生态环境综合治理实施方案的通知》、鄂尔多斯市自然资源局《关于做好已建成绿色矿山改进提升工作的通知》文件，为切实做好已建成绿色矿山改进提升工作，神东煤炭集团绿色矿山建设标准由矿区环境、资源开发方式、资源综合利用、节能减排、科技创新与智能矿山、企业管理与企业形象六大部分组成，各部分具体建设标准如下。

（一）矿区环境

矿区环境分矿容矿貌和矿区绿化两部分。

1. 矿容矿貌

矿区功能分区。矿区应按生产区、管理区、生活区和生态区等功能分区；排矸场、垃圾场、废渣堆置场、选矿场等与生活区应保持一定安全距离。

生产配套设施。矿区地面运输、供水、供电、供暖等配套设施应齐全并正常运行。

生活配套设施。员工宿舍、食堂、澡堂、厕所等设施配备齐全，干净整洁、管理规范。

生产区标牌。生产区按要求设置操作提示牌、说明牌、线路示意图牌等各类标牌；标牌的尺寸、形状、颜色设置应符合规定。

定置化管理。设备、物资材料规范管理，做到分类分区、摆放有序、堆码整齐，无乱扔乱放、管理混乱现象。

固体废物堆放与管理。固体废物有规范的固定堆放场所，运行管理规范、污染控制到位、无渗流冒出、无生活垃圾混入。

生活垃圾处置与利用。矿区（包含矿井）生活垃圾在固定地点收集；对生活垃圾进行分类，合理确定垃圾分类范围、品种、要求、收运方式等；生活垃圾自行无害化处理或委托第三方处理，并提供证明材料。

矿区道路。矿区主干道路面符合规范，表面平整、密实和粗糙度适当；矿区内部道路或专用道路无洒落物，或采取有效措施及时清理洒落物。

矿区清洁情况。矿区保持清洁卫生，生产区及管理区无垃圾、无废石乱扔乱放，生产现场管线无跑、冒、滴、漏现象。

矿区构（建）筑物建设和维护情况。生产区、管理区、生活区的所有场所不存在私搭乱建等临时建筑、废弃建构筑物；对矿区建筑、构筑物及时维护、维修或粉刷，无较明显的损坏、老化等情况。

2. 矿区绿化

矿区绿化覆盖。矿区可绿化区域应实现绿化全覆盖，且无较大面积表土裸露。

专用主干道绿化美化要求。矿区进场道路、办公区内部道路、办公区到生产区道路等两侧按如下绿化美化设置：具备条件的应设置隔离绿化带，因地制宜进行绿化；客观上不具备绿化条件的，可美化、制作宣传牌或宣传标语。

绿化保障机制。矿区绿化应有长效保障机制，有绿化养护计划及责任人。

绿化保障效果。绿化植物搭配合理，无严重枯枝黄叶、无缺苗死苗等。

矿区美化。因地制宜地充分利用矿区自然条件、地形地貌，建设公园、花园、绿地等景观设施。

（二）资源开发方式

资源开发方式评估包括资源开采、选矿加工、矿山环境恢复治理与土地复垦、环境管理与监测四部分。

资源开采。开采技术要求采用充填法、保水开采等技术进行地下开采；能有效减少开采引起的大面积地面沉降；利用采空区规模化处置尾矿、废石、煤矸石等。开采工作面要求地下矿山工作面安全出口畅通，满足通风、运输、行人、设备安装、检修的需要，支护完好；工作面无较大面积积水、无浮渣、无杂物，材料堆放整齐。

选矿加工。采用自动化程度高、能耗低、污染物产生量少的生产设备和工艺；选矿回收率等选矿指标达到或高于设计要求；选用高效、低毒对环境影响小的药剂；尾矿和废石中有价组分的含量不高于现有技术水平能够处理的品位。

矿山环境恢复治理与土地复垦。一是范围要求。要按照矿山地质环境恢复治理与土地复垦方案，对规定区域及时进行治理、复垦，如排矸场、矿区专用道路、矿山工业场地、沉陷区、矿山污染场地等。二是治理要求。恢复治理后的各类场地，与周边自然环境相协调，有景观效果。三是土地利用功能要求。治理后的各类场地，应恢复土地基本功能，因地制宜实现土地可持续利用。四是生态功能要求。治理后的各类场地，应满足区域整体生态功能得到保护和恢复，对动植物不造成威胁。

环境管理与监测。环境保护设施齐全，相关设施有效运转，且得到有效维护；获得环境管理体系认证；建立环境监测的长效机制，有环境监测制度；矿区内设置对噪声、大气污染物的自动监测及电子显示设备等环境监测设备；构建应急响应机制，有应对突发环境事件的应急响应措施；对地面变形、地质灾害等矿山地质环境进行动态监测；对选矿废水、矿井水、尾矿（矸石山）、排土场、废石堆场、粉尘、噪声等进行动态监测；对复垦区土地损毁情况、稳定状态、土壤质量、复垦质量等进行动态监测。

（三）资源综合利用

资源综合利用评价指标分为共伴生资源综合利用、固废处置与综合利用、废水处置与综合利用三个部分。

共伴生资源综合利用。包括资源勘查、评价与开发，共伴生资源的综合利用，对复杂难处理或低品位矿石的综合利用，对暂不能开采利用的共伴生矿产的要求四个部分。

固体废物处理与利用。工业固废处置与利用：建立废石（渣）、煤矸石、油泥等固体废弃物的综合利用，通过回填、铺路、生产建材等方式充分利用固体废弃物；表土处置与利用：剥离表土以及煤层上覆岩石，用于土地复垦、生态修复（无表土及上覆岩石的此项不评分）；回收提取有价元素/有用矿物：实现从煤矸石等固体废弃物中提取有价元素或有用矿物。

废水处置与综合利用。开采废水配备矿井水等开采废水处理设施，采用洁净化、资源化技术，实现废水的有效处置；生产废水需要建立选矿废水等生产废水的循环处理系统，实现生产废水循环利用；生活污水配备生活污水处理系统，生活污水得到有效处置。

（四）节能减排

节能减排评价指标包括节能降耗、废气排放、废水排放、固废排放、噪声排放五个部分。

节能降耗。一是建立全过程能耗管理体系。二是有年度能源管理计划，节能指标分解到下属单位、部门或车间。三是单位产品能耗、物耗、水耗指标达到国家标准规定要求。四是企业取得能源管理体系认证证书。

废气排放。一是有明确开采、运输、选矿等主要产生粉尘的作业场所及其岗位粉尘浓度等产尘点清单。二是生产过程的粉尘排放。爆破作业中通过喷雾洒水降尘；固定产尘点加设除尘捕尘装备并保持足够的负压与生产设备同步运行等措施，实现抑制和处理采选加工过程中产生的粉尘（在爆破、矿石破碎、筛分、输送、配料等关键环节或位置）。三是地面运输过程的粉尘排放。运输道路沿途设置喷水或感应式喷雾设施或配置洒水车定时洒水降尘、地面运输车辆及运输设备采取喷雾降尘或洒水降尘、外运产品采用密封车辆，实现避免沿路粉尘飞扬。四是贮存场所粉尘排放。废石或矿石周转场地、贮存场所具有配套的防扬尘设施得 5 分，达到防扬尘效果。五是其他废气排放。针对采、选过程中产生的，含有除粉尘外其他有毒有害物质（如 CH_4、SO_2、NO_x 等）的工业废气，有废气净化系统且达标排放。

废水排放。一是生活污水排放。生活污水经处理后水质达标排放，或污水直接排入市政污水管网的。二是工业废水排放。工业废水鼓励零排放。有排放的，经处理后水质达标排放。三是排水管道设置，清污管路分别铺设、雨水与污水管群分开设置。四是地表径流水、淋溶水排放要求。矿区建有雨水截（排）水沟，并建设沉淀池及取水设备，将汇集的地表径流水、淋溶水等经沉淀后达标排放或处理回用；排土场和矸石山设置截（排）水沟。

固废排放。对无法实现综合利用的固体废弃物：应划分危险废物、一般废物和生活垃圾不同类别，实现分级分类；按照国家法律和标准，自行对固体废弃物进行处置，或委托第三方有资质的单位进行处置。

噪声排放。一是有主要产生噪声场所及其岗位的清单，必要时可进行现场检测。二是对矿区破碎和空压等高噪声设备进行降噪处理，配备消声、减振和隔振等措施。三是厂界噪声排放达标。

（五）科技创新与智能矿山

科技创新与数字化矿山评估包括科技创新和数字化矿山两部分。

科技创新。技术研发队伍、制度及体系建设方面要求企业建设技术研发队伍，有专职技术人员。有技术研发的奖励及管理制度。建立产学研用协同创新体系：与科研院所、高等院校等建立技术创新合作关系，签订合作协议建立企业技术平台，包括工程技术中心、企业技术中心、重点实验室、院士专家工作站、创新工作室等；开展支撑企业主业发展的技术研究，有立项文件或项目台账材料；改进企业工艺技术水平，有证明材料。

科技获奖方面企业研究项目或成果获得国家级奖励得 18 分，省部级奖励得 12 分，国家奖励办公布的《社会科技奖励目录》中促进绿色矿山建设的得 10 分，各类奖项应体现单位名称。

研发投入、企业认证及知识产权方面，研发及技改投入不低于上年度主营业务收入的 1.5%。达到 1.5% 得 6 分，1%~1.5% 得 5 分，0.5%~1% 得 4 分，低于 0.5% 且对企业员工开展技术创新项目投入奖励得 2 分。获得高新技术企业证书。三年内，获得一项发明专利得 2 分，发表一篇核心期刊论文得 1 分，一个实用新型或软件著作权加 1 分，所有成果应体现单位名称。

先进技术和装备方面，选用国家鼓励、支持和推广的采选工艺、技术和装备，采选工艺、技术或装备入选《国家鼓励发展的环境保护技术目录》《矿产资源节约与综合利用先进适用技术推广目录》《国家先进污染防治示范技术名录》《安全生产先进适用技术、工艺、装备和材料推广目录》《国家重点节能技术推广目录》《节能机电设备（产品）推荐目录》等，能提供应用证明。

数字化矿山。一是列计划、建平台。企业年度计划中有智能矿山建设内容，并按计划实施。构建矿山自动化集中管控平台，能够将自动控制系统、远程监控系统、储量管理系统、各种监测系统等集中统一显示。二是系统建设。矿山生产自动化系统要建立中央变电所、水泵房、风机站、空压机房、皮带运输巷等场所固定设施无人值守自动化系统；建立开采及生产过程主要设备远程控制系统；建立废石场、废渣场等堆场、边坡建设、工作环境等安全监测系统平台。要建立完善的远程视频监控系统，矿山工作面等生产场所，供电、排水、通风、运输、计量、销售等关键点，尾矿库、巷道等重要安全场所安装远程视频监控系统。要开展三维储量管理实际工作。要建设正常生产的智能工作面或建设有无人驾驶矿车系统。要建设矿区环境在线监测系统，对环境保护行政主管部门依法监管的污染物（矿井水、大气污染物、固废、噪声）排放指标具备按超标程度自动分级报警、分级通知功能。

（六）企业管理与企业形象

企业管理与企业形象包括绿色矿山管理体系、企业文化、企业管理、社区和谐、企业诚信五部分。

绿色矿山管理体系。企业年度计划中包含绿色矿山建设内容、目标、指标和相应措施等。有明确的绿色矿山建设组织机构和职责制度。建立绿色矿山考核机制，对照绿色矿山建设计划和目标，每年至少内部考核一次。明确绿色矿山建设的改进内容、措施、负责人、完成时间、达到的效果等。有绿色矿山培训制度和计划；组织管理人员和技术人员进行绿色矿山建设培训（学习）；定期组织绿色矿山专职人员参加绿色矿山建设系统性培训（学习），并有培训（学习）证明。

企业文化。定期开展职工满意度问卷调查，合理设置问卷调查内容，做到客观公正。每年组织一次，满意度高于70%，并及时公示。有职工休闲、娱乐、文化体育设施，设施正常运行。工会定期开展各项活动，推动职工及企业之间交流。有绿色矿山宣传片，基于对清晰度、解说词、时长等关键内容的考量，按制作效果酌情给分。

企业管理。建立企业职工收入随企业业绩同步增长机制，企业员工的总收入与企业经济效益增长有关联关系。有与企业实际情况相符的生产、生活等管理制度，且明确责任单位或部门。采选装备有核心装备清单，包含装备名称、型号、主要参数、能耗情况、购置时间、维保情况；现场核验装备与清单相符合并能正常使用，无国家明令淘汰的落后生产工艺装备。具备职业健康等管理制度。具备环境保护管理制度（包含污水、废水排放，固废的分类、堆放、控制，噪声控制，扬尘控制等）。内部员工进入生产作业场所，统一着劳保服装，且穿戴符合安全要求；外来人员，如参观、检查、学习人员、承包商员工等，进入生产作业场所，着装符合生产作业场所安全要求。开展与绿色矿山建设相关的宣传活动，在省部级主流媒体刊发正面报道文章、开展宣讲报告、举办竞赛、开展宣传周活动等。企业组织全体员工每年定期体检得2分，分类制定体检计划、体检项目，建立职业健康监护档案。

社区和谐。与所在乡镇（街道）、村（社区）等建立良好关系，及时妥善处理好各种纠纷矛盾，构建矿地和谐关系。企业定期或不定期开展扶贫或公益募捐活动。近两年内开展过扶贫或公益募捐活动。

企业诚信。企业依法纳税、诚信纳税、主动纳税。若存在偷税漏税等行为。企业按要求汇交地质资料，按时提交矿产资源统计基础表，履行义务。企业按规定进行矿业权人勘查开采信息公示。

三、神东煤炭集团生产矿井绿色矿山建设部署

近年来，神东煤炭集团各生产矿井积极贯彻绿色发展理念，围绕矿业绿色低碳创新发展，实施重大生态保护工程，开展矿区生态环境整治，重点推进环境污染防治，构建美丽和谐绿色矿区。

（一）国家绿色矿山建设标准

自然资源部发布的《绿色矿山评价指标》（2020 年版）从矿区环境、资源开发、综合利用、节能减排、科技创新及智能矿山、企业管理及形象等六个方面明确绿色矿山建设标准规范。

1. 矿区环境

矿容矿貌。功能分区合理；排矸场距生活区距离 1~15 km 不等；生产、生活配套设施齐全；矿区标识标牌基本齐全，极个别矿标识牌部分缺失；大部分矿区物资仓库定置化管理规范，个别矿露天物资库堆放局部较乱，无标识标注等，极个别矿物资、设备乱堆乱放现象，工业广场有私搭乱建等临时建筑；矸石场环评、土地手续齐全，管理规范；矿区生活垃圾固定点收集，重点区域设置四色垃圾桶，委托第三方处置；矿区主要道路平整密实、干净整洁；主干道、厂区干净整洁，大部分建筑物外墙维护良好，部分矿区部分区域正在整修刷新。

矿区绿化：矿区可绿化区域已进行绿化，个别矿生产区绿化维护一般；主干道路等两侧进行了绿化美化；绿化保障机制健全，养护到位，无枯树、缺苗死苗现象；矿区建设有公园绿地喷泉等景观。

2. 资源开发

神东煤炭集团 14 个生产矿井全部采用综合机械化一次采全高采煤工艺，采用全部垮落法管理顶板，目前洗选矸石制砖制砂回填覆土绿化，充填项目正在前期准备或正在建设中或已建成投入试运行。选矿加工采用筛分、重介工艺选煤，安全生产一、二级标准化。

矿山环境恢复治理与土地复垦采用边开采、边治理、边修复的方式，达到应

治尽治；治理方式以自然恢复为主，人工治理为辅；沉陷区植被恢复达到良好状态，有野鸡、野兔等动物栖息。

环境管理与监测环保设施齐全，运行正常；环境监测制度健全，环境管理体系证书有效；矿区安装有适量小型气候站；应急响应机制健全，按规定开展应急演练，少部分矿区已按照"二合一"方案对沉陷区进行岩移观测；废水、噪声、粉尘、土壤按期检测，个别矿区粉尘无检测；复垦区每年进行一次动态监测。

3. 综合利用

神东煤炭集团14个生产矿井均无共伴生、复杂难处理或低品位资源和暂不能开采的共伴生矿产。

固废处置与综合利用方面，选煤厂有一定量洗选矸石，部分矿区主要制砖、制砂，大部分矿区回填矸石场覆土绿化，充填项目处于前期准备或正在建设中；矿井无表土利用；矸石中无有价元素可提取利用。

废水处置与综合利用方面，矿井水处理系统完善，矿井水预沉后部分用于生产及抑尘或通过合法排污口排入乌兰木伦河，剩余进行深度处理，达到标三类水标准，用于采空区灌溉，零外排；洗选厂煤泥水一级闭路循环，不外排；生活污水排入城市管网处理，由市政综合处理、利用。

4. 节能减排

神东煤炭集团14个生产矿井能耗管理体系健全；绝大部分能源管理体系证书有效，个别撤销；有能源计划及考核；近三年单位产品综合能耗低于国家标准先进值。

废气排放方面主要产尘点清单齐全，生产、运输、储存、其他废气等降尘、除尘设施齐全。

废水排放方面生活废水入城市管网，由政府统一利用；矿井水处理设施完善，运行正常，除氟后用于生产、沉陷区灌溉或水厂综合利用。

固废排放中危险废物均委托第三方处置；一般固废中生活垃圾委托第三方处置，污泥同洗煤厂压滤煤泥一同掺煤外售。

噪声排放方面主要产生噪声场所及其岗位的清单齐全，产噪点有密闭、减振、隔振以及防护设施，厂界噪声排放达标。

5. 科技创新及智能矿山

神东煤炭集团14个生产矿井科技创新体系（包含研发队伍、制度及协同创新体系）完善；研发及技改投入占主营业务收入1.5%~3%不等；所获奖项为中国煤炭工业协会或中关村绿色矿山产业联盟科学技术奖等奖项；未获得高新技术企业认证；或多或少获得发明专利、发表论文等；选用先进技术和装备。

智能矿山建设方面有企业发展计划，其中包含智能化矿山建设计划；已建设自动化集中管控平台，变电所、风机、空压机、水泵、皮带等实现无人值守；主要生产场所设备实现远程控制；无建立矸石场边坡监控平台，矿井主要场所均实现远程视频监控，三维储量管理系统均正在建设，部分开采工作面已实现智能化，矿井污水实现在线监测监控、分级报警、分级通知功能，集中供暖，无烟气排放。

6. 企业管理及形象

神东煤炭集团 14 个生产矿井绿色矿山管理制度健全，但年度考核资料不规范。

企业文化方面职工满意度调查 84% 以上，职工文体中心设施齐全，运行正常，工会组织活动记录齐全，绿色矿山专题宣传片 8~12 min。

企业管理方面功能区管理制度齐全，职工收入与企业绩效联动机制健全，采选设备清单齐全，无发现命令淘汰设备及工艺，职工目视化管理规范，生产场所统一着装，职业健康制度齐全，职工按年度体检，一人一档，污水、废气、粉尘、噪声及固废等管理制度齐全，定期开展绿色矿山宣传、报告等活动。

矿区和谐方面矿区均无纠纷，有帮扶募捐活动记录。

企业诚信方面均按年度汇交地质资料及矿产资源基础信息表；矿山依法纳税，不存在偷漏税行为；矿权人信息已在矿权人勘查开采信息系统公示。

（二）神东煤炭集团绿色矿山建设发展历程

对标《绿色矿山评价指标》（2020 年版）等国家绿色矿山建设标准，按照《内蒙古自治区自然资源厅关于印发<内蒙古自治区绿色矿山名录管理办法（试行)>的通知》《鄂尔多斯市绿色矿山建设管理条例》《煤炭行业绿色矿山建设规范》（DZ/T 0315—2018）等文件要求，神东煤炭集团对标先进、完善管理、持续改进，各生产矿井绿色矿山建设水平持续提升，成功打造具有区域特色的新时代绿色矿山典范。

第三章　神东煤炭集团绿色矿山建设科技创新体系

第一节　主 要 成 果

神东煤炭集团经过几代人多年的探索，逐渐形成了以科技攻关与工程需求为导向，以科技创新与协同创新为平台，以科技管理与科技决策为指导，以科技服务与人才培养为目标的科技创新驱动体系。

科技创新驱动体系以人才队伍为轴心，通过煤矿需求启动，配合技术服务拉动，形成了一个不断加速与螺旋上升的科技创新通道，实现了神东煤炭集团科技创新驱动体系的良性循环。

一、科技创新驱动体系建设

（一）科技管理体系构建

神东煤炭集团形成了由公司和基层矿（处）构成的两级管理体系架构，公司设立了科学技术委员会，作为公司科技管理的最高决策机构，下设专家委员会、专业委员会和办公室。基层矿（处）设立了科技创新领导小组，作为基层单位的科技创新管理机构，负责本单位的科技创新和技术交流活动。

神东煤炭集团不断完善科技创新体系，配套制定一系列制度和办法确保体系有效运行，强化了科研项目流程管理，推行了"揭榜挂帅"制度；完善了企业标准工作体系，建立健全标准化常态机制；规范了科技支出与研发费用的统计口径，加大了科技奖励力度，从制度上保证了科技创新活动的有效实施。

（二）科技创新平台建设

神东煤炭集团全面优化科技创新平台布局，建成了以"煤炭开采水资源保护与利用国家重点实验室"为主体的煤炭绿色开采研发平台，完善了"内蒙古自治区煤炭集约化开采工程技术研究中心"和"内蒙古自治区企业研究开发中心"2个省级技术创新平台、"煤炭行业采煤装备再制造工程研究中心"1个行业级技术创新平台，以及榆林市 2 个市级技术创新平台，形成了以国家级科研平台为主体，省级、行业级和市级科研平台为支撑的创新平台合理布局。

神东煤炭集团申请建设了矿鸿工业互联创新国家矿山安全监察局重点实验室，引领煤炭行业高质量发展和数字化转型；建立了"彭苏萍院士团队神东研究基地"，为建设智能绿色低碳矿区搭建创新驱动高能级载体；建成了"国家能源集团矿井通风安全与职业健康防护研究中心"，为提升职业健康安全管理体系水平提供了实践平台；建立了神东煤炭集团矿压研究重点实验室，专门研究神东矿井特殊地质条件下的矿压规律及其防控预案，助力安全生产迈上新台阶。

此外，还有各级人才培养平台，包括博士后工作站、专业技术人才和职业技能人才培养平台，以及国家级、省级与公司级等创新工作室（37 个）。

（三）协同创新发展

神东煤炭集团将自主创新与联合创新相结合，助推企业高质量发展。紧抓煤矿智能化和机器人应用的发展方向，大力推动智能矿山建设，成为由中国煤炭学会、中国煤炭科工集团联合发起的煤矿智能化创新联盟的首批理事单位；与 30 余家合作单位建立了"西北三院"产学研用技术联盟，协同解决安全生产技术难题；与 45 家单位开展了高端装备合作研发，大力推进高端装备的国产化研制；积极推进国家级煤质化验中心和安全检测中心建设。多年来，以神东煤炭集团为主体、联合行业内外科研机构、高等院校与高技术企业，建立了产学研用协同创新平台，形成了联合开发、优势互补、成果共享与风险共担的协同创新机制。

（四）人才队伍建设

截至 2022 年 10 月底，神东煤炭集团现有正式员工 3.26 万余人，平均年龄 39.8 岁，硕士、本科、专科学历员工人数不断增加，大专以上学历员工占员工总数的 57%；取得专业技术职称的人员有 9846 人，占员工总数的 30%；取得职业技能等级证书的员工有 7685 人，占员工总数的 24%。其中，5 人享受国务院特殊津贴，8 人被评为全国技术能手，18 人荣获内蒙古草原英才荣誉称号。

神东煤炭集团建立了与管理岗位并行的专业技术和技能操作人才职业发展通道，明确了各级专业技术和技能操作人才的职级待遇；建立了"技能基础培训-机电技术人才培养-神东工匠培养"的三阶段金字塔型人才培养模式，并大力实施"神东工匠"培养计划，按照"青年工匠"和"神东工匠"两个等级加大了高技能人才的培养力度，涌现出一批工匠人才。

（五）知识产权战略

神东煤炭集团强化全员知识产权保护意识，提高发明人专利撰写技能，取得了一批高价值专利，培养了一大批知识产权专业人才。神东煤炭集团成立了知识产权办公室，制定下发了《神东煤炭集团知识产权管理细则》与《神东煤炭集团专利成果转化实施方案》，明确了专利价值评估方法、成果转化方式及具体操作流程，完善了专利奖励办法与成果转化收益分配原则，从制度上激励员工进行专利转化工作；设立了重大科技项目专利挖掘与布局组织机构，强化高价值专利的培育工作。

（六）标准体系建设

神东煤炭集团以企业标准化委员会为组织保障，以《神东煤炭标准化管理办法》为制度保障，建立了标准数据库与资源共享平台，强化了标准化人才队伍建设，培养了一批标准化管理人员和专家队伍，为标准化工作的高质量开展奠定了坚实的基础。

通过技术示范、标准固化、大规模推广与总结提升，有力推进了安全新设备、开采新技术、支护新材料和环保节能新工艺等一批先进技术成果的推广应用，提高了企业社会经济效益，实现了高质量发展。

二、科技创新成果转化

神东煤炭集团一直传承"艰苦奋斗、开拓务实、争创一流"的企业文化，坚持"安全、高效、创新、协调"的核心价值观，探索形成了"五高四化"神东模式。神东煤炭集团坚持科技创新驱动发展，坚定走数字经济与能源经济融合发展之路，有序推进重大关键核心技术攻关，科技创新体系运行成果显著，"双创"效益凸显。

（一）科技成果不断涌现

大力推动煤炭开采方法与工艺、煤矿智能化与机器人应用等创新工作，完善清洁低碳、安全高效、绿色智能的神东现代化煤炭开发技术体系。近年来，神东煤炭集团每年科技投入10亿元以上，承担国家项目5项，集团重点项目7项，其中，"8.8 m超大采高智能综采工作面成套装备研发与示范"成果于2020年获第六届"中国工业大奖"，"神东现代化矿区建设与生产技术"成果于2003年获"国家科学技术进步奖一等奖"。多年来累计荣获8项"国家科学技术进步奖"，61项"中国煤炭工业协会科学技术进步奖"，以及12项省级科学技术奖。科技成果不断涌现，助力神东煤炭集团突破一批引领行业未来发展的前瞻性、颠覆性关键技术，实现更多核心技术的"神东引领"。

（二）标准化成果丰硕

神东煤炭集团成为全国信标委大数据标准化工作组矿山大数据行业组组长单位，牵头推进制定矿山行业统一大数据标准。已制定和正在制定的国家、行业及团体标准34项，主导起草并发布的《矿用设备地面通电试验规程》《矿用自动控制防水闸门》等行业标准填补了国内空白。发布企业标准690余项，有效促进采煤装备通用互换和技术进步，提高了神东煤炭集团在煤炭行业标准领域的话语权与影响力。

（三）专利数量井喷式增长

2021年申请专利543件，其中发明专利196件，数量同比增长58%。获得授权专利341件，数量同比提高97%。累计获得授权专利1263项，取得全球领先技术31项、国内领先技术38项。高价值专利的培育，助推神东煤炭集团建设成为国家知识产权示范企业和优势企业。

（四）职工创新创效硕果累累

近两年来，完成职工创新创效成果4091项，创造经济效益超过5亿元。《采煤机整体式链轮开发与应用》等94项成果荣获煤炭工业协会煤炭企业优秀"五小"创新成果奖，《泵站电控主站智能化升级》等420余项成果获神东煤炭集团优秀成果奖。通过积极培育众创文化和创新生态，有效激发了全员创新潜力，着力营造了全员创新氛围。

第二节　技术创新与应用

一、采掘技术发展与应用

30多年来，为提高采掘工效，神东煤炭集团在采掘技术方面不断突破，采煤技术除在一次采全高采高上不断提高外，在放顶煤、薄煤层等高开采、短壁机械化与无煤柱开采等方面也进行了技术创新；掘进方面积极推进快速掘进和全断面盾构等技术的创新及应用。目前，神东煤炭集团已经形成了采掘工艺齐全、技术装备先进和保障体系可靠的自动化高效采掘体系，引领了全国煤炭行业的技术创新与科技进步，创造了国际、国内多项纪录。

（一）厚及特厚煤层一次采全高综采技术与实践

神东煤炭集团开采规划区内主要可采煤层包括12煤、22煤、31煤、42煤和52煤，大部分煤层厚度一般为4～6 m，厚煤层主要分布在大柳塔矿、上湾矿、补连塔矿和哈拉沟矿等几个中心矿井，厚度6 m以上的煤层地质储量为15.49亿吨，其中厚度6～7 m的储量占比为78.1%；厚度7.0～7.3 m的储量占比为8.1%；厚度7.3～8.0 m的储量占比为3.8%。厚及特厚煤层开采方法的合理选择对神东煤炭集团安全高效开采意义重大。

国内外对厚及特厚煤层的开采方法一般有综采放顶煤、人工假顶分层开采和大采高一次采全高综采3种。对于补连塔矿22煤、大柳塔矿52煤和上湾矿12煤，受煤层埋藏浅、硬度大与节理裂隙发育度不高的影响，综采放顶煤开采适应性差；若采用人工假顶分层开采，则使工作量变大、用人增多，生产工艺与生产管理复杂，万吨掘进率也大幅升高，不符合神东煤炭集团高产高效矿井要求，因此，对于厚及特厚煤层尽可能采用大采高一次采全高综采的开采方法是神东煤炭集团的最佳选择。

为提高厚煤层回采工效及采出率，神东煤炭集团于2007年、2009年和2018年分别进行了国内外首次6.3 m、7.0 m、8.8 m大采高综采技术实践，创造了单工作面最高日产6.55万吨、最高月产150万吨的纪录，为我国7～9 m特厚煤层特大采高综采提供了样板，为晋陕蒙宁甘乃至新疆等区域厚及特厚煤层采用大采高一次采全高综采工艺技术提供了示范。

综采工作面每一次采高的增加，都是一次煤炭开采装备与回采技术的革命，也是一次我国煤矿开采装备制造水平提升的见证。神东煤炭集团为逐步提高大采高一次采全高综采工作面的采高，在采场围岩控制、开采装备研发与开采工艺革新等方面做了诸多研究、探索与创新。

1. 采高增加引起采场覆岩运动变化分析

在特定采高情况下，综采工作面垮落带上部岩层能够随工作面推进，不断形成三铰拱式的简支梁铰接平衡结构，维持采场围岩压力的暂时平衡。在采高提高的情况下，低位岩层铰接形成的稳定结构因回转量增大而失稳，以"悬臂梁"结构形态参与垮落运动，成为垮落带的一部分；处于更高层位的岩层替代低位岩层铰接形成新的平衡结构。

经实验室模拟与现场数据论证，采高增加对综采工作面垮落带、基本顶、支承压力、煤壁与采空区的参数都有较大的影响。当采高增加1 m，垮落带的高度将增加 3~4 m，单位面积所承担的静载将增加 70~100 kN；采场上部岩层形成的基本顶其运动步距、运动强度呈非线性增加；煤壁稳定性与最易失稳位置也发生变化，需强化对综采液压支架的架型、初撑力、工作阻力与护帮参数的创新设计，以应对由采高的增加引起围岩应力非线性变化带来的安全风险。

2. 神东矿区采场覆岩"切落体"结构

(1)"切落体"结构的提出。传统的采场上覆岩层运动形态有"砌体梁"结构、"传递岩梁"结构之分。神东矿区受浅埋深、薄基岩、厚松散层、大采高与超大工作面采动影响，当工作面埋深在 150 m 之内时，其上覆岩层经常表现出"两带"特征，即采场上覆岩层呈整体切落式周期性破断，破断范围波及地表，此覆岩运动结构被称为"切落体"结构。

"切落体"与"砌体梁"及"传递岩梁"等结构相比，"切落体"结构力学承载能力较弱，覆岩大部分载荷作用在支架或采空区矸石上，导致浅埋煤层工作面矿压显现更加强烈。由"切落体"结构可知，传统采场上覆岩层"上三带"中的弯曲下沉带在神东矿区浅埋深、薄基岩、厚松散层及大采高的条件下很难形成，导致采场支承压力转移规律与常规采场差异较大。

(2)"切落体"的类型。由物理相似试验、数值模拟及现场矿压实测分析可知，"切落体"结构中覆岩切落角度与岩层强度、刚度、层理及厚度等参数有关。对于厚硬岩层组合，顶板破断面偏向于采空区，破断角小于 90°；对于薄及松软岩层组合，顶板破断面偏向于工作面前方，破断角大于 90°，对于软硬复合型岩层组合，则介于二者之间。结合开采实践，把"切落体"结构形式划分为超前"切落体"、垂直"切落体"与滞后"切落体"三种类型。

(3)"切落体"结构下矿压显现特征。采场覆岩若以"切落体"结构运动，传统矿压理论中弯曲下沉带难以形成，其支架载荷计算方法也有别于常规采场，直接顶载荷与"切落体"载荷是采场支架载荷的主要来源。由于直接顶强度一般较低，随采随冒，其载荷必将全部作用在支架上；而"切落体"载荷并非全部作用于支架，仅将其残余载荷传递至支架，残余载荷的大小取决于切落面的摩擦因数 $\tan\Psi$、水平挤压力 T、切落角度 α 等参数。

在"切落体"结构下，支架上的矿压显现比常规条件下矿压显现强烈，提高支架支护强度是应对"切落体"岩体运动比较有效的方法之一。支架支护强度的提高，同时也影响"切落体"结构的切落角度 α、水平挤压力 T 的数值，支架支护强度与围岩运动状态是个复杂的非线性耦合过程。1) 神东矿区采场顶板受"切落体"结构影响，初次来压步距一般在 40~60 m，周期来压步距一般为 13 m 左右，周期来压顶板运动期间矿压显现强烈，顶板运动结束后，矿压显现不明显。2）采场作用在支架上的载荷普遍较大，采用较大工作阻力的液压支架才能满足采场矿压的需要。3）煤层若进入下组煤开采，受上覆煤层煤柱影响，采煤工作面出煤柱时，煤柱边界上方 2 个"切落体"已经形成的稳定结构极易失稳，导致采煤工作面顶板载荷瞬间增大，易造成采场顶板矿压显现异常。

针对神东矿区采场上覆岩层"切落体"结构，需要加强对采场液压支架选型、支护参数选择与护帮参数确定等方面的研究。

3. 国内首个 6.3 m 采高重型工作面开采实践

神东煤炭集团上湾矿根据其煤层赋存条件，2007 年 5 月，装备了国内首个采高 6.3 m 的 51202 重型综采工作面，创造了国内一次采全高采高纪录。

重型工作面一般指工作面总装机功率在 10000 kW 以上，生产能力突破 1200 万吨/年的综采工作面，具有生产能力强、总装机功率大、可靠性高与技术先进等特点。重型工作面代表了国内外煤炭生产先进技术的最新发展方向，是煤炭开采矿压理论、采掘技术、机电与装备技术、回撤安装、系统能力配套、信息化、自动化应用、安全保障及生产组织等一系列技术创新和升级的成果，最终目的是提升矿井生产能力、生产效率和经济效益。

51202 综采工作面总装机功率由过去的 4100 kW 提升到 11000 kW，生产能力由 500 万吨/年提高到 1250 万~1350 万吨/年，工作面设备总质量由 4300 t 增加到 10000 t，采煤机功率由 990 kW 提高到 2390 kW，液压支架工作阻力由 6715 kN 提高到 10800 kN，刮板输送机装机功率由 2×552 kW 提高到 3×1000 kW，带式输送机宽度由 1.4 m 提高到 1.6 m，运输能力由 2200 t/h 提高到 4000 t/h。"6.3 m 一次采全厚重型综采工作面成套技术"成果于 2009 年获内蒙古自治区科学技术进步奖一等奖。

51202 重型工作面开采过程中，工作阻力为 10800 kN 的综采液压支架有效控制了顶板，同时也实现了煤矿综采、机电、装备、信息化与自动化等方面的技术创新和突破，最高日产达 40214 t，最高月产达 109.5 万吨，单产水平提高到 1200 万吨/年，每年可以增加经济效益约 1 亿元，资源采出率达到了 94.2%，矿井服务年限延长了 4.5 年。

51202 重型工作面之所以能取得成功，主要归功于在采场上覆岩层以"切落体"结构理论指导下的液压支架选型及相关配套设备的创新，主要有以下 2 点：

（1）依传统矿压理论，采高由 4.3 m 提高到 6.3 m，液压支架工作阻力只需提高 2000 kN 即可适应采场矿山压力。考虑 51202 重型工作面上覆岩层若以"切落体"结构运动，需估算"切落体"的残余载荷，因此把液压支架工作阻力提高了 4085 kN，支护强度提高 0.38 MPa，研发当时支护高度最大的 ZY10800/28/63D 型国产两立柱液压支架，配置了最大护帮高度 3.2 m 的三级护帮结构。

（2）为提高综采工作面的生产能力，开发应用了电机功率 3×1000 kW、链条直径 48 mm 及输送量 4200 t/h 的刮板输送机；研发了当时最大功率 2390 kW 的采煤机，并配备了直径 3.2 m 滚筒；开发了最大流量 430 L/min 的乳化液泵。

4. 7~8 m 厚煤层一次采全高综采创新实践

补连塔矿在综采一次采全高技术上积极实践，2009 年 22303 综采工作面装备了一次采全高采高为 7 m 的重型工作面，2016 年 12511 综采工作面装备了一次采全高采高为 8 m 的重型工作面，实现了当时国内一次采全高采高达到 8 m 的技术突破。

22303 综采工作面把采煤机的最大采高提高到 7 m，液压支架工作阻力提升到 16800 kN，中心距增加到 2.05 m；12511 综采工作面把采煤机功率提高到 2925 kW、最大采高提升到 8 m，液压支架工作阻力提高到 21000 kN。

一次采全高的采高由 6.3 m 逐步提高到 7 m 与 8 m，主要实现的技术创新如下：

（1）以覆岩"切落体"结构理论为指导，把液压支架最大工作阻力由 10800 kN 提升到 16800 kN、18000 kN 乃至 21000 kN，液压支架中心距增加到 2.05 m。实践证明，一次采全高采高为 7 m 的综采工作面选配最大工作阻力为 18000 kN、采高为 8 m 的综采工作面选配最大工作阻力为 21000 kN 的两立柱掩护式液压支架对采场顶板适应性较好，液压支架要选配三级护帮结构，其最大护帮高度要达到其最大支撑高度的 0.45~0.50 倍。

工程实践表明，一次采全高采高由 6.3 m 提高到 7 m，液压支架最大工作阻力提高了 7200 kN，支护强度提高了 0.575 MPa；一次采全高采高由 7 m 提高到 8 m，液压支架最大工作阻力提高了 3000 kN，支护强度提高了 0.24 MPa。从采高提高数值与支架载荷升高数值不成比例这一现象，说明一次采全高采高的增加与支架载荷提升是一种非线性关系，论证了"切落体"结构残余载荷向支护体传递的非线性。该结论对深入认识与研究"切落体"结构具有十分重要的意义。

（2）采煤机创新采用了全直齿传动、铸焊结合型壳体、时分性强制润滑和组合多路冷却等关键技术，实现了 7 m 大采高的国产易维护全直齿摇臂五级直齿传动，提高了减速机构的稳定性。

（3）为解决大采高工作面两端头煤炭损失严重的问题，开发了垂直过渡支架，提高了采煤工作面的煤炭采出率；采用辅巷多通道工艺，并配套 7~8 m 的大采高成套装备回撤专用支架，系统性解决了大采高综采工作面末采贯通难度大、矿压大及回撤难的问题。

22303 与 12511 综采工作面回采期间，采场顶板基本可控，顶板的周期性运动比较明显，在推进方向上矿压大致呈现"大~小"相间变化趋势，来压步距 9.0~16.8 m，平均 13 m；在倾斜方向上周期来压步距以中间支架为中心呈对称分布，整体呈现"中间小，两头大"的运动特征。

12511 综采工作面全部回采煤量为 1031.7 万吨，采出率达到 98%；工作面生产能力显著提升，每刀煤产量达到 2800 t，最高日产量为 5.22 万吨，最高月产量为 134.4 万吨。12511 重型工作面配套装备具备完成年产 1550 万吨的生产能力。

5. 8.8 m 特厚煤层一次采全高综采创新实践

2018 年上湾矿装备了一次采全高采高为 8.8 m 的 12401 重型工作面。该工作面把液压支架工作阻力提高到 26000 kN，选用功率为 3030 kW、最大采高为 8.8 m 的采煤机，工作面总装机功率达到 13762 kW。"8.8 m 智能超大采高综采工作面成套装备研发与示范工程"成果于 2020 年获中国工业经济联合会中国工业大奖，其主要技术创新如下：

（1）优化了辅助运输巷道设计。为解决大型设备的安装、回撤等运输问题，在 12 煤四盘区系统中部开掘支架专用巷，综采大型设备入井后经支架专用巷可直达综采工作面开切眼，实现一条巷道为 12 煤四盘区 12 个综采工作面的安装、回撤服务的功能；支架专用巷使综采工作面的辅助运输形成环线，提高了辅助运输效率；待盘区进行最后一个综采工作面回采时还可以作为回风巷使用，实现了一巷多用。

（2）研发了目前世界上支护高度最高的 8.8 m 两立柱掩护式液压支架。该液压支架中心距 2.4 m，最大工作阻力 26000 kN，其支护强度比 21000 kN 液压支架提高了 0.34 MPa，配套了最大护帮高度 4.9 m 的三级护帮结构。

（3）为提高综采设备配套能力，研发了目前最大截割高度 8.8 m 的采煤机；开发了高强度大运量刮板输送机，减缓了超大采高工作面落煤和煤炭运输过程中对刮板运输机各刚性部件的冲击；开发了 1350 L/min 大流量乳化液泵站，解决了以往乳化液泵站无法快速匹配超大采高工作面液压支架所提供的支撑能力、无法满足快速移架的问题；为有效解决百吨级液压支架、采煤机整体搬运和回撤巷道安全支护技术难题，研发了双百吨级支架搬运车。

12401 综采工作面开采过程中，周期来压步距一般为 13.5 m，来压动载系数均值为 1.6，来压期间液压支架安全阀开启率可达 20%，中部支架周期来压比两端头明显，具有周期来压步距短、持续时间长与动载矿压强烈等特点，与"切落体"结构运动特征相吻合。

高阻力两立柱掩护式液压支架的成功应用，进一步验证了神东矿区上覆岩层以"切落体"结构形态运动的可能性，验证了覆岩在"切落体"结构下液压支架参数选型的复杂性，也验证了目前神东矿区实施的一次采全高液压支架选型方案的可行性与可靠性，该方案可以支持相同或相似地质条件与采动条件液压支架选型设计。

8.8 m 特厚煤层一次采全高综采的实践，创造了单工作面年产 1400 万吨的纪录。神东煤炭集团自创建重型工作面以来把一次采全高采高从 6.3 m 逐步提高到 8.8 m，设备配套能力达到 1900 万吨/年，多次刷新纪录。重型工作面的成功推广和应用，提高了矿井经济效益，提升了综采技术水平，推动了我国煤矿综采装备技术的进步，对国家建设亿吨级大型煤炭基地具有重要意义。

(二) 浅埋坚硬特厚煤层上层综采下层综放技术

神东煤炭集团活鸡兔井 12 煤复合区面积为 4.24 km²，煤层厚度为 9.63~10.35 m，平均厚度为 10 m。该盘区基岩厚度为 42.3~86.4 m，直接顶为厚度 1.5~6.8 m 的粗、中砂岩，基本顶为厚度大于 20 m 的细、粉砂岩，基本底为厚度大于 10 m 的细、粉砂岩。

2000 年，受一次采全高采高不超过 4 m 技术的限制，神东煤炭集团活鸡兔井 12 煤复合区采煤方法只能在放顶煤与分层开采中选择。由于该复合区埋深浅、煤层比较坚硬，若采用放顶煤开采，不利于顶煤破碎，顶煤冒放性不佳，放煤时容易产生大块堵塞放煤口，影响开机率，资源采出率较低；因此，当时选用上分层综采 4 m、中间留 2 m 假顶、下分层综采 4 m 的开采方案。2001 年 3 月至 2005 年 5 月对该盘区上分层两翼共 9 个综采工作面进行了回采。

2015 年，神东煤炭集团已经能实现采高为 7 m 的一次采全高综采，在对厚度为 6 m 的下分层开采方案选择时，首先考虑一次采全高综采。由于上分层综采时未铺网，下分层需要在上分层采空区下开采，顶板控制难度大，安全隐患大，一次采全高方案不可取。如继续按原计划采用综采 4 m 回采下分层，就会浪费厚 2 m 的煤炭资源，大量煤炭遗留在采空区还存在自然发火的安全隐患。

为了更加安全高效地开采该复合区下分层，提高煤炭资源采出率，12 煤复合区下分层采用综采 4 m、放顶煤 2 m 的综放开采方法，厚 2 m 的顶煤可作为下分层综采的顶板，架后作为放顶煤进行回收，既保证了顶板安全，又回收了煤炭资源，即把原计划 10 m 特厚煤层"上分层综采 4 m、中间留 2 m 假顶、下分层再综采 4 m"变更为"上分层综采 4 m、下分层综放 6 m"的开采方法。2015 年，对下分层首个工作面进行了综放开采，选用 ZFY10200/25/42 型液压支架，工作面采用"一刀一放，采放平行作业"的方式回采。利用上分层回采时采动压力对底煤的破坏作用和下分层回采时支架反复支撑对顶煤的破坏作用松动顶煤，通过摆动尾梁和伸缩插板机构实现控制放煤块度和挡矸作用，实行"多轮循环、均匀连续、大块破碎、见矸关门"的放煤原则。工作面回采过程中，顶煤受上分层采动影响和下分层工作面大阻力支架对顶煤的反复支撑破碎作用，冒放性较好，提高了回采效率，工作面月产量最高达 87 万吨。"浅埋深特厚坚硬煤层下分层放顶煤开采技术研究"成果于 2016 年获第八届陕西煤炭工业科技成果一等奖。

目前该盘区下分层已经全部回采完毕，采出率达 97.8%。活鸡兔井 12 煤复合区分层开采的成功实践，一方面验证了浅埋坚硬特厚煤层采取上分层综采下分层综放的可行性，另一方面也验证了神东矿区采取"采大放小、高阻支架上下扰动"措施的正确性。

（三）薄煤层等高采煤技术与实践

薄煤层（1.3 m 以下）开采一直是困扰采矿行业的一个难题。神东煤炭集团 0.8~1.3 m 薄煤层可采储量占公司可采总储量的 10%，薄煤层回采工效将是制约未来神东煤炭集团安全高效开采的重要因素之一。

1. 薄煤层开采面临的主要技术难题

传统的薄煤层开采工艺难以满足神东煤炭集团高产高效生产要求，主要存在 4 个方面的技术难题：

（1）巷道所需断面较大与煤层厚度较薄的矛盾。神东煤炭集团辅助运输车辆要求巷道保持一定的高度，相对于 1.3 m 以下薄煤层需要挑顶或挖底 1 m 以上，巷道断面内岩石占比超过 40%，巷道断面尺寸优化与掘进方式选择是一个难题。

（2）万吨掘进率高与单进水平低的矛盾。薄煤层相对于厚煤层而言，万吨掘进率相对较高，回采同样数量的煤炭需要开掘的巷道工程量大。薄煤层煤厚变化系数大，挑顶、起底工程量大，单进水平低下。

（3）装备大功率与小尺寸的矛盾。为追求高产高效，薄煤层工作面装备追求大型化、重型化，煤层厚度又限制了装备的规格尺寸，造成装备大功率与小规格尺寸的矛盾。

（4）装备适应性与小尺寸的矛盾。薄煤层赋存不稳定，煤厚变化大，装备因受限于小尺寸要求，调整变化幅度小，不能及时适应煤层变化，顶板管理、煤质管理困难。

2. 神东煤炭集团薄煤层开采关键技术

（1）薄煤层巷道掘进技术。为解决巷道所需断面较大与煤层厚度较薄的矛盾，在满足混凝土底板施工厚度、支护锚索外露和安全间隙的条件下，优化薄煤层辅运线路巷道最佳断面为 5.1 m × 2.3 m。神东矿区各薄煤层底板硬度普遍低于顶板，结合薄煤层刮板输送机采用端卸式落煤及顶板管理要求，巷道优先选择拉底掘进。

（2）降低万吨掘进率技术。为解决万吨掘进率高与单进水平低的矛盾，采用切顶成巷与工作面优化布置两种方案降低薄煤层万吨掘进率。切顶成巷技术较为成熟，已在神东矿区推广使用；工作面优化指将薄煤层工作面长度逐步由传统的 150 m 提高到 250 m。

（3）薄煤层采煤装备选型技术。为解决装备大功率与小尺寸的矛盾，神东煤炭集团研发了融合滚筒采煤机与刨煤机优点的等高式采煤机及配套装备。该套装备采用刨煤机牵引配采煤机截割滚筒，单电动机驱动双滚筒的方式布置；截割滚筒直径 1.2 m，质量 19.2 t，配备 500 kW 的电动机，割煤性能媲美大功率采煤机，实现了小尺寸、大功率的装备配置新突破。

（4）薄煤层采煤装备适应性调整技术。为解决装备高适应性与小尺寸的矛盾，在采煤机机身上配套了调高油缸，可调整采高 150~200 mm，布置调高油缸后挖底量增大，最高可挖底 150 mm；利用配置在液压支架推拉杆上的倾角调整油缸，实现工作面横向角度的调节，提高了对煤层变化的适应性。

（5）采煤机垂直进刀技术。为解决采煤机功率受限问题，创新采用单电机驱动双滚筒技术，可以实现大功率截割、端头垂直进刀工艺。采煤机由传统的端头斜切进刀变为端头垂直进刀，省去了割三角煤的往返工序，节约了时间，提高了生产效率。

3. 薄煤层等高采煤无人化工作面的应用

2019 年石圪台矿 22 上 303-1 采煤工作面，首次实现了国内薄煤层等高采煤无人化工作面全自动化生产。22 上 303-1 综采工作面长度为 253.4 m，推进长度为 603.3 m，平均煤厚为 1.3 m，从 2020 年 7 月开始生产，采煤机割煤速度达到 10 m/min，圆班生产突破 15 刀割煤纪录。工作面配备集控台司机 1 人、巡视岗位工 3 人，月产量达 12.4 万吨，年产能可达 150 万吨。等高采煤装备的成功投入运行，为神东煤炭集团薄煤层自动化安全高效开采积累了宝贵经验。

（四）短壁机械化全部垮落法回采技术与实践

我国现有煤炭资源中 17% 属不能布置长壁工作面的采区。以神东矿区为例，规划范围内存在不规则边角块段及部分小型井田的可采储量约为 5.3 亿吨，开采边角煤炭资源对神东矿区的发展具有十分重要的现实意义。

短壁机械化开采技术是解决块段小、不规则、储量分散、煤层赋存不稳定及地质条件复杂区域开采的关键。1995 年起神东煤炭集团开始引进国外连续采煤机成套装备，曾创造最高日产 1.38 万吨、最高年产 225 万吨的连采纪录。近年来神东煤炭集团与中国煤炭科工集团太原研究院联合攻关，实现了连续采煤机、梭车、锚杆钻车、行走支架与连运系统全套装备国产化，在国产化装备性能、回采通风技术等方面积累了大量的实践经验，实现了边角煤资源的安全高效回收。

1. 短壁机械化采煤工艺及通风系统

短壁采煤法经过多年工艺演变，目前形成了以旺格维利采煤法、块段式采煤法为主的两类代表性短壁开采工艺，神东煤炭集团短壁采煤工作面使用块段式采煤法。块段式采煤法通过平巷、支巷把开采区域划分为若干矩形块段。支巷按照支巷 1→支巷 2→支巷 3→支巷 4→支巷 5→支巷 6 的顺序掘进；煤柱按照 A1→A2→A3→A4→A5→B1→B2→B3→B4→B5→C1 的顺序回采，工作面煤柱回收采用连续采煤机双翼交替进刀后退式开采，梭车和输送带运煤，并采用行走支架跟机支护顶板，实现全部垮落法管理顶板。通风由辅运平巷进新鲜风流，通过在平巷、支巷及联络巷内设置密闭、风障及挡风帘等通风设施调整风流进入工作面，污风经采空区回到主运平巷回风，形成支巷四进两回的全负压通风系统。

2. 短壁机械化采煤关键装备与技术

榆家梁矿 52 煤三盘区边角煤布置短壁回采工作面，可采面积为 21.5 万平方米，按块段式采煤工艺布置了 3 个回采采区，回采原煤 65.6 万吨，采出率达到 83.2%。

榆家梁矿 52 煤三盘区边角煤的成功开采，主要归功于使用了国内首台 EML340 型连续采煤机与装机功率 182 kW 的梭车，配备了 XZ7000/25.5/50 型履带行走式液压支架、国产 CLX3 型防爆胶轮铲车和国产 DZY100/160/135 型柔性连续运输系统。系列装备指标达到国外先进水平。

短壁回采工作面采用连采机双翼交替进刀后退式开采、行走支架跟机支护顶板的回采工艺。该工艺不仅实现了快速高效回采，更重要的是在采用行走支架支护顶板的前提下双翼交替进刀回采，实现了采空区顶板的全部垮落，消除了短壁开采顶板大面积垮落造成飓风伤人的重大安全隐患，保证了安全生产。

（五）无煤柱开采技术与实践

沿空留巷工艺技术能明显提高煤炭资源采出率，增加矿井服务年限，减少巷道掘进量，节约掘进费用，缓解接续紧张，该技术已经在全国许多煤矿中推广使用。

神东煤炭集团下属各矿井一直保持高速开采，传统的沿空留巷技术很难突破 6 m/d 的留巷速度，无法满足综采工作面全速推进的要求。近年来，神东煤炭集团在巷旁柔模混凝土支护沿空留巷、沿空掘巷与切顶卸压自动成巷技术方面取得进展。

1. 巷旁柔模混凝土支护沿空留巷技术

巷旁柔模混凝土支护沿空留巷技术是在采煤工作面后方沿采空区边缘，采用柔模混凝土墙作为巷旁支护，将该工作面的区段巷道保留下来，给相邻工作面使用，形成了成熟的厚煤层柔模快速沿空留巷工艺。"煤矿柔模复合材料支护安全高回收开采成套技术与装备"成果于 2018 年获国家科学技术进步奖二等奖。

（1）巷旁柔模沿空留巷"六位一体"的技术体系。沿空巷道受多次采动影响，围岩活动剧烈，巷道维护难度较大。为保持综采工作面快速推进，神东煤炭集团从整体上对沿空留巷进行设计，对巷旁支护墙的快速构筑、柔模支护体防漏、采空区顶板悬顶治理及"一通三防"等技术展开科技攻关，形成了巷旁柔模沿空留巷"六位一体"的技术体系。

留巷技术包括留巷设计、激光放线、柔模吊挂、柔模浇筑与柔模墙强度监测；支护技术包括留巷前补强、挡矸支架、单元支架、挂网与无机材料离层加固；堵漏技术包括多腔柔模、螺栓孔堵漏、薄喷技术、喷浆与泡沫堵漏；"一通三防"技术包括 Y 型通风、气体监测、注氮注浆与低氧治理；矿压监测技术包括监测顶板离层、围岩变形、应力应变与周期来压 4 类数据；悬顶治理技术包括常规退锚、高压水切割、液压破顶装置与水力压裂等。

（2）快速柔模混凝土支护技术。为保持留巷墙体的快速构筑，研发了快速柔模混凝土制备输送系统与滞后临时支护单元支架，提高了柔模沿空留巷的支护效率。柔模混凝土制备输送系统由地面柔模混凝土制备混合系统、柔模混凝土运输系统与井下柔模混凝土泵送系统等组成。

滞后临时支护单元支架采用型号为 ZQ5000/20.6/45，底座尺寸为 1.4 m×0.9 m，顶梁尺寸为 1.6 m×1 m，靠柔模混凝土墙侧安设，沿空留巷内单元支架中心距 2 m，临时支护长度 120 m。单元支架支护代替了沿空留巷传统"一梁四柱"支护工艺，降低了员工劳动强度，提高了现场施工效率。

（3）巷旁柔模混凝土支护沿空留巷技术应用。榆家梁矿从 2013 年以来，先后在 52401、52402 与 52307 等 7 个采煤工作面应用"巷旁柔模支护"沿空留巷工艺，累计留巷长度达 12500 m，增加综合效益 2490 万元/年；大柳塔矿 52605 综采工作面应用沿空留巷工艺，留巷长度 4097 m，增加综合效益 1.2 亿元；锦界矿 31116 综采工作面应用巷旁柔模支护沿空留巷工艺，留巷长度 5069 m，增加综合效益 1.1 亿元。

该技术还在上湾矿、哈拉沟矿、乌兰木伦矿、柳塔矿和石圪台矿等矿井推广应用。神东煤炭集团在沿空留巷墙体高度 3.8 m 的前提下，取得了最快留巷速度 18 m/d 的好成绩。

2. 巷旁柔模混凝土支护沿空掘巷技术

神东煤炭集团榆家梁矿首次实现了柔模混凝土沿空掘巷技术，采用厚 1 m 的柔模混凝土墙体替代了宽 15 m 的护巷煤柱，减少了遗留在采空区的煤炭，延长了矿井服务年限。

榆家梁矿 52401 综采工作面超前采煤工作面 200~300 m，在运输巷沿副帮浇筑一道连续的柔模混凝土墙体，工作面回采结束后混凝土墙体进入采空区，待采空区岩层垮落活动稳定后，紧贴柔模混凝土墙掘进 52402 辅运巷，实现沿空掘巷无煤柱开采。

沿空掘巷与沿空留巷墙体支护都是巷旁柔模混凝土。沿空掘巷的柔模混凝土墙体施工在采煤工作面前方，而沿空留巷的柔模混凝土墙体施工在采煤工作面后方，沿空掘巷具有施工便利性强，安全系数高，操作难度低等特点。

　　3. 切顶卸压自动成巷技术

　　哈拉沟矿在 12201 工作面运输巷应用切顶卸压自动成巷无煤柱开采技术,在靠近工作面侧顶板,采用双向聚能爆破沿区段平巷走向预裂切顶,随工作面回采,煤层顶板沿预裂切缝自动垮落,形成采空侧巷帮。该巷道可在下一工作面开采时重复使用,实现了无煤柱开采。12201 工作面运输巷留巷 580 m,综合效益 880 万元。

　　（六）快速掘进技术创新与实践

　　为满足矿井通风、排水、运输与搬家等需要,神东煤炭集团每年巷道掘进量超过 350 km。为提高掘进效率,公司在快速高效掘进与全断面盾构施工等方面积极探索,保持了采掘接续平衡,提高了矿井安全高效生产水平。

　　1. 快速高效掘进系统

　　矿井快速高效掘进技术一直是我国矿井采掘亟待攻坚的核心难题之一,神东煤炭集团携手中国煤炭科工集团与中国铁建重工集团,经过多年科技攻关,成功研制出世界首套全断面高效快速智能掘进系统,实现了掘、支、运一体化,解决了采掘失衡的矛盾,满足了矿井规模化、集约化与智能化的生产需要。

　　自 2013 年世界首套快速掘进系统在神东煤炭集团大柳塔矿正式使用以来,曾创造了煤巷支护作业大断面单巷掘进日最高进尺 132 m,月最高进尺 3088 m 的纪录。"高效全断面掘进机研制—快速掘进后配套装备研发"成果于 2017 年获中国煤炭工业协会科学技术奖一等奖。

　　快速高效掘进系统主要由全断面快速高效掘进机、矿用十臂锚杆钻车、煤流连续运输、长压短抽通风、实时位姿自动检测与快速掘进系统安装回撤等关键技术组成。

　　（1）全断面快速高效掘进机。目前神东煤炭集团全断面快速高效掘进机主要有全断面煤巷高效掘进机与全断面矩形快速掘进机两大类。

　　全断面煤巷高效掘进机是一种掘支一体化装备,可实现全断面截割、装运、支护、行走、锚固与除尘等多重功能。该机截割高度为 4.2 m,截割宽度为 6 m,纵向工作坡度为 ±5°。

　　全断面矩形快速掘进机集机、电、液与激光陀螺惯导系统为一体,有 5 个截割刀盘错次对称布置,结合 6 个盲区铲齿构成截割部,能满足快速、连续与一次全断面矩形巷道成型施工需要,实现掘、运与支一体化,掘进中空顶距可以控制在 4.7~6.2 m。

（2）矿用十臂锚杆钻车。矿用十臂锚杆钻车安装有 6 台顶锚钻臂和 4 台帮锚钻臂，在掘进机后方，骑跨在可弯曲带式输送机上，掘进机前移后，钻车紧跟着进行顶帮支护，可同时完成顶板和巷帮上部支护，实现了顶、帮支护的依次完成，减少了支护用时，提高了支护作业效率，保证了掘支平衡。

（3）煤流连续运输技术。全断面掘进机将截割下来的煤转载运输到可弯曲带式转载机，可弯曲带式转载机卸载至迈步式自移机尾，然后经带式输送机输送到主带式输送机。迈步式自移机尾和可弯曲带式输送机重叠式布置，具有较长的搭接行程，保证了生产班正常的连续掘进。

迈步式自移机尾不仅把可弯曲带式转载机卸载下来的煤炭转载运输至主带式输送机，而且在检修班还把掘进前移时用完的搭接行程通过遥控操作自身的自移装置完成向前迈步自移，为下一个掘进循环做好准备工作。

（4）长压短抽通风技术。目前，神东煤炭集团已经成功建立了一套适应于巷道掘进的"长压短抽"通风除尘技术，使工作面作业环境的降尘率达 95%，改善了作业环境。"长压短抽"通风除尘是指用压入式局部通风机作为工作面供风的局部通风机，用抽出式风机作为除尘风机。

长距离掘进工作面选用干式除尘通风机，将其固定连接在桥式转载机末端，当掘进工作面生产时，开启除尘通风机，形成"长压短抽"通风除尘系统，从源头上控制了粉尘的扩散；当掘进工作面停产时，关闭除尘通风机。

（5）实时位姿自动检测技术。神东煤炭集团采用一种基于视觉/惯导的掘进机位姿组合测量方法提高掘进机实时位姿测量精度。该方法组合激光捷联式惯导与单目视觉测量技术，取得掘进机实时位姿的 5 个自由度数据。该技术不需要外界信息修订导航参量，解决了受误差累积影响而不能连续工作的问题。该技术在大柳塔矿进行了应用，姿态测量精度为 0.1°，静态漂移标准差为 0.25°，位置定位精度为 1 cm，满足测量精度需求。

（6）快速掘进系统安装回撤技术。快速掘进系统在安装及回撤时因设备体积大、重量大且规格尺寸固定无法拆解等原因，尚未实现自动开口和退机。

神东煤炭集团采用双巷配合工艺，准备段巷道开 5 个联络巷，联络巷 1 为移变硐室，联络巷 2 为通风机硐室，联络巷 3~5 为全断面掘进机、后配套设备安装运输通道，联络巷 5 处沿巷道掘进方向设置全断面掘进机安装区域。

快速掘进设备回撤，需由相邻巷道在巷道停掘位置前开设 2 个联络巷，打设厚 200 mm 的混凝土底板，末联巷实现调车功能，头联巷为设备拆解区域，快速掘进系统回撤时需要施工回撤联络巷和拆解硐室。

2. 全断面盾构施工关键技术

针对煤矿深埋超长、连续下坡、富水高压和地层多变的特点，神东煤炭集团应用了双模式盾构机的成套系统，创新了煤矿巷道施工工艺，实现了煤矿巷道安全、优质、快速与高效施工，在国内外煤炭行业起到了引领和示范作用。

双模式盾构机主要部件包括刀盘、主驱动、推进系统设计与双模式盾构配套设备布局等，其中刀盘开挖直径达到 7620 mm，整机长度为 238 m，整机质量为 1200 t，总装机功率为 4800 kW。

全断面盾构施工技术能适应不同地质条件、采动条件下的巷道施工，其技术关键如下：

（1）超前钻探地质预报技术。该技术是通过超前钻探过程中的压力、钻孔速度、转速、转矩、钻杆波动、钻孔水量与温度等数据的分析，对盾构前方的水文地质条件进行预测，为双模式盾构机模式的选择及排水卸压预案的确定提供数据支撑。

（2）超前预加固技术。该技术是指通过分析掘进工作面前方断层破碎带内岩体可维持的自稳定时间，预测破碎岩体坍塌的可能性，制定破碎岩体超前加固方案，解决盾构施工长距离斜井过断层破碎带围岩施工难的问题。

（3）盾构安全评估技术。该技术制定了基于刚度等效的斜井管片衬砌结构的盾构安全评估体系，实现了盾构工艺实时监测软硬件开发与集成。

（4）其他关键技术。为适应巷道软岩变形，建立了前大后小阶梯递减的盾构组合支护体系；为解决盾构施工穿越高水压地段的难题，使用了泄水降压式管片结构；为解决盾构施工防水问题，采取了优化弹性密封垫、管片壁后纵向分段隔水的处置方法；为解决盾构施工有害气体处置问题，设计了盾构施工有害气体监测预警系统和通风系统；为解决原位盾构拆解硐室围岩加固问题，采用"强化注浆"技术控制巷道纵向位移；编制了煤矿斜井扩大硐室盾构拆解操作规程，规范斜井硐内盾构拆解施工工艺。

全断面盾构成套装备成功应用于神东煤炭集团补连塔矿埋深 280 m 的斜井掘进，施工期间实现了安全零事故，机械化率达 100%，平均月进尺达到 546.4 m，最高月进尺达 639 m。"盾构法建设煤矿长距离斜井成套技术、装备及示范"成果于 2018 年获中国煤炭工业协会科学技术奖一等奖。

二、国产大型装备研发与应用

近年来，神东煤炭集团在高端装备研发与制造领域积极探索，8.8 m 超大采高智能综采工作面成套装备、纯水液压支架、超长运距可伸缩单点驱动带式输送机、双百吨重载搬运车和新能源电动车等装备研发取得重大突破，提高了煤矿关键采掘装备的国产化水平。

（一）8.8 m 超大采高综采工作面成套装备

神东矿区 8~9 m 煤层地质储量丰富。2018 年，为提高安全回采工效，研发了综采 8.8 m 超大采高智能采煤工作面成套装备，包括 8.8 m 大采高采煤机、大采高液压支架、高强度大运量刮板输送机和大流量乳化液泵站等装备。"神东矿区超大采高智能开采关键技术与成套装备研发"成果于 2020 年获中国煤炭工业协会科学技术奖一等奖。

1. 8.8 m 超大采高采煤机

神东煤炭集团主导研制了世界首台 8.8 m 采高特厚煤层采煤机，装机功率 3030 kW，创造了长壁滚筒式采煤机截割高度新纪录，填补了 8 m 以上特厚煤层采煤机技术空白，研制过程主要有 4 点创新。

（1）研发了适应特厚煤层采煤机的新型材料，解决了加工精度低、焊接性差等难题。为提高采煤机的可靠性，研制一种在精确温控条件下利用稀有金属进行微合金化形成理想金相组织的新型材料，使采煤机的摇臂、牵引部等关键部件的抗疲劳、抗扭转性能得到大幅提升，解决了传动系统因壳体变形导致的寿命下降问题，并使整机重量得到了有效控制。

（2）研制了最大可承载 1250 kW 的轻量化、大长度与高可靠性截割部。通过优化滚筒结构，使滚筒材料和焊接工艺得以改进，在不降低 4300 mm 滚筒的强度和耐磨性前提下，首次将其质量控制在 16.3 t 以内，减轻了摇臂壳体和调高油缸的负载，提高了截割部可靠性。

（3）创新使用多腔润滑的方法，解决了摇臂润滑冷却难的问题。摇臂常规润滑冷却设计方法，难于润滑上端齿轮，若加大注油量，必将引起仰角状态时油液在下端聚集，导致摇臂温度过高。8.8 m 采煤机通过摇臂润滑腔多单元分隔结构的设计，实现了冷却布置方式的创新升级，保证了摇臂良好的润滑及冷却效果，提升了摇臂的大采高工况适应性。

（4）创新使用"T"形对接面，解决了复杂恶劣工况条件下超大采高采煤机的整机稳定性及机身连接刚性问题。建立系统动力学模型，模拟采煤机机面高度、采煤机行走方向的反力与工作面推进方向进刀反力间的耦合关系，设计了"T"形断面结构，增大对接面有效宽度，提高结构稳定性；应用箱式拉杠预紧连接技术，实现了行走与机身的可靠连接。

8.8 m 采煤机于 2018 年被安装在上湾矿 12401 综采工作面，实现了特厚煤层一次性采全高，随后被推广应用到 12402、12403 综采工作面，回采过程中设备运行稳定，各项性能指标满足生产需求。

2. 8.8 m 超大采高液压支架

为适应超大采高工作面的高效开采，研制了 ZY26000/40/88D 两柱掩护式液压支架，立柱采用高强度双伸缩结构。目前，该液压支架工作阻力为世界最大，最大支护高度为世界最高，研制过程主要有 4 点创新。

（1）研制了世界最大缸径（600 mm）的液压支架立柱（SLJ600a），提高了液压支架立柱的可靠性和稳定性。

（2）在研究各种设备因素与超大采高支架中心距关系的基础上，分析超大采高支架中心距拓宽的可能性与合理性，把液压支架中心距拓宽到 2.4 m。目前，该液压支架中心距为世界最宽。

（3）研制了超大流量液压系统匹配技术，实现降柱行程 100 mm 同时抬底时间 4.3 s/架，移架时间 3.499 s/架，升柱行程 100 mm 达到初撑力时间 2.467 s/架，可以把液压支架 1 个工作循环时间控制在 10 s 以内，跟机速度达到 14.03 m/min，满足了快速移架的要求。

（4）针对超大采高采煤工作面矿压显现强烈、安全隐患多、顶板日常管理难度大等问题，研发了超大采高工作面智能化监测与控制系统，实现了支架姿态监测与自动控制、设备干涉预测、故障预警与生产系统负载平衡速度匹配，解决了超大采高工作面稳定性预防与控制的难题。

3. 高强度大运量刮板输送机

由于传统的刮板输送机无法与 ZY26000/40/88D 型液压支架配套，神东煤炭集团与相关科研院所联合攻关，研发了 SGZ1388/3×1600 型高强度大运量刮板输送机，具备变频自动调速、在线智能监测、在线故障诊断、断链自动检测与煤流量实时监测等智能化功能，达到国际先进水平。

SGZ1388/3×1600 型刮板输送机在超重型中部槽设计、机尾自动张紧、智能调速与智能控制等方面取得创新。

（1）研制了 2.4 m 超重型刮板输送机的中部槽。国内外刮板输送机中部槽最大长度为 2.05 m，无法与 ZY26000/40/88D 型液压支架配套，创新了拼焊式 2.4 m 超重型中部槽的设计及加工工艺，槽帮、铲板和中、底板采用整体拼焊结构，中部槽中板厚度为 60 mm，底板厚度为 40 mm。

（2）为减缓刮板输送机各刚性部件的冲击，研发了国产重型刮板输送机机尾自动张紧系统。系统通过检测机尾伸缩油缸内部压力大小，将其与控制程序内部预先设定的压力范围值进行比较，用电磁阀调节油缸进液或者泄液，控制油缸伸缩，使刮板输送机整个链条张力处于合理范围，延长了链轮、链条、刮板等主要部件的使用寿命。

（3）为解决刮板输送机的能耗问题，研发了刮板输送机智能调速系统。刮板输送机配套 3 台 1600 kW 变频一体电机，变频器和驱动电机集成一体设计，功率达到 1600 kW，为国际首创。系统通过检测刮板输送机上的负载情况及采煤机反馈的相关参数，进行相应的速度调整，以最优的能耗比进行运转，实现了节能降耗。

SGZ1388/3×1600 型刮板输送机输送量可达 6000 t/h，属于高产高效国产设备，较进口设备具有采购成本低、技术服务和备件供应及时有效等诸多优势，有效降低了生产成本。

4. 大流量乳化液泵站

国内外煤矿井下常用乳化液泵的额定流量为 630 L/min，无法满足 8.8 m 综采工作面需要超大流量乳化液的要求，为此研发了额定流量为 1350 L/min 乳化液泵站及额定流量 250 L/min 的超高压乳化液增压泵，有效缓解工作面瞬时大量用液响应慢的问题，满足了液压支架快速注液的工作要求。

（1）为快速匹配综采液压支架所需要的泵站流量，研发了紧凑型大流量专用柱塞泵，单泵额定流量为 1350 L/min，工作压力为 42 MPa；研制了由 12 组 60 L 蓄能器组成的大容量蓄能压力站，总容积达到 720 L，较传统蓄能站容积提升了 3 倍。

（2）为使液压支架能够快速卸压，研制了超高压大流量卸载阀，额定流量为 1500 L/min，工作压力为 42 MPa，相比传统流量最大的 630 L/min 的卸载阀，成功提升了 1 倍的通流能力，泵站加卸载更加平稳，减小了管路振动，延长了使用寿命。

大流量乳化液泵站的研发，满足了液压支架快速移架、推移刮板输送机及支护要求，提升了国内泵站系统的制造水平，乳化液泵站系统可实现全自动控制，不需要设置专职人员值守，减少了人工劳动量。

（二）纯水介质液压支架技术与实践

为解决井下开采污染，改善矿井生产环境，研究用纯水替代乳化液介质技术，提高矿井清洁生产水平，为绿色矿山建设提供装备支撑。神东煤炭集团在矿井环境下纯水水质提升、液压元件表面防腐与液压元件和密封件的润滑性能等关键技术方面展开攻关。

1. 纯水水质保持和提升技术

纯水制备装置将矿井水深度处理，制造出符合 GB/T 11446.1—2013 要求的纯水。该装置由预处理系统、超滤系统、一级反渗透系统、二级反渗透系统、电去离子系统与控制系统等组成。为解决矿井水质运输污染问题，设计研发了反渗透水箱、硐室内纯水水箱、涂塑管路、区段巷道内配置混床和纯水高压泵水箱等装置，以此来保证水质在长距离运输时得以保持和提升。

2. 液压零部件防锈技术

为解决液压设备防锈问题，研发了液压零部件和纯水泵站零部件防锈技术。为满足高压力、大流量泵站抗腐蚀的性能要求，对泵的泵头、卸载阀、安全阀与柱塞等关键零件，使用氧化铝陶瓷与 304 不锈钢等表面处理技术；对纯水介质接触的千斤顶，利用激光熔敷、熔铜与 QPQ 等工艺进行处理，优化与提高关键部件防腐防锈能力。

3. 与纯水介质接触的密封件、金属零部件表面润滑耐磨技术

千斤顶的主密封材质由自润滑聚氨酯改为高强度的 P2002M 型自润滑聚氨酯，耐磨性能可提升 12.5%；主密封结构由 P23-H 改为 P23-HE，增加聚氨酯部分的宽度和截面，使用性能提升 15.2%；千斤顶的主密封挡圈材质由 POM 改为 PEEK（填充碳纤维），耐磨性能约可提升 1 倍。

神东煤炭集团锦界矿从 2018 年开始在 31408、31409 综采工作面使用纯水介质液压支架，2020 年哈拉沟矿 22411-1、22303-1/-2 综采工作面推广应用了该技术，填补了国内外综采工作面液压支架使用纯水介质的空白。

（三）超长运距带式输送机技术与实践

为满足神东矿区 6000 m 超长运距煤炭运输需求，神东煤炭集团自主研制 6000 m 机头集中驱动可伸缩带式输送机，主要包含带式输送机整机降阻、张紧控制与智能变频驱动三大核心技术。

1. 整机降阻技术

开发了新型低阻托辊，采用迷宫+径向微隙整体密封组合、新型不锈钢材质筒皮、低阻轴承与提高加工精度等方法，减轻托辊筒体质量，降低托辊自身旋转重量及旋转阻力，达到整机降阻的目的。

2. 新型张紧控制技术

建立智能张紧自动计算控制模型，张紧系统可以根据带式输送机实时运行数据，自动计算出所需张紧力并加以控制。新型张紧控制技术降低停机时低张力区的冲击力，提高整机系统运行稳定性、安全性，解决了长距离带式输送机张紧匹配不到位导致启停困难的技术难题。

3. 智能变频驱动技术

以"变频器+电机+减速机"作为驱动部，研发软启动、智能调速、自动脱机与高精度功率平衡控制技术，根据负载变化智能加载，及时提供所需驱动转矩，提高驱动控制能力。智能变频驱动首次应用带式输送机"服从控制"技术，通过对驱动、张紧与带式输送机保护的控制方式研究，建立三者之间的控制服从关系。服从控制技术的应用，实现了整机系统的稳态控制，保证输送机在全工作周期各种工况下安全运行。

上湾矿是国内外第一家试用 6000 m 超长运距可伸缩单点驱动带式输送机的煤矿，系统运行稳定，经济效益显著，一个综采工作面节省费用可达 680 万元。目前，该机型已在神东煤炭集团全面推广，累计推广应用 40 余部，节约资金超 2 亿元。"6000 m 超长距低阻智能机头集中驱动矿用带式输送机研究与应用"成果于 2018 年获中国煤炭工业协会科学技术奖一等奖。

（四）双百吨重载搬运车技术与实践

8.8 m 智能超大采高综采工作面液压支架与采煤机质量都达到 100 t 以上，传统国内外最大的支架搬运车与铲板搬运车都不能满足工程需求。神东煤炭集团联合科研院所与装备制造厂商制造了载重超过百吨的 WC100Y 型液压支架搬运车与 WXP100 型蓄电池铲板搬运车，属国内首创。

1. 框架式支架搬运车

8.8 m 综采液压支架质量为 100 t，而国内常用支架搬运车载重吨位不超过 80 t。WC100Y 型液压支架搬运车载重 100 t，首次将整体式车架、液压独立悬架与多连杆全轮转向等技术应用于液压支架搬运车，解决了 8.8 m 百吨支架整体运输入井和井下搬运问题。

（1）整体式 U 型复合集成车架。为确保百吨的液压支架搬运车在复杂受力的条件下具有足够的刚度、强度和使用寿命，采用框架盒型焊接结构，组成整体式 U 型复合集成车架。车架主体由厚度为 20 mm 的 Q690 高强钢板焊接而成，下层与悬架回转套管形成封闭式盒型结构，有利于提高车架强度。

（2）液压独立悬架技术。液压支架搬运车在通过井下起伏路面和涉水路面等复杂路况时容易发生故障，设计了 8 组液压独立悬架，使同侧的一轴和二轴的两悬挂油缸、三轴与四轴的两悬挂油缸并联在一起，实现 2 组油缸间的液压平衡。行驶过程中可根据路面不平进行补偿，使悬架受力均衡，通过悬挂补偿减缓路面不平对车辆的冲击，确保在井下起伏路面、涉水路面的适应能力。

（3）多连杆全轮转向技术。支架搬运车采用断开式转向机构设计，将中心转向盘改为分体式的梯形连杆结构，采用转向油缸推动车轮驱动转向，前后分组设计，前两轴线转向角度采用连杆协调，后两轴线转向角度采用液压联动协调。将多连杆全轮转向技术应用在液压支架搬运车上，整车具有更小的转弯半径，轮胎最大转角达到 40°，便于在井下狭窄巷道转弯或掉头，转向更加精准灵活且降低轮胎磨损，通过性更好。

智能超大综采工作面液压支架若使用现有 80 t 支架搬运车，支架需在井口将顶板和底座进行分解，实行分体运输，在工作面完成顶梁与底座的装配和液压支架油液加注后，需动用大型吊车、特殊井下吊运设备搬运。经测算，采用载重 100 t 框架式液压支架搬运车比采用载重 80 t 液压支架搬运车节省运行成本约 37 万元/台。

2. 蓄电池铲板搬运车

国内外最大蓄电池铲板车载重只有 80 t，无法满足超百吨液压支架、超百吨大侧板过渡支架与重达 140 t 采煤机的安装与回撤需求。WXP100 型蓄电池铲板搬运车载重 100 t，采用大吨位铰接式车架、电动轮驱动控制与高度集成的轮边系统设计技术，解决了井下综采工作面超大采高液压支架的搬运问题。

（1）大吨位铰接式车架主要由前车架、铰接机构、中车架、回转机构与后车架组成，可实现前、后车架在水平面的偏转和绕中心轴的回转。通过回转结构，使前后车体可以绕车轴中心转动，在过坎或过坑时，轮胎较好贴合地面，增强通过能力，从而降低了对车架抗扭能力的要求。

（2）电动轮驱动控制技术。为提高铲板搬运车通过性能，采用电动轮驱动控制技术，优化控制策略，增强整车动力性。通过以整车控制器为核心的转矩控制技术，采用驱动转矩分层控制策略，对多个电动轮进行协同控制，使整车获得最大驱动力、具备最佳驱动特性，保证了车辆在各种行驶条件下的安全、高效、稳定行驶。

（3）针对传统桥驱动存在传动链长、故障点多等缺点，研发了高度集成的轮边系统。轮边系统包括轮边驱动系统和轮边制动系统，由轮胎、轮边减速机和驱动电机组成，轮边减速机内部集成有湿式制动器，可实现行车制动、驻车制动和紧急制动三种制动模式。

智能超大综采工作面液压支架若使用现有载重80 t的VT680铲板车，需2台配合稳放支架，工艺流程繁琐，施工周期长。上湾矿12401使用WC100Y型支架搬运车配合WXP100铲板车使用，简化了工艺流程，缩短了施工周期。

（五）新能源矿用电动车技术与实践

传统的无轨胶轮车以防爆柴油机驱动，存在高污染、高噪声、高能耗和低寿命的"三高一低"问题，不仅提高了矿井运行成本，而且严重影响了煤矿工人的健康安全，同时还制约着采煤工效。

神东煤炭集团联合开展科技攻关，以解决柴油机动力源为切入点，研制了以电池管理、悬架结构与智能监控为核心的新能源矿用电动车。

一是采用主从架构的电池管理系统和分级能量管理策略，实现对电池能量的优化管理。矿用电动运输车电池箱采用多组串并联工作方式，主控器BMS-M与从控器BMS-S构成主从式的电源管理架构，与整车控制器VCU一起实现能量的分级管理，各层级之间通过CAN网络进行数据通信，实现在整车模式、分箱模式和重组模式下的能量管理。

二是利用有限元分析建立前后悬架动力学分析模型，对悬架的刚度、频率进行对比分析，优化匹配悬架结构改动前后跳动、偏频等相关参数。经数据验证，悬架结构的更改提高了整车减震性能、承载可靠性与驾驶舒适度。

三是研发了车载智能健康管理系统。通过收集全系车型的海量运行信息，建立大数据库，形成基于车辆检测数据与故障的定量、定性关联关系，采用实时数据引擎，推理车辆故障模式及发生故障的设备、故障等级，实时将故障诊断结果发送至指挥调度人员、驾驶员及维修人员。

矿用防爆电动无轨胶轮辅助运输车已成功应用于神东煤炭集团各个煤矿。目前，神东煤炭集团井下在用防爆电动车445台，矿用防爆电动车每百公里能耗费用仅为同类型柴油车的 6.5%，每年单台运行能耗成本降低近 8 万元，445 台新能源电动车年运行能耗可降低约 3500 万元。

三、智能矿山建设

当前，煤炭行业面临严峻的形势及进一步增大的环保压力，加快煤炭供给侧结构性改革，推动煤炭企业向高度信息化、自动化与智能化的升级转型迫在眉睫。

神东煤炭集团以全方位现代化、智能化建设为理念，先后在采煤工作面智能化、选煤厂智能化、矿鸿操作系统研发及应用、亿吨矿区数字化集中管控系统、井下智能机器人研发与应用等多个方面进行了创新性建设。"智能矿山建设关键技术与示范工程"成果于 2014 年获中国煤炭工业协会科学技术奖一等奖。

（一）采煤工作面智能化建设技术及应用

神东煤炭集团在采煤工作面智能化建设方面以建设无人化智能综采工作面为目标，大力推进"机械化换人、自动化减人、智能化无人"的绿色智慧矿山体系建设。神东煤炭集团目前建成的智能化采煤工作面已有 24 个，分别在智能割煤、跟机拉架、自动找直、工作面视频拼接与远程干预等方面取得突破性进展。

1. 智能割煤技术

为破解长期困扰智能化开采煤岩无法识别的难题，神东煤炭集团在精确三维地质建模基础上，利用激光扫描机器人对综采工作面进行三维扫描，实现两巷导向点坐标信息自动识别，用点对点传导的方式把绝对坐标引入工作面，构建出工作面实测三维精确模型。在此基础上形成了记忆割煤与自适应预测割煤两大技术。

（1）记忆割煤。神东煤炭集团榆家梁矿、大柳塔矿、哈拉沟矿与锦界矿等多个采煤工作面使用记忆割煤技术自动调整采煤机滚筒高度，实现自动化割煤。首先，采煤机在人工操作和机器学习的基础上，依据记忆资料进行重复割煤；其次，通过采煤机摇臂和行走部上的传感器，记录采煤机对应的行走方向、倾向、走向角度和滚筒位置数据，并自动修订记忆资料，不断提高采煤机滚筒高度与地质条件的吻合度。实践证明，记忆割煤对大部分区域的采高数据具有较好的重复性。

（2）自适应预测割煤。神东煤炭集团锦界矿、大柳塔矿、上湾矿、布尔台矿、乌兰木伦矿、寸草塔二矿与补连塔矿全面使用自适应预测割煤技术。该技术以地质勘探数据建立的煤层3D数字化地质模型为基础，采用人工智能算法预测出采煤机下一刀轨迹，实现自动化割煤。该技术提高了自动化水平，人工干预率降低到7%以下。

2. 跟机拉架技术

采煤机割煤后，液压支架按照事先设定的规则，滞后一段距离自主完成前移支架和推移刮板输送机。在工作面两端头位置，液压支架可配合采煤机实现斜切进刀；跟机拉架过程中，液压支架上的红外线接收器接收到采煤机红外线信号，检测出采煤机的位置和方向，向集中控制系统提供液压支架与采煤机位置数据，实现采煤机与液压支架的耦合联动。

3. 自动找直技术

为使支架和刮板输送机姿态及受力状态最佳，保持工作面直线度且与走向保持垂直，神东煤炭集团通过安装惯性导航系统、摇臂摆角传感器与采煤机位置测量系统实现采煤机精准定位，并结合采高实时测量、采煤机速度与方向测量、采煤机机身姿态检测与工作面直线度测量等技术，确保工作面平直，并实现采煤机自动调高。为提高精度，减少累积误差，设计了闭合路径算法，以假定截深恒定为条件，对测量系统进行矫正，使300 m工作面的直线度水平测量误差在±50 mm以内，工作面高程测量误差在±20 mm以内。

4. 工作面视频拼接与远程干预技术

为确保当工作面生产条件改变、设备故障或煤层赋存变化时，作业人员能够及时发现并快速处理，防止影响工作面正常割煤或出现安全事故。神东煤炭集团研发了工作面视频拼接技术与远程干预技术，通过现场场景的智能识别、捕捉与感知、动态追踪与接力、实时处理和画面拼接再现等技术，实现远程实时、连续地监测采煤机前后滚筒姿态和全工作面的生产状况，为无人工作面的实现夯实基础。

(二) 选煤厂智能化建设创新技术及应用

神东煤炭集团通过智能化建设在选煤行业的应用，系统定义了智能化选煤厂概念与内涵，以"保障安全、降低成本、降低劳动强度、稳定产品质量与提高经济效益"为目标，逐步形成了选煤厂智能化建设在不同阶段的发展思路。

智能化选煤厂依托选煤大数据与专家知识库，形成全面感知、实时互联、数据共享、综合分析、自主学习、动态预测与协同控制的智能系统，实现选煤厂的智能控制、智能管理与智能决策，逐步做到少人或无人干预，最终达到选煤厂安全、高效、节能与环保的要求，重点体现在重介质分选智能控制、煤泥水处理智能控制与选煤生产过程可靠性保障三类技术中。

1. 重介质分选智能控制技术

为解决重介质分选过程参数问题，基于数据驱动开发了煤炭重介分选参数在线实时智能整定与精准控制技术。构建了包含原煤和商品煤质量数据、历史分选参数数据及选煤专家知识数据在内的重介分选智能控制数据库；建立了产品质量与分选密度之间的反馈控制模型，实时给定分选密度，并通过大数据分析和数据挖掘，构建了分选密度的预测和优化机制，实现了重介质分选过程参数在线智能整定与优化。

2. 煤泥水处理智能控制技术

为提高煤泥水处理效率，开发了基于煤泥水浓缩过程入料特性与固液界面协同的智能化加药控制系统。实时监控煤泥水处理系统技术参数，通过对煤泥水入料进行分析，生成药剂添加量的前馈模型；通过超声波发射源获取浓缩机内煤泥水清水层界面，实时准确检测煤泥水浓缩过程的真实状态，反馈优化药剂制度，形成入料特性与浓缩装置界面参数协同的控制策略，实现煤泥水浓缩系统稳定运行。

3. 选煤生产过程可靠性保障技术

为保障选煤生产过程可靠性，开发了智能配电技术，缩减了操作指令流程，提升了工作效率，降低了工作量，消除了隐患环节，保障了生产过程安全；开发了智能火车装车系统，通过专用传感器采集料仓、配煤、火车等全部数据，利用深度学习，给出配仓方案、配煤方案，控制火车及装车系统动作，实现精准配煤与无人装车。

4. 智能化选煤厂建设成效

神东煤炭集团智能化选煤厂从 2013 年提出建设以来，经历了"从无到有"的开拓创新之路，取得了智能化建设的阶段性成果。以"AI 人工智能"为核心，把 18 类子项目通过智能化改造整合为 9 个项目，形成了智能化建设成套技术方案，实现了区域巡视向无人值守、调度室集中控制向移动集中控制、人工数据采集向系统自动采集、运行状态判断由经验分析向大数据智能分析的转变。通过智能化实施应用，上湾选煤厂年电力消耗减少 8% 以上，生产效率提升 5%，日均生产时间缩短 1 h，煤质稳定率提高了 12%，全员工效逐步提升。"大型选煤厂智能化技术的研究与应用"成果于 2019 年获中国煤炭工业协会科学技术奖一等奖。

（三）矿鸿操作系统研发及应用

神东煤炭集团生产控制系统来自1370多家供应商，涉及10余类操作系统和500多种通信协议，160多种芯片分布在主控器、遥控器、输入输出模块、变频器与计算机上，数据难以整合。为打造统一标准、统一架构的煤炭工业互联网生态链，2021年5月，神东煤炭集团联合华为设立创新课题18个、子项目21项，经500多人联合攻关，在2021年9月14日共同发布了专门为智慧矿山使用的矿鸿操作系统。

矿鸿操作系统开启了"智能化生产、数字化运营、平台化发展、生态化协作、产业链协同"的发展新格局。第一个国产矿用操作系统也由神东走向世界。

1. 矿鸿操作系统的技术创新

矿鸿操作系统为煤矿装备和传感器提供统一的接入标准和规范，通过统一接口、统一数据标准简化矿山人机互联、机机互联，解决了煤矿设备自主可控、安全可信的技术难题。

（1）矿鸿组件实现了模块化设计，只需一个矿鸿组件即可覆盖从 KB→MB→GB级设备。

（2）矿鸿系统实现了从人机互联、机机互联到万物互联。系统利用软总线技术，可实现终端设备一对多快速发现与互联，针对不同场景提供低时延、高吞吐与多径容灾的能力。

（3）矿鸿系统统一数据接口和标准，打破了信息孤岛，为井下各生产系统互联提供统一语言，构建煤炭工业互联网底座，支撑了煤矿智能化建设目标。

（4）矿鸿系统采用分布式数据管理技术，实现资源动态交互。

（5）矿鸿系统是100%自主可控的国产操作系统，可替换现有嵌入式系统，适用于煤矿各类装备厂家与传感器厂家。

2. 矿鸿操作系统使用现状

目前，"矿鸿操作系统"已经在神东煤炭集团8矿1厂52类3317台套设备中部署，全面应用于综采、掘进、主运输、辅助运输、供电、供排水、通风与灾害预警、监测监控与人员及设备定位等系统中。综采工作面一体化矿鸿APP已在神东煤炭集团井下普及，工作面巡检人员通过手机终端的APP可以与矿鸿电液控制系统及其他综采设备建立连接，可以实时监测与控制采煤机、泵站、"三机"等设备运行，实现了综采工作面全设备互联、全网段监管与一体化操控。一个智能化矿井群的"超级工程"正在实现。

（四）亿吨矿区数字化集中管控系统建设与实践

神东煤炭集团在煤矿生产运营规模化、集约化和现代化建设方面积极探索、大胆创新，为解决区域内多矿间生产计划协同、资源共享等问题，建立一个面向五矿六井的亿吨矿区中央生产指挥中心。该亿吨指挥中心能够实现区域内全部煤矿的集中控制、数据的集中存储与关联分析、集成展示和生产系统优化排程，确立了新的煤矿生产运营管理模式和专业调度体系。"亿吨矿区数字化集中管控技术研究与示范"成果于 2020 年获中国煤炭工业协会科学技术奖一等奖。

1. 亿吨矿区数字化集中管控系统主要技术创新

（1）建设亿吨级区域中央生产控制指挥中心。利用区域优势，把大柳塔矿、补连塔矿、上湾矿、哈拉沟矿和石圪台矿集中起来，建立一个面向五矿六井的亿吨矿区中央生产指挥中心。利用区域矿井"采掘机运通"系统集中监控，打通"人机料法环"五要素，实现生产准备、机电安装、搬家倒面及设备维护检修等队伍快速合理调配，平均日产 28 万吨，最远控制距离达到 30 km。实现了全矿区生产指挥流程再造与排程优化，为管理决策提供支撑。

（2）攻克矿区一张图集成管理平台和关键技术。开展联合研发，攻克了一张图动态更新的系列化核心技术，实现了神东矿区多专业矿图集成。通过网络、计算机客户端、手机及平板电脑等移动设备随时在系统中进行浏览、查询、分析与编辑操作，实现矿图数据的共享和动态实时更新。将三维全景图像技术与煤矿 GIS 深度融合，实现井下三维实景与 GIS 集成展示。

（3）建设高度安全的亿吨矿区生产控制万兆环网。在原井下传输设备网的基础上建设"一网一站"，结合各独立网络融合形成一张新的矿井生产主备网络。采用井下万兆环网与千兆支网链接架构，保证数据传输效率。采用 MPLS 隧道技术，通过多协议标签交换，实现异构网络融合。

（4）制定了煤矿设备数据通信标准。为整体解决矿山机电设备通信协议杂乱无标准、数据格式和功能定义不统一与远程控制安全性无保障等问题，研究了"矿山 EtherNet/IP 通信协议标准化技术"，制定了《矿山机电设备通信接口与协议》企业标准，包括总则、对象库、采煤机行规、液压支架行规与组合开关行规等 11 个部分。

（5）形成了多种管控模式于一体的理论体系与技术构架。对于长期困扰煤炭行业分散控制、数据标准不统一与信息孤岛等难题，进行了专题探索与研究，为适应矿区多种生产控制指挥模式的需要，本着灵活并用的原则，形成了集中央管控、分专业或分区域与分矿井等多种管控模式于一体的理论体系与技术构架。

2. 亿吨矿区数字化集中管控系统建设成效

系统自 2015 年整体运行以来，控制范围达 621.8 km²，实现了云监测、远程控制、关联数据分析、关联控制、辅助决策、诊断和智能报警等功能。

系统的主要成效有以下 6 个方面：(1) 减员提效，用自动化手段减少井下作业人员 600 余人，节省了人工成本，提高了生产工效；(2) 降本增效，通过自动化手段控制设备空转时间，降低了设备损耗和能耗；(3) 提高安全管理水平，减少井下作业人员，降低了煤矿发生事故的概率；(4) 区域煤矿集中控制系统、煤矿一体化矿图和"一网一站"等新技术，有效提高了矿井自动化、信息化与智能化水平；(5) 自主开发了一体化生产管控平台，已成功推广应用于寸草塔矿、寸草塔二矿、布尔台矿、榆家梁矿、乌兰木伦矿、保德矿、柳塔矿和补连塔选煤厂，完成 560 个设备矢量模型，3659 个页面和 116 项功能模块研发，实现了矿井各系统的监测和控制，有效推进了神东煤炭集团智能化矿山建设；(6) 形成了神东生产数据仓库，目前已覆盖 13 矿 14 井 1 选煤厂 25735 台套设备，803536 个测点的数据采集工作，存储测点数据同比上涨 177%，在用测点同比上涨 287%；累计存储数据 3.43 万亿条，日数据增加 58.7362 亿条，数据同比增长 300%。

(五) 井下智能机器人研发与应用

神东煤炭集团依托煤矿智能化创新联盟、科研院所与主要煤矿装备供应商，全面开展煤矿机器人研发及应用工作。目前已经推广应用了综采工作面智能巡检、主运输智能巡检、水仓清淤与辅助搬运等 13 种机器人。

1. 综采工作面智能巡检机器人

综采工作面智能巡检机器人，以电池供电驱动沿刮板输送机电缆槽外侧轨道移动，搭载各类传感器、惯性导航与三维激光扫描等装置，可完成对综采工作面直线度、水平度检测，实现对工作面精确定位、点云扫描与采煤机运行状态的快速巡检，通过无线通信网络将数据实时传输至集控中心，首创了工作面采场空间环境的"智能化感知"。综采工作面智能巡检机器人的使用，彻底改变了综采工作面人工巡检作业模式，每班减少 1~2 人，提高了巡检速度，可快速到达预定地点。智能巡检机器人替代人工巡检可有效解放危险区域作业人员，对综采工作面安全生产起到了积极推动作用，开创了综采工作面"机器人代人巡检"的应用先河。

2. 主运输智能巡检机器人

主运输智能巡检机器人驱动系统配置防爆电机，带动机器人在输送机正上方布置的钢丝绳上往复运动；传动系统将电动机的动力传递到驱动绳轮上；配重系统对驱动系统和传动系统的偏重进行平衡，保持巡检机器人在钢丝绳上的平衡运动。该巡检机器人具有环境数据监测、数据显示及可视对话等 13 项功能，可代替巡检人员对高危部位进行检测，降低了工人的劳动风险与劳动强度。利用后台大数据分析算法，可以智能判定输送带打滑、跑偏与托辊卡死等故障，从而确保主运输系统安全，提升整体运行效率。

3. 锚杆支护机器人

为提高掘进工作面支护效率，实现巷道顶锚全自动支护，研发了国内首台煤矿高效自动锚杆支护机器人。该机器人可实现锚杆自动间排距定位、自动钻孔、自动安装锚固剂和锚杆、自动锚固与自动铺网等功能，并可实现远程遥控操作。

煤矿高效自动锚杆支护机器人结构紧凑，机身宽度仅为 1.3 m，设有可升降工作平台和可旋转的回转工作台，依据不同的巷道断面，可以调整操作人员的作业位置，提高操作人员的舒适性。锚杆支护机器人施工 1 排 6 根顶锚杆，作业人数由原来 4 人减为 1 人，时间由 20 min 减少到 8 min，掘进效率提高 3 倍以上，每个掘进队可减少锚杆支护工 9 人，达到了减人增效的目的。

4. 智能自动喷浆机器人

为提高喷浆支护效率，开发了一款新型智能喷浆机器人 HPSZ2006。机器人总长为 7.4 m，最大喷射高度为 6 m，前方最远喷射距离为 8 m，最大喷射宽度为 11 m，向下深度为 3.5 m，最大遥控距离为 100 m。

智能自动喷浆机器人于 2018 年 7 月投入使用，是世界首台全智能湿式矿用混凝土喷射机。对井下巷道进行 3D 扫描、自动生成巷道模型，能够自动定位、路径规划、智能喷射、自动修正，实现高质、高效与精准的全智能化湿式喷浆作业，提升湿喷支护作业的安全性和高效性。原干式喷浆工艺每班最大喷射量为 9 m³，而智能自动喷浆机器人最大喷射量可达 40 m³，相比原工艺可节约材料成本 20%以上。

5. 神东煤炭集团其余智能机器人

（1）变电所智能轨道巡检机器人。该型机器人具备自检、定时巡检、遥控巡检及设备异常状态追踪等功能，可实现对巡检场所的环境检测、高清视频自动采集、供配电设备壳体温度探测、操作员人脸识别停送电、语音对讲及对机器人远程接管等多项功能。变电所智能轨道巡检机器人自 2019 年 9 月在大柳塔矿五盘区变电所部署应用,累计完成自动巡检、遥控巡检与电力故障追踪等任务 3600 余次。

(2)水泵房智能轮式巡检机器人。该型机器人可对泵房的甲烷、一氧化碳、氧气和硫化氢等环境气体实时监测。可对泵房仪器仪表、球阀、电动阀开停状态及管道跑冒滴漏进行巡检检测识别。通过红外热成像对泵房泵体、电缆、电动机与各类阀温度进行自动识别;通过拾音器对现场离心泵运行异常声音进行监测;可实现双向对讲功能。

(3)智能拣矸机器人。该型机器人利用射线智能识别煤和矸石,通过对物体成像的灰度、形状比例等信息分析判断,能够拣出形状规则和大小适中的矸石,再通过三维机械抓手拣矸,解决了选煤厂原煤仓至主洗车间煤流中人员拣矸效率低、拣出率低的问题。智能拣矸机器人在大柳塔选煤厂使用,矸石拣出率超过 90%,比人工提高 30%,矸石误拣率低于 5%,一套智能拣矸机器人可减少 5 名拣矸人员,实现了"机械化减人、自动化换人"的应用目标。

(4)管路抓举机器人。该型机器人由动力、传动、电气与行驶液压等系统组成,通过模仿人手和臂的抓、举、伸、让、转与对等动作,可靠稳定地抓取大型物件,具有功能全面、安全性能好与工作效率高的特点,实现了井下管路安装的自动化作业。管路抓举机器人自 2017 年 7 月在神东煤炭集团成功应用,先后在大柳塔矿、锦界矿、补连塔矿和布尔台矿等矿井进行作业,累计安装各类型管路 8 万多米,取得了较好的应用效果。以 DN400 管路为例,由原来每班 8 人平均安装 20 根提升至每班 6 人平均安装 30 根,人均效率提高了 1.5 倍。

(5)预埋孔钻进机器人。该型机器人在煤矿巷道和隧道管路安装作业中,可减少员工人数、提高施工效率。预埋孔钻进机器人自 2017 年 7 月以来,先后在锦界矿、补连塔矿和布尔台矿进行作业,累计完成各类型钻孔 4 万多个,以直径 180 mm 水钻眼为例,由原来每班平均 10 个孔提升至平均 25 个孔,效率提高 2.5 倍。

(6)全液压掏槽机器人。该型机器人整机全液压驱动,通过自行移动、顶底两帮不同方位的掏槽作业方式,取代了以往掏槽多数采用"刨锤+风镐"方式,解决了传统掏槽方式施工效率低、用人多、安全隐患大的问题。实践表明,全液压掏槽机器人高 2.4~4.5 m,在此范围内的巷道中可实现密闭槽开切,一次性成型，能完成人工施工难度最大的顶槽开切和大深度帮槽开切，开槽效率提高 8 倍以上。

（7）水仓清淤机器人。该型机器人可以实现远程控制的高效水仓清挖，保障了煤矿井下水仓清仓作业人员的人身安全，杜绝了安全隐患。以前水仓清理需要用 1 台装载机、4 台工程车、并配备 6 名员工配合清理，1 天内最多能清理 80 m³ 淤泥，使用水仓清淤机器人以后，1 个班至少清淤 100 m³，提高了劳动效率，降低了劳动强度，煤泥直接通过输送带进入煤流系统，省去了煤泥运输环节，减少了人力、物力的投入。

（8）危险气体巡检机器人。该型机器人由本体结构、检测、导航与视觉识别等系统构成，能够实现危险气体检测、视频监控、机器人自检、无线遥控、权限分级与雷达导航等功能。大柳塔矿于 2021 年 9 月完成"探险者"型危险气体巡检机器人的研发并投入应用，可实时获取井下瓦斯、一氧化碳和二氧化碳环境信息与本体状态信息，避免了人员在巷道巡检恶劣环境中长时间工作，有效降低潜在风险，充分体现"生命无价"的理念。

（9）辅助搬运机器人。该型机器人由机器人本体、吊装机构、行走机构、液压泵站与遥控等系统组成，机动灵活，适合在狭窄处作业，整车柴油机驱动液压泵，通过性强，稳定性高，主要用于采掘工作面倒运 3 t 以下材料或配件。辅助搬运机器人于 2022 年 2 月在补连塔矿调试成功并投入使用，使用辅助搬运机器人替代人工进行搬运工作可以节约 2~3 个人力，工作效率提高 30% 以上。

四、安全管理技术实践

安全是煤矿生产的永恒主题，神东煤炭集团自创建以来始终把安全放在首位，积极构建安全风险预控管理体系，实现了以风险预控为核心，以 PDCA 闭环管理为运行模式的一种科学、系统与可持续改进的安全管理体系。下面从矿井长周期安全管理、矿压安全防控与灾害治理体系等方面展开论述。

（一）矿井长周期安全管理技术与实践

矿井安全生产是保证企业经济效益和员工生命财产安全的重要前提，神东煤炭集团充分吸收和借鉴国内外安全管理经验，2007 年开始推行安全风险预控管理体系。在 15 年的实践中，注重守正出新，构建了严于行业标准、要素完备、职责明确、全员参与、过程控制、运行高效与持续改进的管理体系，形成了聚焦一条主线，突出 3 个重点，强化 5 项举措的"135"工作法，参与起草了国家行业标准《煤矿安全风险预控管理体系规范》（AQ/T 1093—2011），完成了《煤矿本质安全管理体系》国家重大科研项目。

"135"工作方法是神东矿井长周期安全管理实践的核心。"1"是指聚焦安全风险预控管理体系这条主线；"3"是指突出风险分级管控、隐患排查治理和人员行为管控三个重点；"5"是指强化安全监察机制改革、安全绩效考核、安全生产责任追究、安全生产标准化和安全信息化建设5项举措。

1. 聚焦安全风险预控管理体系主线

矿井长周期安全管理实践以安全风险预控管理体系为主线抓顶层设计，把安全管理的全部要素纳入体系化进行统一管理，坚持目标导向，明确安全管理"管什么、谁来管、怎么管"的问题。具体依照"搭框架、立规矩、明职责、定标准、建平台"的思路展开。

目前安全风险预控管理体系确认岗位责任1108项，实现了重要岗位全覆盖；制定了适用于27个实施单位的15类22036条安全检查标准。

2. 突出矿井安全管理的3个重点环节

为抓好现场管理，有效切断事故发生的因果链，预防事故的发生，神东煤炭集团在安全管理中突出安全风险分级管控、事故隐患排查治理与人员行为管控3个重点环节。

（1）构建点、线、面风险管控网络，实现管控网络体系全覆盖。对矿井展开系统、设备、区域与岗位的风险辨识评估和分级管控，构建横向到边、纵向到底、交织成网、不留死角的动态风险管控网络，解决传统安全生产过程中"认不清、想不全、管不到"的突出问题，加强源头管控，实现安全关口前移。

（2）深入开展事故隐患排查治理，突出隐患排查治理成效。公司与业务保安部门签订《重大隐患整改责任书》，紧盯重大隐患治理；构建公司业务部门、单位、区队、班组和岗位的5级隐患排查机制，保障隐患排查全覆盖；鼓励基层单位自主排查、主动治理隐患，突出排查治理成效。

（3）深入分析煤矿安全生产中的不安全因素，严把"预防关、引领关、真实关、关注关、治理关与分析关"6个关口。

3. 强化5项重点举措提高安全管理效果

（1）深入推进安全监察机制改革，提高安全检查效率。实现了"下到上、事到人、术到法"的3个监察方向转变，把"单位主体责任、业务保安责任、业务保安协同责任、安全协管责任和安全监察责任"等5项责任落到实处。

（2）充分发挥绩效考核的指挥棒作用，实现了由结果到过程、由隐性福利到考核工具的根本转变。通过典型问题连带助理级以上领导、重复问题连带单位第一责任人、承包商和专业化服务单位问题连带被服务单位考核的方式，强化了主体责任考核。

（3）大力开展安全生产责任追究，压紧压实了安全生产责任。明确了65个二级单位（部门）的1702项责任追究情形，确保了责任追究有理可依、有据可查，做到"问事必问人、问人必问责"，压紧压实了安全生产责任。

（4）深入推进安全生产标准化建设，提升安全管理的整体水平。开展创建企业达标、专业达标、岗位达标与亮点工程等多项管理提升活动，激发了基层活力，推进了安全工作在广度与深度方向的发展。

（5）发挥安全信息化支撑作用，提高安全风险管控的信息化水平。从2007年开始，研发了具有自主知识产权的安全管理信息系统，实现了全要素的安全信息化管理，提高了安全风险管控的效率与水平。

神东煤炭集团矿井安全风险预控管理体系推广与应用15年来，百万吨死亡率始终控制在0.005以下，并实现2016年全年零死亡、2018年和2019年连续2年安全零死亡，连续安全生产975天。在神东煤炭集团13个矿井中，8个煤矿安全生产周期超过10年，其中补连塔矿最长安全生产周期超过20年。

（二）矿压控制与顶板灾害预警技术与实践

矿压问题一直是制约煤矿安全生产的重要因素之一。采场上覆岩层的"切落体"结构使顶板在运动阶段矿压显现强烈，受大采高高强度开采影响，部分区域矿压显现明显，神东煤炭集团在矿压控制技术研究与动态高效矿压预警智能云平台建设方面做出了特色。

1. 矿压控制技术研究与应用

针对神东矿区矿压问题，开展了定向长钻孔分段水力压裂、泵送支柱支护综采工作面空巷顶板与深部区强采动巷道及采场围岩控制等多项科技攻关。

（1）定向长钻孔分段水力压裂技术。神东煤炭集团针对其矿压显现特点，对工作面顶板厚硬大面积悬顶、上覆采空区遗留煤柱、工作面冲刷异常地质体与煤层厚硬夹矸层等高应力集中区域，利用定向长钻孔分段水力压裂技术展开主动防治，有效减弱上覆岩层的动载效应，促使厚硬顶板岩层在采动作用下小步距周期性垮落。

定向长钻孔分段水力压裂技术具有时间上超前回采施工、空间上定向精准控制的特点。该技术利用单孔多段压裂施工，可有效弱化厚硬顶板，降低回采过程中悬顶面积和来压强度，促使顶板高应力集中区能量提前释放，实现了强矿压灾害超前治理。目前，该技术已经在神东矿区大范围推广应用。

（2）泵送支柱治理综采工作面过空巷群技术。针对神东矿区综采工作面过大断面空巷群矿压显现剧烈的问题，在深入研究了综采工作面空巷群区域矿压显现特点及规律基础上，揭示了空巷群顶板和煤体失稳破坏机理，提出了柔模支柱支护快速安全过空巷区的开采方法；研发了一种新型高强、阻燃、抗静电的金属骨架纤维膜复合结构双层柔性模袋和泵送浆液支柱材料；采用了"空巷柔模柱支护+锚索补强"的大断面空巷群耦合支护技术。

工作面过空巷采用采煤机直接切割泵送支柱的方案，现场使用"硫铝酸盐水泥熟料+石膏与石灰粉"为主要材料的改性混凝土构筑支柱，该材料能满足混合前不凝固，混合后 5~15 min 完全固化，1 h 的强度达到 8~15 MPa。实践证明，泵送支柱硬度与实体煤相近，易于切割，当采煤机截割支柱达直径的 2/3 时，支柱才发生失稳垮塌，满足了综采工作面过空巷的安全技术需求。

（3）高应力大断面巷道支护技术优化。为解决神东矿区深部开采过程中巷道围岩变形严重的问题，转变支护理念，系统地对各类巷道支护参数进行了修订，引进 28.6（19 芯）锚索替换 22（7 芯）锚索，在受采动影响前一次性对受两次采动影响的两巷顶板及两帮进行主动支护。现场实践表明，补强支护后巷道支护强度大幅提高，巷道的帮顶情况较好，冒顶片帮现象大幅减少，不需要采取二次补强支护。

（4）其他矿压控制技术。除上述技术外，还有多项矿压控制技术在神东矿区取得成功应用，如对深部区强采动巷道围岩支护，采用强采动巷道围岩"卸压-锚固"一体化治理技术；在巷道内超前施工大直径卸压钻孔，有效降低应力集中程度；应用"浅孔水力压裂+液压破顶+退锚杆（索）"技术，治理了工作面两端头长时间悬顶、大面积悬顶问题；使用 CT-2 型超声波围岩裂隙探测仪在巷道煤柱帮施工松动圈测试钻孔，确定了两巷整体围岩松动圈范围；提高工作面液压支架工作阻力，有效缓解了工作面的冒顶、片帮；采用超前支架替换单体支护，实现了辅运巷超前管理的本质安全。

"神东矿区深部开采灾害预测与防控基础研究及关键技术"成果于 2020 年获中国煤炭工业协会科学技术奖一等奖。

2. 神东矿区主要压架事故类型的分析及防控

神东矿区受浅埋深、超大工作面及高强度推进的影响，部分采煤工作面出现压架集中现象。压架集中表现为支架活柱急剧大幅下缩、顶板切冒与地表台阶裂缝，压架事故经常在近距离煤层重复开采出上覆遗留煤柱、近距离煤层重复开采过地表沟谷地形及 7.0 m 以上特大采高综采关键层"悬臂梁"结构失稳等 3 类典型条件下发生。神东煤炭集团联合中国矿业大学等科研院所，深入展开压架事故类型、机理及防控措施研究，取得了较好的应用效果。

"神东浅埋煤层高强度开采压架防控关键技术"成果获 2022 年度中国煤炭工业协会科学技术奖一等奖。该技术主要创新如下：

（1）首次提出了神东浅埋煤层关键层的结构分类（单一关键层与多层关键层），掌握了高强度采煤引起的关键层结构失稳特征，为解决 3 类典型条件下的压架机理与防控奠定了理论基础。

（2）揭示了近距离煤层采出上覆岩层煤柱关键层结构失稳致灾机理，首创了调控煤柱上方关键块体"倒三角"结构运动防控压架的技术体系，采用煤柱边界预掘空巷、预爆破及煤柱上方关键块体预爆破强放等防控技术，解决了神东矿区长期频繁面临的出煤柱压架难题。

（3）揭示了沟谷地貌侵蚀覆岩主关键层诱发采场压架和地表台阶切落的作用机理，提出了以控制主关键层结构稳定为目标的压架防控技术体系，实现了神东沟谷地形下的安全开采。

（4）揭示了特大采高综采覆岩关键层"悬臂梁"结构运动诱发贯穿式冒顶与压架的作用机理，提出了维持"悬臂梁"结构稳定的压架防控关键技术，杜绝了 7.0 m、8.8 m 等支架综采工作面顶板切冒与压架的发生。

神东煤炭集团多年来在大柳塔矿、补连塔矿及上湾矿等 10 个矿井近 50 个综采工作面推广应用该压架防控技术，扭转了 3 类典型条件下频繁压架的不利局面。

3. 动态高效矿压预警智能云平台建设

神东煤炭集团矿压数据源集成信息多、技术指标复杂、预警阈值迥异，缺乏能够实时响应决策的矿压分析预警系统。神东煤炭集团基于异构数据库融合、微服务应用架构、云边协同运算等技术，构建了企业级"生产数据仓库"，研发了集多源数据实时辨识、信息逻辑推理、动态安全风险智能评估和分级高效预警的智能防控平台，实现了安全隐患早判别、早排查、早防控，有效提升了企业管理的应急反应能力。

"神东矿区矿压大数据智能分析及预警技术研究与应用"成果获 2021 年度中国煤炭工业协会科学技术奖二等奖。

矿压智能预警云平台达到了国内领先水平，特色如下：

（1）搭建了神东煤炭集团企业级生产数据仓库，保证瞬时海量数据的存储与提取。通过对 13 矿 14 井的数据分析，提出了数据层次化、层次模型化与模型固定化的思路，实现了高性能数据存储、多维度立体化数据维护，解决了目前大数据采集和分析遇到的数据压力大、数据采集崩溃、数据分析慢的问题。目前生产数据仓库已经对神东煤炭集团在产矿井全覆盖，软件国产化率达到 100%，涉及采掘机运通 60 万个数据测点。截至 2022 年 7 月，持续采集 2.6 万台设备数据 1068 天，累计存储数据 3.68 万亿条，未来数据量至少是现在的 10~100 倍。

（2）使用微服务应用架构、异构数据库融合技术，提高了神东煤炭集团矿压预警云平台数据处理与响应速度。目前，神东数据库在云平台上构建微服务应用架构，基于私有云、虚拟化技术和容器技术对现有基础设施资源进行统一管理、合理分配，形成更加合理易用的 IT 基础设施服务层，其数据分析性能比国际主流技术提升 10 倍以上。

（3）使用云边协同计算技术，使云平台数据分析具有高效率、低延时与快速响应等特性。基于私有云、边缘计算和微服务等技术，采用中心云、边缘云和生产网终端形成"云边端三体协同"的端到端技术架构，实现云计算+边缘计算+边缘数据库在矿井智能化建设中的应用。

（4）构建了矿压灾害安全监控远程预警快速响应智能防控技术体系。以多源数据库高效动态预警智能云平台为基础，制定了一整套矿压数据标准编码体系，集成了 5 级矿压评判指标，实现了集矿压实时云图展示、来压分级管理、步距分析和快速响应预警等 30 余项功能，及时下达支架管控反馈指标，切实提升了支架初撑力监控和来压预警的准确性，有效指导了矿井综采工作面治理。

上述研究成果已在神东矿区运行 2 年以上，有效保障了矿区安全高效生产，为实现矿井长周期安全管理提供了重要技术保障。

（三）灾害治理技术体系

水、火与瓦斯也是制约煤矿安全高效开采的关键因素。神东煤炭集团所属矿井基本都开采易自燃煤层，面临火灾威胁；部分矿井存在水灾与瓦斯隐患，如锦界矿是典型的富水矿，保德矿为高瓦斯矿井。

1. 锦界矿水灾防治成套技术体系

锦界矿是神东矿区典型的富水矿，其在十几年的建设与生产过程中不断探索和总结，从"探、防、堵、疏、排、截、监"各项措施进行分析研究，逐步形成了一套完整、有效的水灾防治关键技术体系，具体包括采前安全评价、矿井水害分区与水的资源化利用和应急保障等9项关键技术。

（1）采前安全评价技术是指在综合分析矿井及工作面水文地质条件、充水条件的基础上，对工作面回采时发生水砂溃涌的可能性进行分析，对已采取疏放水的工程进行效果评估，并对矿井涌水量进行预测，依据预测结果对工作面排水能力进行评价。

（2）矿井水害分区技术，采用评价煤层顶板涌突水条件的"三图法"进行煤层顶板水害综合评价与分区。该方法可以对煤层顶板的充水水源、充水通道及充水强度进行预测评价。该方法可以把全矿井划分为相对安全区、较安全区、危险区及较危险区。

（3）水文动态监测技术，通过地面水文遥测、地面水位长期观测、井下水文监测与采空区积水水位变化观测，实现了对积水区水位、水温、水压、水量及其变化规律的实时监控。水文在线监测系统具有数据存储、分析和发布的功能，并利用大数据分析手段实现水害超前预报。

（4）其他技术。除以上技术外，还有水文地质综合探查、超前疏放截流、综合防排、涌水量提前预测和水资源化利用等技术。

锦界矿十多年来，无重大水害事故发生，证明了神东煤炭集团安全管理体系的有效性。

2. 火灾防控技术体系

神东矿区煤层自然发火周期不等，最短发火期仅为33天。矿井采掘机械化程度高，电气设备多、功率大且电压等级高，热源和可燃物管控难度较大。受周边小煤矿开采影响，部分矿井的周边小煤矿已出现发火迹象，严重威胁矿井安全。

针对矿区生产现状及特点，在常规火灾防治措施基础上，不断总结内因与外因火灾防治、监测预警和应急处置等经验与做法，积极探索火灾防治新技术、新工艺。

（1）内因火灾防控。煤层自燃是客观现象，为严控自燃隐患，需缩短煤体暴露时间、减少采空区氧气含量、阻隔遗煤与氧气接触等致灾内因。

内因火灾防控措施：坚持"快掘、快安、快采、快撤与快闭"的防火理念，力保采煤工作面每天推进 10 m 以上，综采设备搬家时间控制在 8 天以内，工作面从贯通停采到封闭不超过 15 天；优化工作面布置与掘进工艺，采用无煤柱开采、边角煤综采、连采机双巷掘进与掘锚机单巷掘进等工艺，把联巷间距调整到 200~300 m，减少联巷数量，减少采空区漏风；创建"大断面、大风量、低负压与多通道"的通风模式，从系统上实现降"压"减"漏"，优化通风网络；积极落实注浆、注氮防灭火措施，采取地面注浆站配合大流量泥浆泵快速注浆和井下移动注浆相结合的方式，形成了一套具有神东特色的采空区井上下联合注浆技术体系；加强分区防控，对疏放水采空区、氧气浓度大于 7% 的已封闭采空区、停限产工作面和气体异常的采空区实施连续注氮，对沿空留巷、漏风相对较大、综放等重点防灭火工作实施常态化注氮，惰化了采空区；开展了易自燃煤层群开采矿井火灾防控关键技术、煤层自燃发火标志性气体与煤矿 CO_2 三态防灭火关键技术及装备等 10 余项研究课题，为神东防灭火工作提供了技术支撑。

（2）外因火灾防控。影响煤层自燃的外因主要是管理因素，神东煤炭集团对外因火灾防控主要措施有：强化到货验收，严把验收质量关，确保设备、电缆和输送带合格；加强现场管理，加强带式输送机、供用电及电气焊管理，设置智能识别装置、新型托辊、关键地点自动灭火装置、电缆感温火灾预警装置，减少井下电气焊作业等方式，实现现场精细化管理；通过完善设置重要场所、重点部位感温光纤和温度、CO 与烟雾等监控传感器，加强安全监测监控系统运行监管及规范应急管理，设置专业队伍，配备专业人员，实现外因火灾防治的监测预警。

3. 保德矿瓦斯超前综合治理与利用

保德矿作为神东煤炭集团高瓦斯矿井，瓦斯储量为 70 亿立方米。保德矿在瓦斯治理过程中，不同区域采用不同的瓦斯治理模式，创新煤矿井下大区域煤层超长钻进装备、数据传输与测量、轨迹控制及钻进技术、瓦斯定向钻孔超前抽采工艺；研究煤矿井下大区域煤层超长钻孔钻进效率、瓦斯涌出规律、抽采规律、抽采效率等技术，为同类矿井提供了借鉴。"中低阶煤层瓦斯含量精准测定及可控抽采技术研究"成果于 2019 年获中国煤炭工业协会科学技术奖一等奖；"矿井大盘区瓦斯抽采定向钻进技术与装备"成果于 2020 年获中国煤炭工业协会科学技术奖一等奖。

在瓦斯利用方面，为了确保矿井安全高效绿色化开采和瓦斯清洁低碳化利

用，保德矿在刘家堰和枣林 2 个区域建成 2 座瓦斯发电站，装机设计总能力为
1200 kW × 28 台，日发电量为 135000 kW·h。在经济方面，自 2014 年建成瓦斯
发电站至 2022 年 8 月，保德矿累计抽采标况瓦斯量 1.91 亿立方米，利用 1.33 亿
立方米瓦斯发电 2.73 × 10^8 kW·h，累计创造经济效益约 1.35 亿元；在节能减排
方面，保德矿通过瓦斯清洁利用，已累计节约标煤 11.7 万吨，减排二氧化碳达
199 万吨。

保德矿瓦斯超前综合治理体系不但保证了高瓦斯矿井的安全高效开采，而且
实现了瓦斯清洁利用，助推了神东煤炭集团安全生产的长治久安。

五、绿色低碳技术创新

碳达峰、碳中和"3060"目标开启了低碳新时代。神东煤炭集团始终坚持绿
色低碳发展模式与技术创新，全面开展"生态矿区、绿色矿山、清洁煤炭"实
践，贯彻落实黄河流域生态保护和高质量发展重大国家战略，创建"神东先行示
范区"。

（一）煤炭绿色发展与技术创新

在"双碳"背景下，煤炭企业的绿色低碳转型是高质量发展的必由之路。
神东煤炭集团立足"双碳"目标，着手于矿区生态修复技术、矿井水保护与利
用、煤矸石处置和资源化利用，推进废弃矿山生态修复，提升矿区生态系统固碳
能力，实现矿山的资源利用高效化。

1. 矿区生态修复技术

神东煤炭集团针对矿区生态修复问题，创新了煤炭开采地表生态环境影响的
作用机理及其自修复技术、西部干旱-半干旱煤矿区土地复垦微生物修复技术、
中水灌溉的树种长期适应性筛选与驯化技术等。

"神东亿吨级矿区生态环境综合防治技术"成果于 2005 年获内蒙古自治区科
学技术奖一等奖。

（1）矿区地表生态环境影响的作用机理及其自修复技术。该技术通过研究
近地表土壤结构、土壤理化性质和含水率、根际土壤活性及微生物群落组成结构
等地表生态环境参数的变化，建立生态环境控制关键因子与指标和综合评价系
统，提出了地表生态环境影响规律，发现生态环境具有显著自修复能力。

（2）西部干旱-半干旱煤矿区土地复垦微生物修复技术。该技术针对西部缺
水煤矿区植物根系损伤严重、植被重建需水量大、土地复垦难的特点，通过对菌

根真菌、解磷菌、脱硫菌等微生物最佳作用条件及其协同配比的研究，在煤矿区废弃地复垦中形成了提高植被成活、修复根系、增加水分利用、促进养分吸收、改良土壤结构等微生物修复技术体系，创建了西部煤矿区抗旱微生物菌剂生产与质量控制方法。"西部干旱-半干旱煤矿区土地复垦的微生物修复技术与应用"成果获 2015 年度国家科学技术进步奖二等奖。

（3）中水灌溉的树种长期适应性筛选与驯化技术。该技术是在对神东煤炭集团 4 个区域灌溉水质进行标准化分析及所栽植树种成活及生长情况调查基础上，确定灌溉中水水质及存在问题，初步筛选适合中水灌溉条件的适宜树种；系统研究不同灌溉时间下灌溉水中超标物质在土壤、植物根系、枝条、叶中的富集及迁移转化特征，寻找中水灌溉对不同树种的影响规律，从苗木栽培管理、土壤改良及灌溉制度等角度提出中水灌溉条件下的苗木驯化有效措施和技术，最终确定适合中水灌溉的适宜树种。

2. 矿井水保护与处理技术

地下水资源破坏阻碍了环境与社会经济的协调发展。神东煤炭集团探索矿井水处理技术，在井下研发建立"充分利用采空区空间储水、矸石过滤净化、自然压差输水"的分布式地下水库，有效实现水资源保护与利用。"生态脆弱区煤炭现代开采地下水和地表生态保护关键技术"成果于 2014 年获国家科学技术进步奖二等奖。

（1）矿井水处理技术。神东煤炭集团针对矿井水处理，创新提出三级处理、三类循环、三种利用的废水处理与利用模式。三级处理是应用煤炭开采地下水保护关键技术，在采空区建成 35 座地下水库，地面建成 28 座废水处理厂和 41 套处理系统进行水质净化处理，处理技术主要有矿井污水采空区过滤净化技术、矿井水改性羟基磷灰石处理技术。矿井污水采空区过滤净化技术是通过矿井废水在采空区和集水区进行过滤、沉淀、吸附与离子交换作用，利用自生矿物生成作用的物理化学过程，大幅减少矿井废水中悬浮物、钙离子及其他有害离子；矿井水改性羟基磷灰石处理技术研究了一种可在中性 pH 值下稳定吸附再生除氟技术，利用矿井水铁锰、悬浮物、油类等指标偏高特点，对羟基磷灰石（Fe-Ga）吸附除氟工艺进行改性，在除氟前段增加锰砂过滤吸附，保证了矿井水符合属地监管部门的排放标准；三类循环是指分布式地下水库、选煤车间与锅炉房构成废水闭路循环系统，三种利用是指生产复用、生活杂用与生态灌溉实现水的多种利用。

（2）煤矿地下水库工程。煤矿分布式地下水库工程以实现水资源地下调蓄、联合调度地表水与地下水为目的，是地下水人工补给—地下储水—人工开采的统一体。神东矿区遵循系统工程思想，通过理论分析、物理数值模拟、物探和钻探与现场工程试验等方法，创建了煤矿地下水库技术体系，建设和运行了煤矿地下水库示范工程，实现了煤炭现代化开采与矿井水资源保护的协调统一。"一种矿井地下水的分布式利用方法"专利于2015年获中国专利金奖。

攻克了煤矿地下水库建设技术的基础性难题，包括研究了第四系孔隙水和基岩裂隙水与矿井水关系，建立了井下涌水量预测模型；发明了水库库容确定方法，提出了储水系数的计算方法；研发了地下水库选址方法和评价准则；为水库设计建设提供了理论依据。

研发了煤矿地下水库建设的系列关键技术，包括研究了煤柱和人工挡水坝结构及强度计算模型，提出了坝体结构参数设计方法；研发了人工坝体切槽组合连接方法，开发了板式和"H"形等人工坝体结构及筑坝方法；研发了大垂距、高水压与穿越不同煤岩层的水库调运通道建设技术；创新了超大采高、超长推进距离开采工艺，并将多个采空区组合加大储水能力。开发了煤矿地下水库运行"三重保护"安全技术，包括制定了煤层群开采地下水库水体转移，实现水资源储存和煤炭安全开采相协调；发明了地下水库安全监控方法，建立了安全运行预警与控制系统；研发了应对矿震等特殊情况的防洪泄水应急安全设施，保障了水库安全运行。

3. 煤矸石处置与资源化利用技术

神东煤炭集团一直遵循以实现煤炭清洁利用为己任，建设清洁煤炭生产基地，正在逐步探索一条"产煤不见煤、采煤不见矸、矸石不外排"的煤矸石治理之路。

（1）无岩巷布置技术的源头减矸技术。神东煤炭集团源头减矸采用分层开拓、无盘区划分、全煤巷布置与立交巷道平交化的无岩巷布置技术。分层开拓是指根据煤层赋存和开采技术特征，避开岩巷掘进工程量较大的集中开拓方式，采用各自形成独自生产系统的分层开拓；井田无盘区划分是指从大巷两翼直接布置开采条带，使巷道全部布置在煤层中；工作面遇到断层时，采用快速搬家技术，在断层两侧预先掘出设备撤出巷道与安装巷道，迅速跨过断层。

（2）多途径的末端煤矸石处理技术。对于井下产生的掘进矸石，采取"煤矸"置换技术，直接充填井下废巷和排矸硐室，减少地表塌陷。神东煤炭集团目前开展了上湾矿、补连塔矿膏体注浆充填、榆家梁矿带胶结膏体充填、活鸡兔井矸石膏体充填与布尔台矿、保德矿煤矸石覆岩离层注浆充填等项目，注浆充填量创国内单井最大规模；对于分选过程产生的分选矸石，采取发电、制砖与填沟造地等多途径综合利用。

神东煤炭集团与属地政府及第三方企业合作积极开展制陶粒、制砂与制砖等项目，逐步实现煤矸石分质分级综合利用。

目前，神东矿区周边已建成 7 座煤矸石砖厂，累计年生产 5.4 亿块煤矸石砖，年利用神东煤炭集团煤矸石约 150 万吨；建设煤矸石制砾石、陶粒及余热供热发电生产线，二期工程全部建成后可年制砾石和陶粒总计 400 万立方米，年减排矸石 450 万吨；大柳塔矿正在积极推进煤矸石制砂项目并已建成投产；利用布尔台矿现有的 2 km^2 排矸场和周围 1 km^2 沉陷区，总规划面积约 3 km^2，计划开展布尔台矿排矸场光伏发电建设示范项目，实现资源化最大利用。

（二）生态矿区绿色矿山建设与实践

1. 生态矿区发展实践

神东矿区地处黄土高原丘陵沟壑区与毛乌素沙漠过渡地带，原生环境十分脆弱。地下水资源缺乏，是全国水土流失重点监督区与治理区。

（1）"三期三圈"生态环境防治模式。面对脆弱的自然生态环境，结合脆弱自然生态特征与大规模开采影响，创新"三期三圈"生态环境防治模式。

"三期"防治是在采前进行大面积风沙与水土流失治理，系统构建区域生态环境功能，增强抗开采扰动能力；在采中进行全过程污染控制与资源化利用，全面保护地表生态环境，减少对生态环境影响；在采后进行大规模土地复垦与经济林营造，永续利用水土生态资源，提升生态环境效益。

"三圈"按矿区生产与生态的空间特征划分为中心美化圈、周边常绿圈与外围防护圈，三圈由内向外，动态扩展，渐次增强。中心美化圈是指建设森林化厂区、园林化小区 12 km^2，实现了矿区生产生活环境绿地率达 40% 以上，植被覆盖率达到了 80% 以上；周边常绿圈是对矿井周边裸露高大山地，优化水土保持整地技术，建设了"两山一湾"周边常绿林与"两纵一网"公路绿化 42 km^2，形成了常绿景观；外围防护圈是针对矿区外围流动沙地，优化草本为主、草灌结合的林分结构，形成了 276 km^2 生态防护林，建成了沙漠绿洲。

（2）"五采五治"主动型水土保持生态环境建设实践。神东煤炭集团摒弃传统煤炭企业"边生产边治理"与"先生产后治理"被动做法，探索出一条以"先治后采、治大采小、采治互动、以采促治、三方共赢"为特征的"五采五治"主动型水土保持生态环境建设之路。

从时间维度上"先治后采",在开采之前,控制性治理流动沙地 103 km²;在开采之中,及时修复了开采对地表局部生态环境的损伤。

从水平维度上"治大采小",对矿区进行大范围水土保持治理,面积达到 514 km²,提升了区域整体水保功能,有效控制了开采扰动对矿区生态环境的影响。

从垂直维度上"采治互动",针对煤炭开采中矿井水、矸石与煤尘三大主要因素,通过采空区过滤净化、煤矸置换和煤炭采装运全环节封闭等技术,结合地面生态修复,有效保护了地表生态环境。

从资金维度上"以采促治",开发建设之初,每开采 1 t 煤提取 0.45 元专项用于水土保持工作,在全国煤炭系统中率先建立了水土保持资金长效保障机制;2009 年以来先后使用水土保持补偿、地质环境与土地复垦保证金等治理费用,形成了以煤业发展促进生态治理,以生态治理保障煤业发展的良性循环局面。

从地企维度上"三方共赢",神东煤炭集团积极推动"政府推动、农民受益、企业履责"的治理思路,在生态治理的基础上,大力建造经济林,形成了良好的政府、农民与企业三方的共赢局面。

(3)神东煤炭集团生态矿区建设成效。开发建设 30 余年来,累计治理面积达 514 km²;构建了山水林田湖草的生态空间结构,以沙棘为主的灌草群落使生态环境向正向演替;植物种类由原来的 16 种增加到近 100 种,微生物和动物种群也大幅增加;植被覆盖率由开发初的 3%~11% 提高到 64%;矿区风沙天数由 25 天以上减少为 3~5 天;创新了"茶园式"沙棘种植模式,种植沙棘 30 km²、543 万穴,到盛果期预计可实现产值近亿元;神东生态环境建设为增加属地农民收入与变革沉陷区产权模式奠定了坚实的基础,有力推动了区域生态经济与社会协调发展。"荒漠化地区大型煤炭基地生态环境综合防治技术研究"成果于 2008 年获国家科学技术进步奖二等奖。

2. 绿色矿山实践

一直以来,神东煤炭集团坚决贯彻落实国家绿色矿山建设政策要求,从 2010 年开始,把绿色矿山建设融入企业全方位日常经营管理中,开展绿色矿山建设工作,在矿井水、煤矸石、提标治理与光伏产业等方面积极实践,走绿色低碳高质量发展道路,全力建设绿色矿山。

（1）矿井水利用与处理方面。目前，神东煤炭集团矿井水产生量为 $25.9 \times 10^4 \ m^3/d$，复用量为 $16.9 \times 10^4 \ m^3/d$，排放量为 $9.08 \times 10^4 \ m^3/d$。

（2）煤矸石等无害化处理及资源化利用方面。加快推进保德矿、布尔台矿、榆家梁矿等矿井煤矸石覆岩离层注浆或井下充填项目以及《矿井群矸石安全高效集中充填技术与装备研发及工程示范》井下充填项目。计划在补连塔矿推进创建"基于无害化的煤矸石土地整治与复垦技术研究与工程示范"科研项目。

（3）提标治理方面。神东煤炭集团所属矿井水满足环评批复的《煤炭工业污染物排放标准》（GB 20426—2006），正在按政府要求的《地表水环境质量标准》（GB 3838—2002）Ⅲ类进行提标治理。

（4）光伏产业方面。光伏产业是助力结构节能的重要手段，2021 年，神东煤炭集团大力发展光伏项目，全面推进神东煤炭集团向可再生能源转型发展，重点在陕蒙区域矿井沉陷区、复垦区与工业区发展光伏项目。目前，神木区域矿井已全部实现非采暖季太阳能洗浴，减少煤炭使用量和污染物排放量。

经过多年的努力，截至 2022 年，神东煤炭集团 13 矿 14 井均已达到绿色矿山基本建设标准，其中 8 座国家级绿色矿山，6 座内蒙古自治区绿色矿山。上湾矿 2011 年被认定为全国首批 37 家国家级绿色矿山试点单位之一；大柳塔矿、布尔台矿、保德矿等 8 个矿井 2019 年纳入了全国绿色矿山名录；乌兰木伦矿等 6 个矿井被纳入内蒙古自治区绿色矿山名录。

3. 清洁煤炭实践

煤炭消费带来的环境破坏，主要是煤炭燃烧污染物排放问题，神东煤炭集团在天然煤质好的基础上，进一步洁净煤质，降低煤炭生产能耗。

创新生产各环节节能降耗技术，实现清洁生产。在规模化与集约化生产系统的基础上，大力推行矿井通风全部采用大断面、低负压、大风量，并配备高效通风机，降低通风能耗；采用地面箱式变电站利用钻孔井下供电，减少供电损耗；创新应用变频驱动、自动排水与恒压供水等节能技术，降低生产电耗；积极研发节油型矿用防爆车辆、电动矿用车辆以及油电双动力防爆车，创新钻孔投放物料方法等措施节约油耗。

充分利用电厂余热、供排水水源、回风风源与太阳能等能源，减少污染物排放。采用高效煤粉锅炉取代传统燃煤链条锅炉供热，安装高效煤粉锅炉 21 台，较传统锅炉节约煤炭约 30%；利用风源热泵和水源热泵替换冬季热风锅炉，解决进风井井口防冻的供热问题，节省原煤消耗、降低运行费用，达到了节能减排的目的。"大柳塔矿白家渠风井回风源热泵项目"成果于2017年获中国煤炭工业协会科学技术奖二等奖。

在新能源技术与装备研发方面，目前主要攻关目标是建成6个工业厂区分布式光伏发电示范工程及1个光伏建筑一体化示范工程；研发6台新能源薄煤层液压支架搬运车；建成1个井下新能源电动车示范化智能充/换电站，实现每天30~50台新能源电动车充/换电能力建设，单车20 min完成1次换电，提升电动车的有效利用率，保障煤矿绿色清洁运输。

（三）神东先行示范区建设与实践

习近平总书记明确"黄河流域生态环境保护的高质量发展"成为重大国家战略。神东煤炭集团着力打造神东示范基地，有序推进"习近平生态文明思想实践创新基地、红色文化品牌和教育基地"示范创建工作。

1. 创建水土保持神东示范基地

在上湾补连塔井田内建设以"三水三力三区"为特征的"水资源保护和利用"神东示范基地。

（1）建设红石圈示范区。以生态清洁小流域建设为基础，开展全流域生态自然修复、综合治理、沟（河）道及湖库周边整治，重点创建水力、风力与重力三力侵蚀协同治理典型示范。

（2）建设黑炭沟示范区。以水源涵养示范区建设为基础，开展源区、库区和岸线水源涵养林建设，重点创建水资源、水环境与水生态三水协同治理典型示范。

（3）建设白家塔示范区。以沉陷区生态治理为基础，开展33 km² 牧草产业基地与67 km² 樟子松产业基地建设，重点创建生态治理与生态产业协同发展典型示范。

2. 创建水资源保护和利用神东示范基地

以矿井水资源节约集约利用和循环利用为抓手，以提升"水标准"、培育"水优势"与增强"水经济"为目标，在水资源匮乏的毛乌素沙漠边缘创建黄河流域大型煤炭生产基地、水资源保护利用示范基地，力争在水资源节约集约利用、矿井水资源化利用、水环境自净能力提升、水生态功能修复和水生态产品质量提升等关键技术和关键环节实现突破并形成示范，在新发展阶段构建矿区水资源利用、水生态保护与水经济发展的新格局。

3. 创建"山水林田湖草沙"神东示范基地

在大柳塔、哈拉沟、石圪台集中连片井田区域建设以"要素系统、技术系统、产业系统"为特征的"山水林田湖草沙"神东示范基地。

（1）创建要素系统。重点突出"山水林田湖草沙"七大要素，重点打造采矿山森林、矿井水涵养、经济林营造、农牧田复垦、湿地湖修复、荒漠草保护和流动沙防护等七大示范区。

（2）创建技术系统。重点突出地质环境保护、土地复垦、水土保持、林业建设、园林绿化、节能低碳、环境保护、绿色产业与科研科普等技术系统，重点打造生态科技园、生态植物园、生态监测园、地环措施园、复垦措施园、水保措施园等六大科研科普示范园。

（3）创建产业系统。重点突出能源、生态、文化产业的系统性，重点打造沙棘生态、旱作农田、矿井水资源化利用、矸石资源化利用、生态旅游与清洁能源等六大产业，建立"政府主导、神东治理、专业开发、村民受益"的四方共赢治理合作模式。

4. 创建"绿水青山就是金山银山"神东实践创新基地

按照生态环境部"绿水青山就是金山银山"实践创新基地建设管理规程，在布尔台区域建设以"现代能源 + 生态治理 + 生态产业 + X"为特征的"绿水青山就是金山银山"神东实践创新基地。

（1）现代能源，重点突出生产清洁煤炭、煤炭清洁利用和新能源开发，重点打造区域煤水电热、采煤沉陷区风光氢储能、矿井水循环利用与矸石深度利用等产业链条。

（2）生态治理，重点突出地质环境、土地复垦、水土保持、植被建设与矿井水利用综合治理技术，重点打造沉陷区生态修复、沟壑区水保综合治理、煤矸石复垦造地与矿井水生态灌溉利用示范建设。

（3）生态产业，重点突出生态要素向生产要素、生态财富向物质财富转变，重点打造以沙棘为主体的经济林业、光伏下饲用灌草为主的牧业、以光伏智能温室为主的设施农业、以草养畜的现代化肉牛繁育养殖、以系列生态示范区为主的生态文化旅游等产业。

5. 创建神东低碳矿井

根据《中共中央 国务院关于完整准确全面贯彻新发展理念做好碳达峰碳中和工作的意见》和国家"双碳"目标要求，神东煤炭集团按示范先行、全面引领的工作思路，以布尔台矿为试点，全力创建以"生产减碳、生活低碳、生态负碳"为特征的神东发展示范矿区。

（1）创建生产减碳示范，探索使用"绿色"电力和清洁热力，大力实施沉陷区、排矸场、建筑屋顶分布式光伏发电和储能项目，大力实施生物质、太阳能、地热能供热项目，力争实现生产环节低碳排放。

（2）创建生活低碳示范，全面完善低碳生活设施，大力实施建筑保温改造、节能低碳建筑、屋顶光伏发电和太阳能热水、自行车和行人慢行系统建设等。积极倡导低碳生活方式，鼓励冬夏季空调温度限定、低碳出行、低碳办公等，最大限度降低生活中碳排放量。

（3）创建生态负碳示范，全面开展生态绿化，大力营造井田范围碳汇林和异地碳汇林，大力提升植被与土壤碳汇能力，全面中和生活、瓦斯排放和矿后活动碳排放量。

第四章 神东煤炭集团绿色矿山建设重点工程部署与实施

自 2019 年以来，神东煤炭集团以绿色矿山建设为依托，在 14 个矿山部署开展了 25 项重点工程项目，分为采矿技术工艺研发与应用工程、综合利用技术工艺研发与应用工程、信息化智能化技术工艺研发与应用工程三类，采矿技术工程共 5 个，综合利用技术工程共 8 个，信息化智能化技术工程共 12 个。其中，矿井综采水质反渗透处理技术研发与示范工程、基于变频技术智能局部通风机研发与示范工程、国能神东大柳塔煤矿沿空留巷"六位一体"技术体系改造工程是大柳塔煤矿和活鸡兔煤矿合作开展，薄煤层等高设备自动化回采工艺技术研发和示范工程在石圪台煤矿和补连塔煤矿合作开展应用，其他工程均为各生产矿井独立开展。神东煤炭集团绿色矿山建设重点工程自 2019 年上湾煤矿综采工作面矿压显现规律研发工程立项完成开始，至今已有 18 项重点工程完成，7 项重点工程正在实施，其中 2023 年完成 6 项，2024 年预计完成 1 项。

第一节 采矿技术工艺研发与应用工程

一、神东矿区新型沿空留巷技术装备研究与示范工程

神东矿区以柔模混凝土墙沿空留巷为代表的无煤柱开采技术为基础，开启新时代高效、绿色、智能、低碳、高质量发展模式。

（一）巷道布置及留巷工艺优化

巷道布置优化。传统沿空留巷工作面由于超前支护和设备列车布置影响，沿空留巷辅助运输难以走本工作面平巷，一般需要走相邻工作面已掘巷道或其他外围巷道。如图 4-1 所示，辅助运输可以从 B 工作面运输平巷经过 B 工作面开切眼进入沿空留巷作业区域，也可以从其他已掘进工作面平巷经过采区外围巷道进入沿空留巷作业区域。

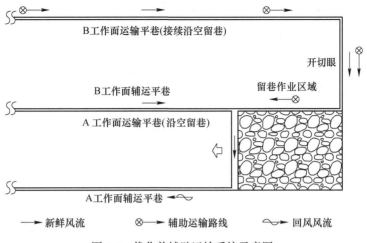

图 4-1　优化前辅助运输系统示意图

　　随着工作面的推进，留巷辅助运输路线越来越长。当工作面推进长度较长（大于 1000 m 时）时，辅助运输严重影响生产效率。

　　为解决上述问题，神东煤炭集团研发应用远程供液供电技术，将传统的移变列车、单轨吊移出工作面平巷，增大平巷内有效通行宽度，留巷工作面辅助运输可由本工作面运输平巷进入。工艺创新后工作面回采中末采期，将混凝土泵送系统移至本工作面平巷内，如图 4-2 所示。这样一来，一方面缩短了辅助运输距离，减少了无轨胶轮车投入量，缓解了辅助运输压力；另一方面下一个接续工作面的设备安装可以提前进行，设备安装结束后可以提前进行设备调试，当留巷工作面贯通后直接进入新工作面组织生产，实现沿空留巷工作面搬家不停产。

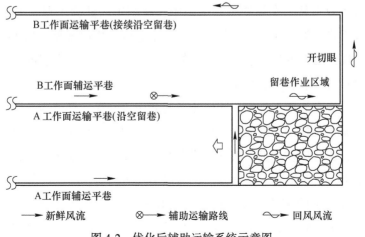

图 4-2　优化后辅助运输系统示意图

留巷工艺优化。沿空留巷端头支架拉移时，会破坏巷道内支护锚索的锚具，影响巷道支护的效果，降低巷道支护强度。这时往往需要二次支护，不但浪费材料，而且影响留巷速度。随着支护技术的不断发展，神东公司与支护材料厂家联合研制了内嵌式锚索、抗剪切锚索等新型支护材料，制定了《新型锚索支护施工与验收标准》，对该类锚索的施工设计、材料准备、钻孔、安装、检测、验收等环节进行规范，变更了支护工艺，提高了支护效果。

神东矿区顶板存在难垮坚硬或致密岩层，对留巷矿压显现产生显著影响时，采取顶板弱化卸压的方法，促进顶板侧向垮落，降低留巷过程矿压显现及巷道变形。具体为：使用钻机预先施工水力压裂或爆破孔，钻孔深度根据采高、岩石碎涨系数、关键层层位等进行综合比选确定，通过高压水多次分段压裂或实施深孔爆破，有效削弱顶板的整体性和岩石硬度，使采空区顶板能够分层多次及时垮落，缩短来压步距，消除悬顶，转移留巷区域的高应力区，以降低矿压影响，减少留巷支护投入，扩大留巷范围。

施工过程中，设计制造"两联模"或"三联模"加长柔模袋，采用"花管"锚栓孔、无机材料、模间胶条、薄喷材料、AB 料泡沫堵漏等一系列措施，确保混凝土墙严密，减少漏风。

改变传统工作面 U 型通风方式，采用 Y 型通风或 W 型通风方式，解决 U 型通风上隅角气体超限问题。利用气体在线监测、双层捕尘网、注氮注浆、低氧治理、"均压通风"等技术措施，做好留巷区域一通三防工作。

（二）机械化连续泵注工艺及装备研发

目前国内大部分沿空留巷用混凝土采用井下拌料、运输、泵送的工艺，作业环境差，施工效率低。在早期留巷试验中，神东矿区试验了混凝土二次搅拌工艺，即在地面进行第一次搅拌，将水泥、石子、砂、添加剂等按配比拌合成混凝土干料，运输到留巷巷道后进行二次搅拌，再进行泵送，一定程度上提升了留巷效率，但倒运环节多，作业环境差。

为进一步提高效率，神东公司优化了巷旁充填流程。具体为：商混凝土车运料至混凝土泵上料口→加商混凝土改性剂并搅拌均匀→卸料→泵送混凝土至柔模内。按照设计配合比在地面一次性完成混凝土制备，将制浆环节由井下转移至地面，不仅提高了材料制备、运输效率，而且消除了粉尘污染，改善了作业环境。

为实现混凝土的高效运输，神东公司开发了防爆混凝土罐车，如图 4-3 所示。该车长 7 m，宽 2 m，高 2.5 m，发动机功率达 135 kW，全时四驱驱动，最大车速为 38 km/h, 爬坡能力为 14°, 一次性装载量为 5 m³。车辆边搅拌边运输, 解决了目前小型自卸槽车在运输过程当中凝结、分层、沿途抛洒等问题, 具有移动搅拌、运输量大的特点。

图 4-3　防爆混凝土罐车

为进一步提高泵送效率, 避免管路堵塞, 神东公司自主研发设计了 MPV 组合式泵站、混凝土输送泵一体车, 如图 4-4 所示。该车由承载底盘、臂架系统、泵送系统、液压系统和电控系统组成, 特种车司机在驾驶室内操作手柄就能实现臂架伸缩回转到灌浆位置, 完成混凝土的输送、布料, 臂架伸缩最大伸出长度为 6.5 m, 可实现 360°旋转, 具有泵送性能好、布料范围大、机动灵活的特点, 特别适用于混凝土浇筑量大、移动作业的任务。

图 4-4　混凝土泵送车

(三) 高可靠性快速支护装备研发

由于留巷受多次采动影响, 一般需要进行临时加强支护, 确保留巷系统能够抵抗采动支承压力。国内一般采用单体液压支柱+钢梁形式的加强支护, 其操作方便、成本低，但是支护强度低、可靠性差、劳动强度大。

神东矿区传统的沿空留巷临时加强支护采用单体液压支柱+钢梁支护形式，因推进速度快，临时支护距离长（约200 m），单体使用量大（达600根），长距离人工倒运，劳动强度大。为此，神东公司研发了单元式支架（门式支架）替代传统的"一梁四柱"支护，并配套研发了支架搬运车，实现了机械化搬运。

单元支架。单元支架采用双立柱布置，前后顶梁配置涨紧链条机构，提高整体支护稳定性。配套防爆柴油履带式搬运车，利用车载泵站和快速插装自封式接头，完成单元支架升降，机动灵活，减少了管路敷设，实现了快速搬移。支架立柱安装有电子压力表，可监测、存储压力数据，可动态评估支护效果。

留巷段支护总长度根据矿压观测结果确定，通常为120 m，单元支架间距根据顶板完整性确定，一般间距为2~3 m，采取前后倒移、周而复始的方式进行支护。单元支架配套如图4-5所示。

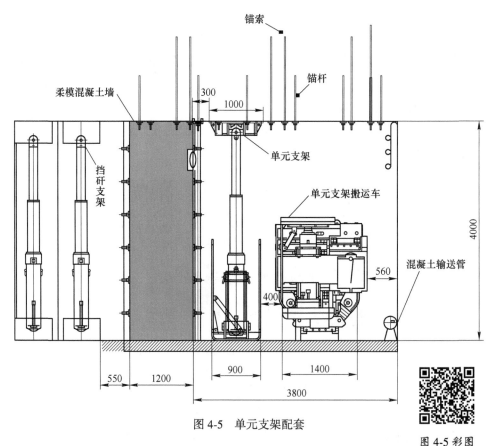

图 4-5 单元支架配套

图 4-5 彩图

门式支架。门式支架采用两柱支撑式整体横梁结构，立柱安装有电子压力表，可实时监测、记录压力数据。门式支架纵向布置在顶板锚杆之间，可避免破坏顶板原有的锚杆、锚索支护系统。横梁两侧各布置2条圆环链条，支护完成后可与前后相邻的支架相连。采用门式支架搬运车搬运倒移，支架升降利用车载乳化液系统完成。门式支架配套如图4-6所示。

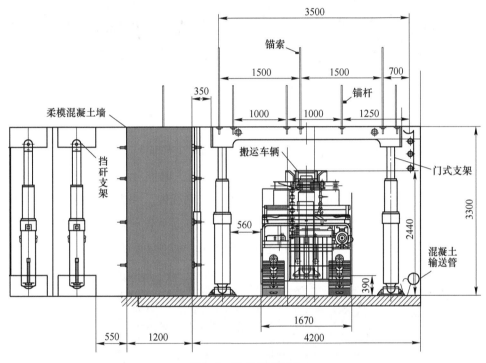

图 4-6　门式支架配套

图 4-6 彩图

支架搬运车。单元支架搬运车由防爆柴油机驱动，履带式行走，遥控控制，载重8 t，货叉可实现180°旋转，行走速度可达到50 m/min。根据综采工作面推进速度，单元支架搬运车每班搬运安装单元支架2~3台，即可满足安全生产需要。

门式支架搬运车采用防爆柴油机驱动，行走机构采用4条履带前后2组并列布置，剪叉式升降平台；搬运时升降平台将门式支架旋转后，使其中1根立柱置于车身预留空间内；车辆设前后两个驾驶室，双向操作行驶，配置无线遥控系统及车载乳化液泵站系统，机动灵活、安全高效。支架搬运车如图4-7所示。

图 4-7　支架搬运车

（四）现场应用效果

沿空留巷+远程供电供液技术。柳塔矿 22104 工作面将设备列车布置在距离工作面 1400 m 外的专用硐室内，多面共用。远程供电供液系统利用光缆传输信号，采用大直径电缆和高强度不锈钢液管作为传输载体，一方面实现了 2 个工作面的辅助运输路线的相互隔离和互为备用，另一方面节省单轨吊支护锚索，消除了登高作业和设备列车频繁移动引起的安全隐患，如图 4-8 所示。

图 4-8　沿空留巷和远距离供电供液

新型支架及搬运。在装备升级以前，锦界、柳塔、石圪台等矿井沿空留巷临时支护采用的是"一梁四柱"单体钢梁棚支护工艺，支护能力为 400 kN，留巷临时支护长度不低于 120 m，使用单体液压支柱 600 根。每班 4 人作业，搬移单体 24 根、钢梁 6 根。装备升级后，采用单元支架配合搬运车，2 人作业，搬移

2 台支架。每班作业人数由以前的 7 人减至目前的 5 人，支护强度提高了 10 倍，降低了劳动强度，劳动用工减少了 50%，同时消除了登高作业安全隐患。锦界煤矿 31115 工作面留巷过程中应用单元支架，取得了日留巷推进 18 m，月最大留巷长度 350 m 的最高纪录，整个工作面累计留巷长度达到了 5190 m，创造了国内留巷最长的新纪录，如图 4-9 所示。

图 4-9　单元支架

　　门式支架。大柳塔煤矿、榆家梁煤矿根据矿井顶板特点，选用门式支架支护，支护距离为 120 m。通过现场调研，门式支架安全性能好、工作效率高，支护效果好。配合专业搬运车辆，可缩短支护作业的时间，如图 4-10 所示。同样实现了劳动用工减少 50%，留巷效率提高 40% 的目标。其中，大柳塔煤矿 52605 工作面平均采高 4.3 m，工作面宽度 305 m，取得了月留巷 418 m 的最高纪录，工作面留巷长度达 4083 m，单工作面多回收煤炭 30.52 万吨。

图 4-10　门式支架

2020 年 5 月至 2022 年 11 月，神东煤炭已在 6 矿 18 面，留巷 34013 m，实现少掘进巷道 40816 m，多回收煤炭 204.04 万吨，资源回收率提高 5%。新型技术装备实现了浅埋深条件下，采高 4.5 m 以下，顶板完整，无严重灾害的工作面全面推广，满足工作面 18 m/d 的正常全速推进要求。

优化巷道设计和设备布置，应用远程供电供液技术，将乳化液泵站、移动变电站及配套供电设备集中布置在运输平巷外，实现设备多面共用，减少设备搬迁，缩短材料运输距离，增大运输、行人安全空间，减少留巷与采煤作业的时空干扰，解决了作业机械化程度低、劳动强度高、作业环境差等问题。应用水力压裂或爆破卸压的方法降低留巷区域巷道矿压显现，减少支护投入，扩大留巷范围。研制内嵌式、抗剪切式锚索等专用支护材料，挡矸支架、单元（门式）支架等专用支护装备，全面替代传统的"一梁四柱"架棚支护形式，降低劳动强度，改善支护效果。将井下拌合混凝土改为地面制备商混凝土，提高混凝土料质量和生产效率，研制混凝土运输专用车辆，减少混凝土料运输过程中离析与抛洒，提高运输效率。优化模袋设计工艺，引进新型薄喷材料，减少了漏风通道，改进工作面通风方式，提高了灾害防治和安全保障能力。

新工艺变革了传统低效、高风险、劳动密集型留巷工艺，取得了日留巷 18 m、月留巷 418 m 的纪录。同时留巷用工由 26 人减少到 17 人，用工数较传统工艺下降了 35%，效率提升了 50%，实现了减人增效，为矿区无煤柱安全高效开采提供了新方案。

二、布尔台煤矿基于高压水力压裂技术的综放工作面坚硬顶板控制工程

布尔台煤矿综放工作面顶板为软弱泥岩，直接底和老顶均为岩性完整、硬度较大的砂岩。根据以往开采经验，如果对坚硬顶板不采取干预措施，会造成来压强度大、来压周期长的问题。借鉴矿井其他综放工作面的开采经验，多次来压期间如果液压支架选型不适配，巷道支护措施不到位，将造成离层、片帮以及支架倾倒现象的发生。多次来压期间，初次来压强度最大，破坏范围最广。如果初期来压强度得到有效控制，则后期回采工作的安全性将得到有效保障。为此，需要对 301 综放工作面坚硬顶板采取合适的技术手段进行人工干预，将初次来压强度监测作为顶板控制效果以及巷道稳定性分析的依据，探究技术手段的合理性。

（一）高压水力压裂技术工程

上覆岩层坚硬顶板煤层占比大，在工作面回采期间更容易发生冲击地压事故，造成工作面的停产。坚硬顶板具有自身完整性好、抗压抗拉抗剪强度大、稳定性高等特点，导致其垮落时造成的矿压现象要明显于一般岩层垮落。长距离、大面积的悬顶是诱发矿压灾害的重要因素。

针对坚硬顶板冲击地压的防治，目前主要采取直井压裂技术、深孔爆破技术及定向长钻孔水力压裂技术等。直井压裂技术工程实施范围大，可以人为破坏坚硬顶板的完整性，降低岩石的弹性能，有效释放弹性能；深孔爆破技术则是直接切断顶板区域，破坏高应力的传输路径，避免了应力集中现象的发生，但是无法实现全区段的爆破，需要逐区域实施爆破才能缓解动载的影响。这两种技术往往需要根据实际地质条件实施，适用于煤层产状稳定的条件，造价比较高，适用性弱。定向长钻孔水力压裂技术既可以实现瓦斯的抽采，也可以降低顶板坚硬岩层的强度，释放弹性能的同时，适用范围广，成本低，因此逐渐被矿井广泛采用。

定向长钻孔水力压裂。为了保证工作面回采时顶板可以有序垮落，及时填充采空区，降低来压强度，矿井采用定向长钻孔水力压裂技术管理砂岩坚硬顶板，以防止顶板事故的发生。工作面定向长钻孔及浅孔水力压裂设计平面图如图 4-11 所示。

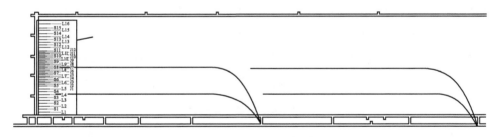

图 4-11　工作面定向长钻孔及浅孔水力压裂设计平面图

S—长度 37 m、仰角 35°钻孔；L—长度 40 m、仰角 15°钻孔；J—长度 28 m、仰角 55°钻孔

由图 4-11 可以看出，共布置 4 个定向长钻孔，均用于控制砂岩坚硬顶板。其中，1 号及 2 号定向长钻孔与开切眼的距离均为 697 m，3 号及 4 号定向长钻孔与开切眼的距离均为 1155 m，钻孔直径均为 120 mm。考虑到钻孔位置的差异，各个钻孔长度不同，1 号钻孔长度为 760 m，2 号钻孔长度为 815 m，3 号钻孔长度为 504 m，4 号钻孔长度为 596 m。实际工程中，岩性厚度及完整性有所变化，因此钻孔的压裂量也有差异，1 号钻孔压裂 18 段，2 号钻孔压裂 19 段，3 号钻孔压裂 10 段，4 号钻孔压裂 13 段。

浅孔水力压裂。综放工作面的稳定是所有后续工作的基础。工作面附近因为放顶煤，往往容易出现应力集中的问题。为了避免回采期间来压强度过高，需对工作面采取浅孔水力压裂技术，设计平面图如图4-11所示。根据钻孔长度的不同，将钻孔组分别分为L组、S组、J组。其中，L组共钻进16个钻孔，每个钻孔的长度均为40 m，钻孔仰角为15°；S组共钻进15个钻孔，每个钻孔的长度均为37 m，钻孔仰角为35°；J组共钻进12个钻孔，每个钻孔的长度均为28 m，钻孔仰角为55°。浅孔水力压裂累计进尺1531 m。浅孔水力压裂钻孔施工参数见表4-1。

表4-1 浅孔水力压裂钻孔施工参数

钻孔名称	钻孔长度/m	仰角/(°)	钻孔数量/个	累计进尺/m
L组钻孔	40	15	16	
S组钻孔	37	35	15	1531
J组钻孔	28	55	12	

大直径卸压钻孔。为了降低首采301综放工作面所处盘区的应力集中，对巷道存在安全隐患的区域进行大直径卸压钻孔，主要对主运顺槽以及辅运顺槽区域内的煤体进行施工，施工角度控制在0°~3°。主运顺槽钻孔深度为10 m，辅运顺槽钻孔深度为20 m，施工离地平均高度均为1.6 m。大直径卸压钻孔的主要目的是人为干预煤体的受力，降低煤体受力集中程度，使不稳定煤体向稳定破坏的方向发展，进而减小了巷道的变形，以确保工作面的稳定。大直径卸压钻孔参数见表4-2。

表4-2 大直径卸压钻孔参数

钻孔施工位置	孔深/m	角度/(°)	离地高度/m
主运顺槽	10	0~3	1.5~1.7
辅运顺槽	20	0~3	1.5~1.7

（二）综放工作面矿压监测

支架下沉量变化规律。301综放工作面回采初次来压最大值为49.8 MPa，来压时工作面机头推进29 m，机尾推进33.8 m。来压范围内支架的最大下沉量出现2个峰值，分别为400 mm和365 mm，无下沉量支架占总支架的12%。支架平均下沉量为128 mm，下沉量小，支架支护强度满足开采条件。

初采工作面矿压规律。监测初采期间工作面矿压规律，监测区域位于301综放工作面辅运顺槽，距离开切眼50 m。共布置3组应力计，埋深分别为7 m、

9 m、11 m，监测老顶初期来压期间巷道受力变化规律，绘制成如图 4-12 所示的辅运顺槽应力监测变化曲线。

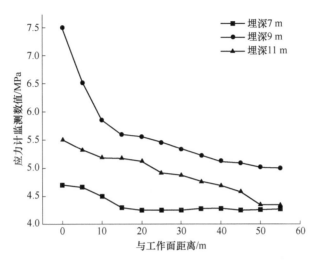

图 4-12　辅运顺槽应力监测变化曲线

由图 4-12 可以看出，埋深 7 m 的应力计监测数值变化范围最小，最大应力值为 4.68 MPa，随着与工作面距离的增大，应力计监测数值逐渐减小，距离工作面 15 m 开始，应力计监测数值趋于稳定，最小应力值为 4.25 MPa；埋深 9 m 的应力计监测数值变化范围最大，最大应力值为 7.50 MPa，距工作面 50 m 范围时应力值趋于稳定，最小应力值约为 5.00 MPa，变化范围约为 2.50 MPa；埋深 11 m 的应力计监测数值变化范围为 1.16 MPa，最大应力值为 5.50 MPa，距离工作面 50 m 后应力计监测数值趋于稳定。

锚杆受力变化规律。同样对 301 综放工作面辅运顺槽的锚杆受力状态进行监测，绘制成如图 4-13 所示的辅运顺槽锚杆受力变化曲线。

由图 4-13 可以看出，锚杆受力的整体变化范围较小；埋深 9 m 时，锚杆最大受力数值为 4.80 MPa，距工作面 10 m 以后稳定在 4.70 MPa，变化幅度为 0.10 MPa；埋深 11 m 时，锚杆最大受力数值为 5.10 MPa，距工作面 15 m 以后稳定在 4.90 MPa，变化幅度为 0.20 MPa。

综合分析，基于高压水力压裂技术的综放工作面坚硬顶板控制，支架下沉量小，巷道整体受力小，巷道变化幅度、锚杆受力基本处于稳定状态，有效解决了顶板初次来压强度大的问题，巷道稳定性得到提高。

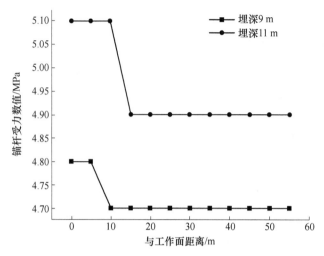

图 4-13　辅运顺槽锚杆受力变化曲线

三、上湾煤矿综采工作面矿压显现规律研发工程

为了更加科学系统地认识和掌握大采高综采面开采过程中出现的异于常规开采的矿压显现规律，充分发挥大采高开采资源采出率高、安全性好、易于实现自动化等优势，对上湾煤矿工作面的矿压显现规律进行分析研究，为上湾煤矿各盘区接续面安全高效开采提供了坚实的理论支持和经验借鉴。

借鉴国内外关于综放工作面以数值模拟对煤柱巷道围岩破坏特征，查阅研究文献。依据上湾煤矿工作面的矿压显现，通过考虑煤岩材料非均匀性的影响，基于矿压基本理论建立顶板垮落力学模型，得出工作面初次来压和周期来压步距的理论数据；再利用 ABAQUS 有限元模拟软件的二次开发功能，建立工作面非均质的煤岩数值计算模型，获得不同推进时期的应力应变及位移云图和应力应变曲线及位移曲线；采集现场监测的矿压数据，分析煤层开采工作面推进过程中的顶板岩层活动和矿压显现特征，得到工作面顶板垮落情况、初次来压步距和周期来压步距；并计算支架阻力，确定支架选型。

取得了较大成效。一是建立了上湾煤矿综采工作面矿压计算理论模型，得到了煤层顶板初次破断步距和周期破断步距；二是建立了上湾煤矿工作面的非均质煤岩数值计算模型，并得到了该工作面矿压显现规律；三是分析了工作面矿压的主要影响因素，进行了工作面支架阻力计算和支架优化选型，在上湾煤矿工作面进行了应用推广。

四、上湾煤矿浅埋藏易自燃超大采高综采工作面防灭火关键技术研发工程

工作面火灾智能监测预警技术研究。研究煤低温氧化特性,建立上湾煤矿煤自燃发火预测指标体系;红外束管监测与采空区光纤测温相结合,实现超大采高综采工作面及采空区煤自燃危险区域的及时预测与预警;研发红外热成像外因火灾监测装置,结合监控系统相关传感器实现外因火灾危险源发火等级的实时状态显示、危险预警及针对性的安全防控技术决策等功能;建立内因火灾和外因火灾的分级预警标准;构建超大采高综采工作面火灾智能监测预警系统。

通风系统优化研究。优化矿井通风系统,实现大断面、低风速、低阻力、高效率,使通风系统达到最优;同时,优化工作面通风系统,降低辅运尾巷压力,减少采空区漏风。

工作面覆岩"三带"分布及堵漏技术研究。研究工作面覆岩"三带"分布,掌握采空区漏风尤其是地表漏风规律,研发井上下联合堵漏技术,全方位封堵采空区漏风通道,减少采空区漏风。

采掘系统优化研究。优化巷道布置和巷道掘进工艺,优化回采工艺,加强工作面浮煤管理,减少采空区浮煤,从根源上降低自燃发火几率。

采空区注氮灌浆技术研究。针对浅埋藏易自燃煤层开采漏风通道多,超大采高工作面采空区空间大的特点,研究合理氮气惰化和注浆隔氧技术工艺。一是构建了融合红外束管监测、采空区光纤测温、红外热成像监测的 8.8 m 超大采高综采工作面内因火灾和外因火灾智能监测预警系统;二是提出了 8.8 m 超大采高综采工作面回采巷道留底煤掘进、采煤工作面沿顶回采方法,减少了采空区浮煤;三是提出了井下埋管灌浆和地面钻孔注浆隔氧,与氧化带氮气惰化、采空区增压减漏相结合的 8.8 m 超大采高综采工作面高效防灭火技术。

五、神东矿区现代化掘进工作面一体化高效除尘技术研发工程

(一)掘锚机掘进工作面

1. 一体化除尘系统

掘锚机一般在长距离(2000 m 以上)全煤或半煤岩巷单巷掘进工作面中应用,掘进断面 18 m² 以上,压入式供风方式采用大功率局部通风机+变频器实现长距离通风,局部通风机设置在进风大巷中,随着掘进巷道距离的变化可利用变

频器调节局部通风机的风压、风量，确保工作面风量满足要求。除尘风机选用轴流对旋式 KCG 系列 KCG300D、KCG350D、KCG400D、KCG450D、KCG500D、KCG550D、KCG650D 型干式除尘风机，根据工作面需风量和巷道断面，选定除尘风机型号。除尘风机安设在桥式转载机机尾的胶带机上，与桥式转载机形成固定连接，距掘锚机截割滚筒约为 35 m。在桥式转载机上方设置硬质风筒至联运 1 号车处，改造掘锚机原有风道，利用伸缩风筒与骨架装置将硬质风筒与掘锚机风道对接，形成除尘风机吸风通道，吸风口在掘锚机滚筒上部。工作面生产时，在压入式风筒出风口设置挡风板，开启除尘风机，工作面形成"长压短抽"通风方式，工作面停止生产时，停止除尘风机，解除挡风板并延伸压入风筒至迎头，恢复为压入式通风方式。压入式供风系统、除尘风机除尘系统、掘锚机、桥式转载机、胶带机等掘进设备组合形成一套掘进工作面一体化通风除尘系统。一体化除尘系统如图 4-14 和图 4-15 所示。

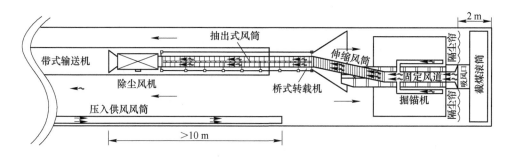

图 4-14 一体化除尘系统平面布置示意图

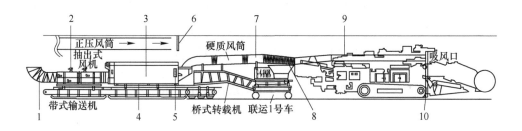

图 4-15 一体化除尘系统立面布置图

1—新增消音器与扩散器；2—除尘风机与胶带联合启停装置；3—除尘箱体；

4—自动接尘装置；5—自动清灰装置；6—正压风流挡板；7—硬质抽出式风筒；

8—可伸缩风筒及骨架装置；9—掘锚机风道；10—前端挡尘帘

2. 除尘效果分析

掘锚机掘进工作面经过一体化除尘系统处理后，司机位置降尘率 99.3%，风机出口处降尘率 99.9%，除尘效果明显，巷道内环境良好。出风口全尘质量浓度为 0.1 mg/m³，呼尘质量浓度为 0，可以近似为无尘气体。落煤后不经任何处理的空气全尘质量浓度为 1027.6 mg/m³，呼尘质量浓度为 320.1 mg/m³，为大量含尘气体；经过隔尘帘处理后，全尘降低 87.1%，呼尘降低 87.7%；而后含尘气流在风压作用下被吸入风筒，司机位置空气含尘量得以进一步降低，全尘质量浓度较落煤后降低 99.3%，呼尘质量浓度较落煤后降低 99.3%；由于锚杆作业时产生粉尘，因此此处含尘量略高于司机位置；含尘气流经过除尘风机净化后，全尘质量浓度为 0.8 mg/m³，较落煤后降低 99.3%，呼尘质量浓度为 0.3 mg/m³，较落煤后降低 99.9%。掘锚机掘进工作面一体化除尘系统除尘效果如图 4-16 所示，粉尘含量监测位置见表 4-3。

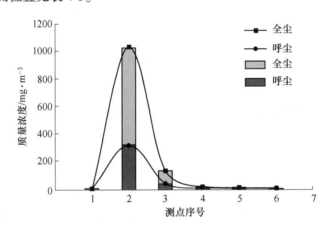

图 4-16　掘锚机掘进工作面一体化除尘系统除尘效果　　图 4-16 彩图

表 4-3　粉尘含量监测位置（一）

测点序号	测点位置	全尘质量浓度/mg·m⁻³	呼尘质量浓度/mg·m⁻³
1	压入风筒出风口	0.1	0
2	截割煤筒后、吸风口前	1027.6	320.1
3	隔尘帘后	132.6	39.3
4	锚杆作业处	12.7	4.5

测点序号	测点位置	全尘质量浓度/mg·m⁻³	呼尘质量浓度/mg·m⁻³
5	司机位置	6.9	2.1
6	除尘风机出风口	0.8	0.3

（二）快速掘进机掘进工作面

1. 一体化除尘系统

根据工作面风量及巷道断面压入式局部通风机采用轴流对旋式局部通风机，供风量达 800 m³/min 以上，除尘风机可选用轴流对旋式干式除尘风机或离心式湿式除尘风机，除尘风机安设在胶带机上，与自移式胶带机机尾固定连接，与快掘机形成同步移动，距快掘机截割滚筒约 100 m，结合快掘系统的特点，从除尘风机吸风口至截割滚筒处特制含尘空气通道。含尘空气通道由固定通道和硬质风筒通道组成，大致分为 5 段。第 1 段：除尘风机吸风口至自移式胶带机固定处，此段为固定长度，采用硬质风筒制作、钢支架支撑，设置在自移式胶带机上方；第 2 段：自移式胶带机固定处至锚杆机固定风道接口，此段由于锚杆机的移动与胶带机、快掘机不同步，通道长度在一定范围内伸缩，为确保通道的连续畅通，采用钢丝绳预紧装置，在锚杆机固定风道接口的合适位置寻找固定支撑点，设置恒力绞车，在自移式胶带机固定处设置支点，中间用钢丝绳、动滑轮组合吊挂负压可伸缩风筒；第 3 段：锚杆机固定风道，在锚杆机上合适位置预留固定风道；第 4 段：锚杆机固定风道口至快掘机风道固定处，此段因锚杆机的移动，风道长度本段采用钢丝绳预紧装置，与第 2 段原理相同；第 5 段为快掘机固定风道，在快掘机上预留 8 个固定风道，将吸风口延伸至截割滚筒附近。

工作面生产时，在压入式风筒出风口设置挡风板，开启除尘风机，工作面形成"长压短抽"通风方式，工作面停止生产时，停止除尘风机，解除挡风板并延伸压入风筒至迎头，恢复为压入式通风方式。压入式供风系统、除尘风机除尘系统、含尘风流通道与快掘机、十臂锚杆机、自移式胶带机等掘进设备组合形成快掘机掘进工作面一体化通风除尘系统。快掘机掘进工作面一体化除尘系统如图 4-17 所示。

图 4-17　快掘机掘进工作面一体化除尘系统

图 4-17 彩图

2. 除尘效果分析

快速掘进机掘进工作面经过一体化除尘系统处理后，锚杆机操作台处降尘率为 99%，湿式除尘风机出风口处降尘率为 98%，除尘效果明显。压入供风出风口全尘质量浓度为 0.1 mg/m³，呼尘质量浓度为 0，可以近似为无尘气体。截割落煤后不经任何处理的空气全尘质量浓度为 721.5 mg/m³，呼尘质量浓度为 212.3 mg/m³，为大量含尘气体；经过隔尘帘处理后，全断面掘进机处全尘降低 87.6%，呼尘降低 86.2%；在风压作用下含尘气流被吸入螺旋风筒，因此含尘气流无法流动至锚杆机操作台，空气含尘量得以进一步降低，操作台处全尘质量浓度较落煤后降低 99.3%，呼尘质量浓度较落煤后降低 99.0%；含尘气流经过湿式除尘风机净化后，全尘质量浓度为 11.8 mg/m³，较落煤后降低为 98.4%，呼尘质量浓度为 3.9 mg/m³，较落煤后降低 98.2%。粉尘含量监测位置见表 4-4，快速掘进机掘进工作面一体化除尘系统除尘效果如图 4-18 所示。

表 4-4　粉尘含量监测位置（二）

测点序号	测点位置	全尘质量浓度 /mg·m⁻³	呼尘质量浓度 /mg·m⁻³
1	压入供风出风口	0.1	0
2	截割煤筒后、吸风口前	721.5	212.3
3	全断面掘进机	89.4	29.2

测点序号	测点位置	全尘质量浓度 /mg·m⁻³	呼尘质量浓度 /mg·m⁻³
4	锚杆机操作台	4.7	2.1
5	除尘风机出风口	11.8	3.9

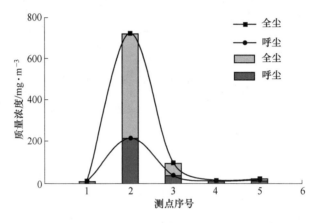

图 4-18 快速掘进机掘进工作面一体化除尘系统除尘效果   图 4-18 彩图

掘进工作面一体化高效除尘系统结合了神东矿区现代化的掘锚机掘进工作面和快速掘进机掘进工作面的生产工艺、装备布置、巷道断面、循环工序、产尘源头、空气流动、粉尘分布等现场条件，通过合理选择通风方式、除尘风机、含尘风流通道，使通风除尘系统与现场条件有效结合，技术及装备的应用不影响现有设备的运行、工程匹配度高，形成一个一体化的高效通风除尘系统，解决了国内现代化高产高效掘进工作面作业场所防尘设施的安设、使用，以及各种工艺掘进工作面通风除尘问题，具有简单可行、适应性强、安全可靠等特点，取得了很好的效果。综合降尘效率95%以上，作业环境中总粉尘质量浓度 4 mg/m³ 以下，为工作面创造了一个健康、优质的作业环境。

第二节 综合利用技术工艺研发与应用工程

一、补连塔煤矿矿井水提标治理工程

为保护和改善环境，防治水污染，保护水生态，保障饮用水安全，维护公众健康，推进生态文明建设，促进社会经济可持续发展，在国家和地方环境保护部门的引导下，神东煤炭集团有限责任公司补连塔矿、上湾煤矿的矿井水处理厂，以地表水Ⅲ类标准为出水目标的提标改造工作积极开展，全面铺开。处理水量3万吨/天，项目水处理工艺主要采用深度预处理+分盐膜浓缩+MVR蒸发结晶等技术，设计出水水质达到《地表水环境质量标准》（GB 3838—2002）Ⅱ类水标准。设计硫酸钠产品盐品质达到《工业无水硫酸钠》（GB/T 6009—2014）Ⅰ类一等品标准；设计氯化钠产品盐产品品质达到《工业盐》（GB/T 5462—2015）精制工业干盐一级标准。

深度处理段分为三级：一级深度预处理+一级膜浓缩单元、二级深度预处理+二级膜浓缩单元、三级深度预处理+三级分盐膜浓缩单元。

蒸发结晶段分三部分：硫酸钠蒸发结晶单元（含冷冻结晶单元）、氯化钠蒸发结晶单元、杂盐蒸发干燥单元。项目进、出水均配置相应的计量及水质监测设备，其中进水在线监测装置针对流量、总溶解性固体等2项指标进行实时监控；出水在线监测装置针对流量、pH值、COD、氨氮、总磷、总氮、总溶解性固体、氯化物、硫酸盐、氟化物等10项指标进行实时监控，保证绿色开采，降低采矿对地质生态环境的破坏，有效解决煤矸石排放问题。

二、补连塔煤矿地面矸石充填工程

为实现矿井就近资源化利用，矿井立项新建地面矸石充填系统，将洗选矸石处理成膏体和浆体后注入矿井采空区中，实现矿井煤矸石的规模化处置，从而消除煤矸石外排所产生的土壤、地下水等生态环境污染。建成浆体充填、膏体充填功能的矸石充填系统一套，处理矸石总能力不小于100万吨/年；两种工艺均可进行独立充注，且处理矸石能力均不小于50万吨/年。建成处理能力不小于50万吨/年的矸石智能分选系统。建成满足充填站、充填系统、分选系统正常运行所需的设施设备。对补连塔煤矿区域开采形成的采空区进行充分研究，利用破碎、球磨、制浆、制备膏体、矸石智能化分选等一系列工艺，将煤矿开采产生的矸石制作成浆体、膏体注入空区，减少地表沉降，保护矿区生态环境，同时实现矸石的资源化利用，确保矿井安全、高效、绿色、可持续发展。

充填系统由矸石破碎、研磨制浆、储浆泵送、管道输送、智能控制系统组成，矸石仓内矸石原料通过矸石仓下料口皮带（设置旁路皮带以备矸石外运）输至充填站内的颚式破碎机，进行一级破碎；一级破碎后由皮带输送机输送至对辊式制砂机进行二级破碎；二级破碎后的煤矸石骨料通过斗式提升机送至球磨机进行湿磨；球磨机湿磨的料浆进入搅拌池内备用。制浆用水通过潜水泵送至搅拌池，并通过流量阀进行流量调节，保证矸石浆液的配比满足设计要求。注浆充填时，高压注浆泵吸入搅拌池内矸石浆液，经过管道输送至注浆钻孔，进而注入采空区剩余空间。

三、布尔台煤矿采煤沉陷区生态+光伏示范工程

光伏工程。规划总装机容量为 50 万千瓦，光伏总投资为 21.4 亿元。现划分为 3 个单体项目，分别为国家能源集团国电电力天骄绿能 25 万千瓦项目，投资 10.9 亿元；东方日升天骄绿能 15 万千瓦项目，投资 6.2 亿元；国家电投天骄绿能 10 万千瓦项目，预计投资 4.3 亿元。年发电量 10 亿度。

生态工程。生态治理总面积 4 万亩，总投资为 3.7 亿元。其中，投资 1.3 亿元用于生态治理区 1.5 万亩和 2.5 万亩生态产业区种植；投资 0.3 亿元，用于建设配套灌溉管网；投资 0.4 亿元，用于配套土地整治及道路等附属设施建设；投资 1.7 亿元，配套流转土地 3.7 万亩。对布尔台煤矿塌陷区地表光伏项目清洁能源高效利用。

四、布尔台煤矿松定霍洛风井供热改造工程

采用新型热管矿井乏风余热回收利用技术，回收矿井乏风中的低温热能，同时考虑利用风井场地内压风机房的空压机余热，为进风井井口防冻提供热能，替代燃煤热风炉或燃煤蒸汽锅炉，实现布尔台煤矿松定霍洛风井井口防冻系统无锅炉运行，达到节能减排的目的。

五、布尔台煤矿煤矸石综合利用工程

煤矸石综合利用项目年处理煤矸石 476.03 万吨，分两期实施，一期建设 1 条 220 万方砾石和保水陶粒混合烧制的生产线，配套建设 1 条 45 MW 余热发电供热设施；二期建设 2 条各 110 万方高强陶粒生产线，配套建设 1 条 45 MW 余热发电供热设施。两期项目投产后，年生产砾石 130 万方，保水陶粒 92.5 万方，高强陶粒 216.6 万方；余热发电共计 59070.13 万度，自用 47417.42 万度，剩余电量 11652.71 万度外售。产 0.3 MPa 的蒸汽 140.75 万吨。经计算，税后投资回收期为 8.01 年，进一步提高效益，绿色开采，有效解决煤矸石排放问题。

六、大柳塔煤矿矿井水处理系统研发工程

大柳塔矿矿井水处理系统主要包括3座地下水库、抽采设施和回灌设施等组成，实现了地下水库之间、两层煤层间的互联互通。

上层煤已经开采完毕，利用三个采空区建设三个地下水库，存入矿井水。净化水通过多个钻孔，自流到下层煤层生产使用或地面管路进行再利用。两煤层的污水全部通过回灌管道全部抽回到上层煤层采空区循环再利用。

以地下水库作为流动集水区，通过水库内充填的矸石使矿井水中的大量悬浮物被过滤、渗透，并利用地下水库底板的高差关系，使颗粒物逐级沉淀。由于岩体表面具有较大孔隙率，还对有机物有很好的吸附作用。其黏土矿物表面通常带负电荷，易吸附钠、钾等碱金属离子，矿井水中钙离子与黏土矿物表面吸附的碱金属离子发生离子交换，使水的硬度降低。从而矿井水经过过滤、沉淀、吸附和离子交换的过程，成为净化水。经实验室分析表明，净化水一部分可作为井下工业生产用水，一部分可通过管路输送到地面供洗煤厂、热电厂和橡胶坝等使用，或者通过污水处理厂进行深度水处理作为生活用水，其余存于地下水库备用。

（一）系统软硬件设计及优化措施

1. 硬件设计

系统整体硬件设计包括地下水库的建设、各类采集设备的安置、监控设备及布线等。

地下水库。采空区修建的储水空间称为地下水库，是由煤柱和人工坝体两部分组成的封闭空间。煤柱坝体是综采工作面回采时留下的大巷保护煤柱，强度必须满足矿井的安全需求。人工坝体建在煤柱之间，以形成封闭的坝体。人工坝体是由钢筋、混凝土等构成。神东大柳塔矿发明了"T"字型人工坝体，确保坝体的可靠性。在人工坝体上构建引水管路和安装采集设备。

采集设备。地面和井下要实现24 h实时监测地下水库情况和无人管理的效果，监测数据包括人工坝体的应力应变、水压、水位、流量、水质等情况，并能随时查看井下现场情况。在人工坝体上安装光纤表面应变传感器、光纤埋入式应变传感器、光纤基岩变位计、光纤量水堰计，通过矿用光栅解调仪，采集坝体应力、变形和渗漏数据，部分传感器位置及标识。其中表面应变传感器用螺丝安装在各种结构表面，与坝体紧密耦合在一起；埋入式应变传感器绑扎在钢筋上，一起浇筑在坝体内；基岩变位计的固定板要与岩体紧固在一起；量水堰计安装在坝

体内侧网格栅内，减小水流和水垢对仪器测量的影响；光栅解调仪要配置不间断电源，所以放置在监测点附近的变电所。解调后的数据通过工业环网或光纤传输到工控机。光纤微震探头的数据通过微震解调仪解调，解调仪放置在监测点附近的变电所，通过工业环网或光纤传输到工控机。水位监测设备需要安装在地面上，通过钻孔，将水位传感器探入水库，地上监测设备采用太阳能电板供电，通过数据转换后经 GPRS 网络传给监控中心。水质传感器需要选择矿用本安型，采集水质的 pH 值和浊度参数。水质分析仪实时显示监测值受环境的影响小。数据通过 RS485 数字总线传输。为实时查看井下现场情况，设置了矿用隔爆兼本安型摄像仪，具有抗干扰能力强、要求照度低、清晰度高等特点。数据通过以太网光信号和电信号传输。在输排水管道上分别设置压力传感器和超声波流量计，监测水压和流量，其中压力传感器是在安装部位改装成三通，连通管路两头和传感器。

安装在坝体上的传感器如图 4-19 所示。

图 4-19　安装在坝体上的传感器

监控终端设备。井下监控终端设备采用隔爆计算机，通过光纤接收来自现场的数据，实时显示在仿真画面。

2. 硬件优化措施

设置三级管理模式。目前神东矿区采用专人收集采掘地段（回采面和掘进面）涌水量、采空区涌水量和采空区储水量等数据，得出全矿区清水量、污水量、复用水量和工作面实际排水能力。每旬汇总将数据上报公司。随着大数据时代的到来，此系统可优化管理模式，将矿级与监测点的二级管理模式，升级为公司、矿区和监测点三级管理模式，如图 4-20 所示。由于神东矿井分布较广，所以设置以矿为单位的基站，基站可以实时地通过以太网将数据传输给公司中心站。每个矿区有多个地下水库，每个地下水库的坝体不是全部需要监测，将需要监测的坝体作为监测点进行监控。基站集中通过工业环网、无线射频或 GPRS 等技术将每个监测点的数据进行收集。对于专业维修人员和部分需要了解设备状况的领导，可以通过 GSM 模块，实时接收设备信息的短信息。中心站和基站可以实时接收数据，管理员可对数据进行分析和处理，根据需要生成各种数据报表和图表，方便日后进行查询、统计，并可打印输出。管理人员可根据大数据，得出涌水量与排水能力的趋势图，以提前测算排水能力是否满足需求，有效转化涌水量问题。系统可设置声光报警器，将输入的信号与给定值进行比较，如果超出限

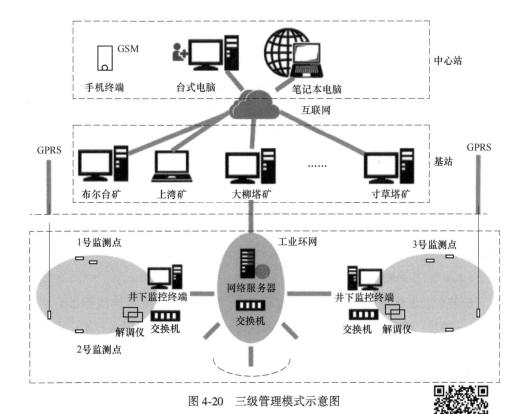

图 4-20 三级管理模式示意图

图 4-20 彩图

值则在规定时间内启动报警，特别是在基站设置传感器异常（无数据、负值、超过限值等）报警，并设置远程控制部分，及时对预警进行反馈处理。

引入无线通信技术。目前为了保证数据的可靠性，几乎都采用有线传输。有线传输导致现场数据传输电缆架线复杂。优化时可以采用无线传输和有线传输相结合的数据传输方式。数据经数据采集终端和无线射频（RF）技术的无线数传模块发送数据给基站接收终端。也设置云平台进行模拟、计算和实时处理等云服务。RF 模块可以一对一，可以一对多传输，却不能和互联网连接，因此不需要产生任何费用。模块的载波频率是可定制的，使用时不需要任何编码和申请关于载波频率的使用许可证，节省了该部分数据通信费用；RF 是基于 FSK 的调制方式，采用高效前向纠错信道编码技术，提高了数据抗突发干扰和随机干扰能力。传输距离远或障碍物多的复杂环境，可定制适用于矿井实际情况的 RF 模块来解决问题。

软件设计。组态软件可直接集成比较多的通信驱动，实时多任务处理，因此在工控领域应用广泛、可靠。此系统的软件设计采用了三维组态软件，另外配置光纤传感器解调软件、微震解调软件和视频联动模块等功能模块，并预留控制软件接口。GENESIS64 三维组态软件是 64 位三维组态软件，在统一的三维空间坐标下构建三维巷道模型及其巷道网络等矿井空间数据，为水库监测提供位置信息服务，实现 3D 矢量化的三维地下水库场景。管理人员可以进行 360° 的视角查看，达到全面监控的效果。并且其显示界面可以发布到网页上，让用户通过浏览器查看。管理人员操作时，点击其中整体地下水库的某个部分，可以进入细节界面，具体看到内部结构和设备布局，环境逼真，快速组态，交互模型中传感器标识清晰，可视化程度高，各传感器数据实时显示。系统监控界面如图 4-21 所示。

（二）应用效果

矿井水经自然净化法处理后的水符合《煤炭工业污染物排放标准》（GB 20426—2006）新建（扩、改）生产线的规定。一是节省生产用水费用。因井下生产用水全部取自井下水库，不需地面供应清水，节省了井下生产用水量，一个矿就能节省几千万元。二是节省污水处理费用。由于井下生产污水实现了零升井，就不存在井下污水升井处理的费用。三是节省污水外排费用。井下涌水量大，净化后复用，可大大节省外排费用和排水电费。四是节省系统维护费用及岗位费用。每年可节省泵房、管路维护人工费用，以及管路维修、折旧费用。

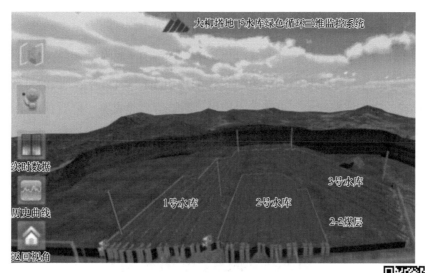

图 4-21 系统监控界面

图 4-21 彩图

七、保德煤矿矸石充填工程

按照国家环保部门相关政策要求，为减少矸石外排对生态破坏和环境污染，保德煤矿采用安全可靠的技术、工艺对矿井煤矸石进行高效环保、无害化充填处理，满足环保要求，同时保障矿井安全生产。在煤层开采之后，采空区上覆岩层由于失去支撑基础而产生破断、垮冒。根据上覆岩层的断裂破碎特点，地下空间自下而上依次为垮落带、裂隙带、弯曲下沉带；在弯曲下沉带中，由于软硬岩层弹性变形幅度不同形成离层带，通过地面钻孔对采动覆岩离层区进行注浆充填。

矸石经运输转载栈桥依次通过称重给料机、颚式破碎机（破碎至≤40 mm）、对辊制砂机（破碎至≤5 mm）、溢流式球磨机等设备，制成合格浆液，最后通过高压注浆泵将浆体压入输浆管路，最后注入地层离层空间内。

矸石离层注浆井下充填项目于 2023 年 6 月 1 日初步建成两套矸石充填系统，目前投产运行。截至 8 月 28 日，已累计处理矸石量 20 余万吨，已建成的两套系统，目前整体性能稳定。同时，在地面钻孔注浆方面，通过多组钻孔实际效果对比。钻孔注浆层位选择合理，采空区上部注浆压力较大，回采工作面随采随注压力较小。注浆压力、注浆量和注浆层位基本与设计一致，整体处于稳定状态。

八、乌兰木伦煤矿排矸场治理技术研究与示范工程

神东矿区乌兰木伦煤矿共有排矸场2个，分别为1号排矸场（旧）和2号排矸场（新），占地面积为 $24.86×10^4$ m^2，采用由上向下、自然堆积的排放方式，堆放形成的边坡坡率较大，可能发生坍塌、滑坡等自然灾害。矸石顶部平台和坡面覆土量较小，矸石杂乱堆放，没有绿化，部分坡面覆土已被冲刷，坡面自燃现象严重，周边没有排水设施，水土流失现象严重。针对乌兰木伦煤矿2号排矸场周边气候干燥、土壤养分贫瘠、自然环境条件较差的现状（如图4-22所示），对矸石山坡体进行植被恢复，采用适宜的绿化技术对坡面加固，整体改善该区域的生态环境。

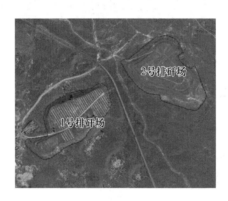

图4-22 乌兰木伦排矸场

(一) 治理主要内容

1. 顶平台、一、二平台治理

顶平台、一、二平台治理示意图如图4-23所示。

顶平台和一、二平台覆土措施。整体压实顶平台，覆沙土1 m，覆土黏土0.1 m。增加覆土厚度，利用黏土密质特性，改善种植条件，减轻了空气进入矸石自燃隐患。

顶平台和一、二平台保水措施。土围堰及土埂：第一、二平台在平台外边缘修筑土围堰，修筑顶平台外部土围堰，顶宽1 m、高1 m；修筑三平台内部土围堰顶宽0.5 m，高0.5 m；在土围堰分割开的田块方格内布设土埂顶宽0.3 m，高0.3 m，底宽0.6 m。顶平台全面雨水分部收集，全部利用了雨水，避免造成地表径流的冲毁及水土流失。该项目设置土埂总长度22500 m。灌溉渠断面如图4-24所示。

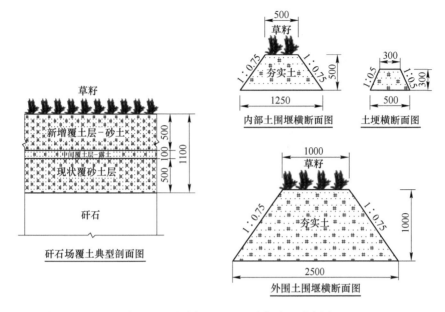

图 4-23　顶平台、一、二平台治理示意图

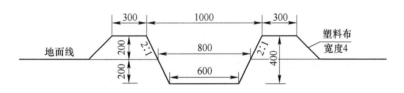

图 4-24　灌溉渠断面图（单位为：m）

顶平台灌溉。顶平台设置多条灌溉水渠，开挖灌溉渠上口 1.0 m，下口 0.6 m，深 0.4 m，内侧坡比 2∶1，灌溉渠内采用土工布铺设防渗，宽 4 m。避免长期过水造成的渗漏。该项目修建灌溉渠长度为 4000 m。

一、二平台灌溉。一、二平台设置胶管滴管网，滴灌不产生地面水层和地表径流，不能使地面板结，不破坏土壤结构，可减少渗漏和蒸发量，结合施肥进行灌溉。

顶平台和一、二平台植被配置。一、二平台栽植柳树并撒播草籽，顶平台配合撒播草籽和灌溉措施，有效防止大风扬沙，起到防风固沙的作用。

2. 坡面治理

坡面沙障绿化平面示意图如图 4-25 所示。

坡面治理——沙柳沙障。第一、第二、第三层护坡均采用沙柳沙障结合撒播

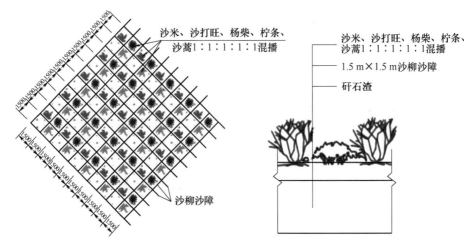

图 4-25 坡面沙障绿化平面示意图

草籽的技术保护坡面，对坡面加固。避免滑坡、大风扬沙等情况。沙柳网格 1.5 m×1.5 m，条长 60 cm，埋深 30 cm，外露 30 cm，每延米沙柳用量 ≥4 kg。沙柳沙障的使用成本较低，防护时间持久且稳定，是防风固沙的有效措施。坡面绿化沙柳沙障 80849 m，撒播草籽约 10 万平方米，如图 4-26 和图 4-27 所示。

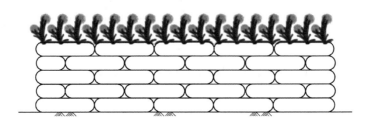

图 4-26 植生袋护坡立面图

坡面治理——植生袋。排矸场北侧坡面较陡，为达到稳定的护坡效果，北侧坡面采用植生袋护坡。每袋装 0.06 m³ 种植土，每袋加 50 g 紫花苜蓿种子。这段植生袋护坡长 200 m，高 5 m。沙柳沙障护坡结合植生袋护坡，加大了排矸场整体的坡面稳定性。

坡面灌溉措施。该工程坡面采用喷灌措施（如图 4-28 所示）。针对边坡坡面较陡，常规的水管浇水方式容易引起坡面沙土下滑，设置了坡面喷灌系统。在顶平台顶边围堰处设置管网，向下坡方向灌溉与滴渗。用喷灌方式，减轻了对边坡沙土冲刷下滑的影响。坡面喷灌网络铺设长度 2920 m。

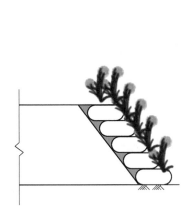
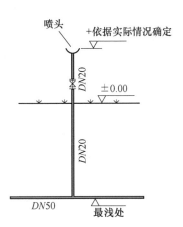

图 4-27　植生袋护坡剖面图　　　　图 4-28　坡面喷灌示意图

坡面喷灌系统，喷灌装置安装在坡面上边缘的土围堰上，即坡面最高位置。保证喷灌时能够喷到全部坡面，不造成遗漏。

3. 道路建设

根据图 4-29，道路为砂砾石路面，道路两侧为卵石排水沟，道路坡面由中间向两侧降低，道路边缘有卵石护砌。该项目修筑砂砾石道路 970 m，其中进场道路长 370 m，宽 6 m，场内道路 600 m，宽 4 m。砂砾石路面在野外较为耐用，且下雨天少有湿滑泥泞现象。

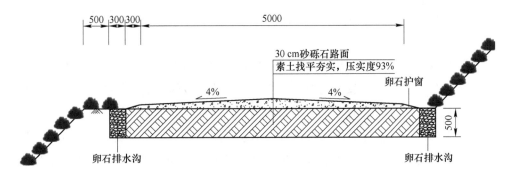

图 4-29　道路示意图

(二) 治理主要措施

修筑土围堰。顶平台外部土围堰 810 m，顶平台外部土围堰 1500 m，修筑一、二平台土围堰 402 m。修筑灌溉渠：修建顶平台灌溉渠 4000 m。修筑土埂：

在灌溉渠分割开的田块方格内布设土埂，修筑土埂 22500 m。

修建灌溉管网。坡面喷灌系统，管网长度 2920 m。三个平台的平整、复绿：一、二平台栽植杨树，顶平台撒播草籽。坡面治理：坡面沙柳沙障 80849 m 结合撒播草籽和植生袋护坡措施 200 m。

修筑砂砾石道路。通过素土夯实、修建砂砾石路基等方法修建进场和场内道路。该项目共修筑砂砾石道路 970 m，进场道路长 370 m，宽 6 m，场内道路 600 m，宽 4 m。行道树栽植：进场道路两侧栽植行道树。

（三）治理实现成效

神东矿区乌兰木伦煤矿排矸场复垦绿化示范工程从功能规划，到技术、硬件措施等方面，都较为全面，整体治理效果显著。

修筑顶平台内部和外部土围堰、土埂，给顶平台规划的农田用地提供保水措施。修筑顶平台的灌溉渠、坡面喷灌系统，矿井水引入灌溉，为顶平台规划农田用地，坡面绿化提供灌溉措施。

一、二平台栽植杨树、坡面栽植沙柳、顶平台撒播草籽，为裸露沙土面设置了绿化措施，防止大风扬尘。坡面设置沙柳沙障，结合撒播草籽、植生袋护坡措施，防止水土流失、坡面塌陷等情况。

修筑砂砾石道路，方便该区域绿化管护和车辆行走，工程移交后农田种植的道路通行。砂砾石路面在野外较为耐用，下雨天少有湿滑泥泞现象。

第三节　信息化智能化技术工艺研发与应用工程

精准谋划，统筹智能化建设蓝图。神东煤炭集团贯彻落实习近平总书记"人民至上、生命至上"的安全理念，将煤矿智能化建设作为提升煤矿本质安全水平的重要抓手，以"机械化换人、自动化减人、智能化少人"为原则，将员工从复杂、危险、劳动强度大的岗位上解放出来，加快煤炭生产模式变革，提高煤炭企业安全治理能力和治理体系现代化，促进煤炭行业转型升级。习近平总书记强调"加强人工智能和产业发展融合，为高质量发展提供新动能"。煤炭行业作为传统高危行业，发展不平衡、不充分矛盾突出，更应该先行一步，全方位、全链条实施智能开采，抢占传统产业转型升级的制高点，推进煤矿安全生产治理体系和治理能力现代化。在这种大背景下，神东煤炭集团明确提出了"智慧化"发展，加快数字化开发、网络化协同、智能化应用，实现"七个一流"的发展战略。神东煤炭集团坚定不移实施"科技兴企"战略，瞄准建设世界一流煤炭企业建设标准，实事求是，敢闯敢试，智能化建设有序推进。尤其是 2022 年以来，神东煤炭集团"超级煤矿"和华为煤矿"超级军团"强强联合，随着鸿蒙操作系统在神东煤炭集团的落地，信息化、数字化成为新一轮创新驱动力量，神东煤炭集团智能化建设按下"快进键"，驶入"快车道"。

煤矿智能化建设就是推进集团发展战略落地的实际行动。神东矿区煤炭在智能化建设的起步阶段提出智能化发展"0587"目标，积极推进基于数据中心智能一体化管控平台，实现生产执行、生产集中协同控制、安全集中监测管控；建成企业级 5G 专网，全力助推采掘系统智能化建设；建成行业内煤炭生产大数据仓库，实现智能决策；采煤掘进方面，重点推进智能综采工作面、智能掘进工作面建设，首创薄煤层、中厚偏薄煤层、厚煤层 3 类智能综采模式，对作业机器人和巡检机器人进行了研究攻关；选煤方面，推进数据驱动和人工智能决策的"黑灯工厂"智能选煤厂建设，大力推动了矿井智能化建设迈向新台阶，实现了智能掘进突破，建成了 3 个智能化示范项目，两化融合取得了长足进展，实现了 5 大类煤矿机器人研发与应用全覆盖。

一、锦界煤矿基于智能终端牵引轨道式设备列车及在线防跑车系统研发工程

目前国内煤矿采用的牵引方式，在传递信号的过程中，往往会出现信号传递不及时、误传递的现象，不能实时掌握设备列车的运行情况，这样在牵引设备列车的过程中存在极大的安全隐患。为了保证设备列车正常牵引，往往要派专人对列车进行实时跟车，但设备列车运行中如果脱轨、翻车、跑车、断绳将会对跟车人员及巷道内的人员产生极其不利的后果。如联系不及时，绞车不能及时停止，或遇到巷道有坡度的情况下在拉动设备时，因为列车重力增加极易导致列车在牵引过程中造成向前或向后跑车、或损坏列车上的设备，造成维修时间长、成本高、影响生产。同时，在移动列车周围作业，还存在人员登高作业跌落的风险，人员被列车挤伤的风险，人员配合不当，信号传递不及时，不畅通，或信号传递错误导致人员受伤等诸多安全问题。

针对以上存在的问题，锦界煤矿研究出一套利用井下智能终端安全高效牵引轨道式设备列车的系统，该系统能让现场所有作业人员均参与，避免了人员登高跌落的风险，避免了人员被列车挤伤的风险，同时还避免了多人作业配合不当，信号传递不及时，不畅通，或传递错误导致受伤等安全问题。同时还设计实现了设备列车在线防跑车装置，该装置实现了牵引移变列车过程中的在线监测，做好了随时阻尼式防跑车措施；前进式和后退式双向防跑车系统的设计从源头上杜绝了设备列车跑车可能带来的高风险及各类安全隐患。

一是现场参与的所有作业人员均可以利用智能终端无线操作绞车来牵引停止设备列车，避免了人员登高作业跌落的风险；人员辅助拉移列车有被列车挤伤的风险；人员有多人作业配合不当，信号传递不及时，不畅通，或传递错误导致人员受伤等安全问题；二是实现了牵引绞车过程中在线监测，做好了随时防跑车的安全措施；三是设计实现了设备列车前进式防跑阻尼装置，可以缓冲列车跑车带来的冲击风险；四是前进式和后退式双向防跑车系统的设计从源头上就杜绝了跑车可能带来的高风险及安全隐患；五是利用现代科技产物——智能终端极大地提高了工作效率，提升了安全系数，对智能矿山的建设添砖加瓦。

二、锦界煤矿基于大数据"云"服务设备健康管理系统研发工程

机电设备是煤矿正常、安全生产的重要保障，由于煤矿工作环境恶劣、设备老化等因素，不可避免地在运行过程中会发生故障，严重时会造成生产的巨大损失。因此，如果能在设备健康状态发生异常，或故障发生前准确预警，实现主动预防，则可以减少/避免设备故障停机，提高全局设备效率 OEE，保障煤矿安全生产。

随着煤矿生产自动化、信息化程度越来越高，少人/无人值守成为趋势。但与此同时，系统越复杂，意味着系统的故障机理越来越复杂，对系统和设备的可靠性、维修性和安全性的要求越来越高。

传统集中控制系统由于传感器数量和功能的限制，获取设备健康状态的特征非常有限，导致了对设备健康状态判断和故障预警正确率偏低，难以真正达到设备健康管理的目的；同时，传统的故障预警和状态监测是面向单台设备而非整个生产系统，数据结构多种多样，过于依赖人工经验，如果全面覆盖，需要大量的人力和财力投入，费效比不高。

随着物联网技术和嵌入式技术的快速发展，以往昂贵的监测系统，可以实现低成本、系统、全面的部署。基于"物联网"技术的新型数据采集系统可以实时、高频率的数据采集，获取机电设备振动、温度、电流、压力等设备健康状态特征值，并形成大数据分析的数据源，进一步通过构建模型、数据挖掘等手段实现基于大数据分析的设备健康管理，可以实现所有设备的健康状态的自动评估，并进一步指导设备的优化运行和维护。

因此，基于上述问题，本工程研制一种采用智能数据采集系统和大数据分析技术，实现设备健康状态数据自动、实时、精确采集和处理，机电设备的健康状态异常、故障的准确预警，为安全生产提供重要保障。

能够适用于各类主通风机房设备的智能数据采集系统，实现设备健康状态数据的准确、实时采集；通过开发健康状态监测与故障预警算法，基于大数据分析的状态评估模型，实现设备健康状态的监测与评估、残余寿命预测。

三、锦界煤矿综采自动化工作面支架自动调直研发工程

目前综采工作面在自动化割煤方面已经实现了采煤机记忆割煤，液压支架自动跟机移架、推溜、收打护帮板等自动割煤技术，但液压支架在移架后出现支架错茬，不成一条直线的问题，且遇到有水泵的地方需要屏蔽本架自动移架，执行人工手动移架。影响了自动化工作面向少人、无人方向发展。

液压支架手动系统工作面全部靠人工进行工作面液压支架调直控制。在配置有电液控制系统的工作面由于控制系统传感器误差积累，液压系统反馈滞时，导致工作面操作多数还是以人工电控操作为主要手段的液压支架调直控制。且现有技术中，直线度的控制基本依靠行程传感器的推移行程来判定，没有一套校验反馈机制，一旦行程传感器发生故障，将使各液压支架和刮板运输机的直线度发生较大偏差，严重的还会带来井下事故，给工作面的正常采掘工作带来严重的影响。为此，本项目研制一种安全可靠的工作面液压支架直线度控制系统，用来较为精确和便捷的调整工作面液压支架的直线度，从而实现各工作面液压支架之间的直线度的控制，最终实现刮板运输机的直线度控制。

一是综采工作面实现液压支架可以判断是否成一条直线的功能，改变了只能依靠人工判断调直的方法；二是综采工作面可以实现全部液压支架参与自动化移架；三是综采工作面减人的目的，提高综采工作面自动化水平。

四、石圪台煤矿薄煤层等高设备自动化回采工艺技术研发与示范工程

为解决 1.0~1.4 m 薄煤层高效、智能化开采所面临的问题，经过深入研究，石圪台煤矿以首个 1.4 m 薄煤层综采工作面为研发对象，利用数值模拟、现场应用以及工程类比等手段，在垂直进刀、煤机长度、回采技术以及信息化方面进行技术攻关，形成一套 1.4 m 及以下薄煤层成套等高装备关键技术。

(一) 智能薄煤层等高综采工作面成套装备

1. 超短机身采煤机技术

为了最大限度地缩短采煤机长度，尝试集滚筒式采煤机与刨煤机的优点，设计一种新型采煤机，机身仅安装一台 500 kW 的截割电机，可同时满足双向滚筒的截割、落煤、装煤。设计链条牵引方式，牵引驱动电机安装在刮板输送机上，机头机尾各一台，单台功率 60 kW。最终煤机长度不到 4 m。

由于煤机机身长度大幅缩短，为实现垂直进刀割煤工艺提供便利条件。经过现场不断调试，总结出，当截割装煤头运行机头 3 号支架时（此时一个滚筒出煤壁一半，另一个完全出煤壁），开始执行垂直进刀，垂直进刀动力源为端头支架的推力，机尾同理。截割装煤头向机尾方向运行到 5 号支架时，端头支架自动执行拉架；当截割装煤头运行到 15 号支架时，自移机尾油缸和端头支架再次配合推机拉机。超短机身采煤机结构如图 4-30 所示。

图 4-30　超短机身采煤机结构

装煤效果好，左右截割滚筒机身上面和侧面分别留设装煤空间，使截割下来的煤利用机身上安装的弧形挡煤板快速装运在刮板输送机上。采煤机过煤空间如图 4-31 所示。

研发利用自动拖缆装置，电缆最多折叠两层，由原来薄煤层电缆槽高度 650 mm 降低到 495 mm，降低了 155 mm，从而降低截割装煤头机身高度。可增大过煤空间，截割装煤头过煤高度最小为 385 mm，比同等采高的电牵引采煤机过煤高度增加了 95 mm，且避免了因摇臂在割底刀时截割电机护罩对煤流的阻挡。采煤机参数见表 4-5。

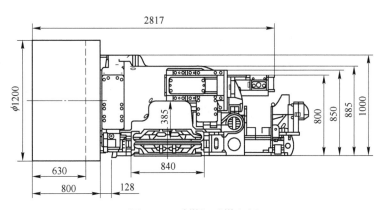

图 4-31 采煤机过煤空间

表 4-5 采煤机参数

采高范围/m	1.2~1.7
横向倾角/(°)	±12
纵向倾角/(°)	±15
截割滚筒直径/m	1.2、1.4、1.6
切割滚筒转速/r·min⁻¹	43.3、50.4、58.9、65.3
截深/mm	630
总装机功率/kW	640
供电电压/V	3300
切割电机功率/kW	500
牵引链条规格/mm×mm	42×137
牵引电机功率/kW	2×60
最大牵引力/kN	2×320
拖缆装置电机功率/kW	20
切割头牵引方式	链条牵引
最大满载牵引速度/m·min⁻¹	11.3
最大空载牵引速度/m·min⁻¹	27
外形尺寸（长×宽×高）/mm×mm×mm	3784×2817×960
总重量/t	21.3

2. 轨道式刮板输送机技术

通过优化设备配套方案，采取机头、机尾驱动部垂直布置方式，能够有效预防推移过程中机头、机尾向前飘溜。刮板输送机中部槽设计调溜装置，每架一个，可用支架调溜油缸调整输送机倾角，适应工作面煤层变化。中部槽设计采煤机自动拖缆装置，在刮板输送机机尾安装 20 kM 电机及减速器用于驱动电缆拖缆装置。通过编码器精确定位技术，使截割装煤头的行走速度与拖缆装置速度相匹配。刮板输送机设计 3 组链条，分别用于牵引截割装煤头、输送煤炭、牵引自动拖缆装置。轨道式刮板输送机结构如图 4-32 所示，轨道式刮板输送机参数如图 4-33 所示。

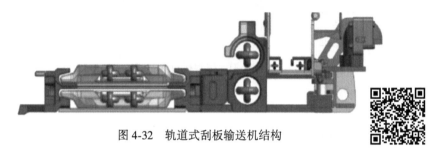

图 4-32　轨道式刮板输送机结构

图 4-32 彩图

运输能力/t·h^{-1}	1000
安装功率/kW	2×450
供电电压/V	3300
铺设长度/m	260
链条规格/m×m	φ34×126
输送速度/m·s^{-1}	0~1.55
卸载方式	端卸式
槽内宽/mm	840
槽体长度/mm	1500
中板厚度/mm	35
底板厚度/mm	20

图 4-33　轨道式刮板输送机参数

3. 转载机技术

采用自爬行柔软方式搭接在自移机尾框架上，铺设长度为 60 m，较常规转载机增长了 25 m，可有效解决皮带架拆卸频繁的问题，原每班拆卸一次，现延长到每 3 天一次。能够提高生产效率，降低工人劳动强度，保证作业人员安全。通过集中自动润滑系统，可对转载机机头链轮、机尾链轮、破碎机、自移机尾滚筒各部位所需油脂数量及润滑时间进行自动润滑，完全替代人工润滑，实现对润

滑部位的按时、定量润滑。转载机参数如图4-34所示。集中自动润滑系统如图
4-35所示。

运输能力/t·h⁻¹	1500
安装功率/kW	450
供电电压/V	3300
铺设长度/m	60
链条规格/m×m	$\phi30\times108$
输送速度/m·s⁻¹	0~1.52
卸载方式	端卸式
槽内宽/mm	860
槽体长度/mm	1500
中板厚度/mm	40
底板厚度/mm	20

图 4-34 转载机参数

图 4-35 集中自动润滑系统

4. 自移机尾技术

通过每节框架下部胶带内的垂直滚轮，可有效防止皮带跑偏。设计四根液压
油缸，前后两端各2根，用于固定自移机尾装置，在煤机垂直进刀时，配合端头
液压支架合力使转载机向前爬行。前后左右各设计1个调偏油缸，可满足远程、
就地2种模式进行胶带纠偏操作。自移机尾转载机参数见表4-6。

表 4-6　自移机尾转载机参数

铺设长度/m	35.13
推移油缸长度/m	2.7
推移步距/mm	630
伸缩量/m	20
适应皮带宽度/mm	1000~1200
滚筒直径/mm	500

5. 远程控制中心

设计 SNG，SNP 煤机控制主辅站，集采煤机驱动牵引、电路保护及冷却系统为一体的整套自动化控制系统。通过动力电缆以动力载波的方式将采煤机的运行速度、截割电机电流、牵引电机电流、冷却系统流量、齿轮箱油温油压、拖缆小车张力等参数传输给 SNG，SNG 可显示各传感器状态，存储历史故障信息，并将接收的信息进行处理分析。巷道通过控制器 CD、数据传输设备、通信和安全系统的主控制面板 MD、操作员主控制面板 CP 及华宁控制系统组成。系统主要控制部件是 CD，控制器 CD 从系统中的传感器、联锁装置、控制面板等设备中收集所有信息，并对其进行相应的处理，通过本质安全输出模块来控制系统中的各个设备。实现工作面截割装煤头、液压支架、刮板输送机、转载机、破碎机、自移机尾及泵站的远程监控、数据记录、修改、查询、上传等功能，可在中央控制室内完成无人自动采煤工艺。

集中控制系统。集中控制系统是薄煤层等高工作面无人化的控制核心，在控制室内远程操作工作面截割装煤头、刮板输送机、转载机、破碎机、泵站的启停与参数修改。工作面刮板输送机设有截割装煤头减速传感器、停止传感器和机械限位传感器，主要用于截割装煤头在机头机尾垂直进刀和返回过程中限速停止的控制。

数据收集器（DC）安装在转载机、刮板运输机、SNG 处，连接各设备的通信，通过 RS485 通信协议控制外部执行设备，如传感器、电磁阀等。中央控制室内设有 CP 主控面板，控制模式有 2 种：检修模式和自动模式。

视频采集系统。采用 KBA12 本安摄像仪，每 6 架 1 台采集机道，每 3 架 1 台采集煤壁，并覆盖转载点及列车区域。摄像仪分辨率为 1080 P。对工作面转载点、机道视频监控，可实现跟机视频图像切换功能。

网络控制系统。工作面布置有线和无线网络设施，实现工作面以太网传输及无线覆盖。在工作面无线网络覆盖下，通过手机 APP 实现三机遥控及视频显示功能，可以与沿线扩音电话实现联通对讲。

智能控制集控网络如图 4-36 所示。

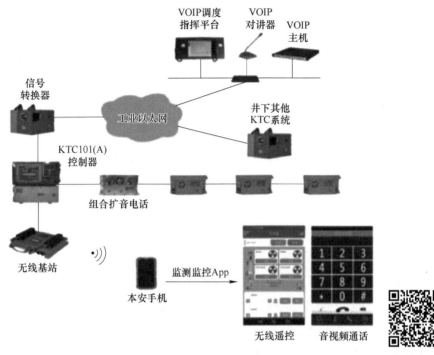

图 4-36　智能控制集控网络　　　　　　图 4-36 彩图

（二）智能薄煤层综采工作面控制新技术

液压支架电液控制系统。工作面可实现对端头和中部支架自动跟机拉架和推溜功能。

智能巡检系统。智能巡检主要通过巡检小车、惯导小车、三维激光扫描小车来完成。在刮板机上搭建轨道，小车可自动滑行。小车通过搭载云台摄像仪、红外热成像仪等传感器，实现定速巡航和遥控巡检功能；搭载陀螺仪，检测小车在刮板机上的运行轨迹，绘制刮板机弯曲曲线，反馈给电液控系统进行工作面找直；配置固定点及移动 3D 激光扫描仪，对全工作面进行扫描，并结合地质数据，实时的构建具有绝对坐标的动态数字化工作面。智能巡检系统如图 4-37 所示。

石圪台煤矿 2020 年 7 月份试生产，2020 年 12 月份工作面贯通，过煤量 33 万吨；补连塔煤矿 2021 年 11 月份试生产，2022 年 1 月份工作面贯通，过煤量 14

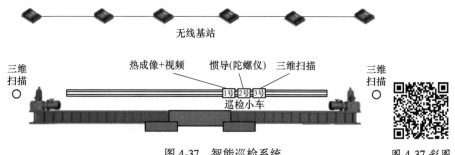

图 4-37　智能巡检系统　　　　图 4-37 彩图

万吨，工作面运行情况良好。实践证明，1.4 m 以下薄煤层工作面可实现智能化无人开采。

工作面生产班人数由 10 人减为 6 人，工作面仅 1 人巡视，实现了"无人跟机，有人巡视"，从源头上保障了安全。同时，在自动化模式下，采煤机生产速度每分钟能达到 10 m，工作面垂直进刀时间仅 1 min 左右，同传统斜切进刀工艺相比，生产效率提升了 20% 以上。

国内首套等高式采煤装备的研发应用，解决了国内的开采难题，首创工作面无人作业新技术，采煤机采用远程控制，无本地控制系统，真正意义实现了无人综采工作面，为煤炭行业低采高工作面回采技术推广应用奠定了坚实基础。

实践证明，煤机机身长度不到 4 m、机头机尾实现垂直进刀工艺、自移机尾超长搭接技术、无人化推进、自动拖缆装置、UWB 人员接近安全防护系统、本安型巡检、惯导、三维扫描等多种机器人的应用，保证了薄煤层综采工作面的无人化安全高效回采。薄煤层成套等高综采装备选型及配套合理，不仅可以满足综采工作面正常生产，而且采煤效率可提升 20%。该成套装备、工艺及关键技术的研发和应用，为薄煤层低采高工作面的回采提供技术指导和借鉴。

五、哈拉沟煤矿智能通风系统研发与示范工程

哈拉沟煤矿安全智能化建设相对滞后，在煤矿水、火、矿尘等灾害防治中仍处在信息报警阶段，灾害防治缺乏超前预警，主动控制，精准治理；矿井通风普遍是人工和半人工管理，自动化、智能化差距较大，无法满足《国家能源集团煤矿智能化建设指南（试行）》文件要求。

为了能够实现就地调控设备、远程调控设备和应急调控设备，保证用风地点风量稳定、降低调风劳动强度、提高抗灾能力，进行精准通风阻力测定，确定通

风阻力瓶颈区域，便于通风系统进一步优化和降阻；为了实现主通风机故障诊断、智能联动、远程控制和一键倒机功能，购置主通风机管控系统并安装相应的传感器；实现变频自动调风和远程启停，有利于矿井节能，购置局部通风机管控系统；为了实现自动风门远程启停，实现风流调度，购置自动风门监控系统；为了加快瓦斯巡检速度，购置智能瓦斯巡检系统，采用智能手机把监测数据自动上传到智能牌板上，智能牌板电子显示检测数据；为了提高降尘效果和辅助运行安全，增加智能感知喷雾，通过感知粉尘和煤流自动开启喷雾；为了能够及时发现采空区高温隐患，避免采空区自燃发火，通过采空区测温光缆进行采空区温度在线监测；为了实现在线监测采空区内各类气体的浓度，能够及时发现自燃发火隐患，建议购置监测主机及气体传感器；为了实现注浆系统远程开停和远程流量监测，对注浆、注氮系统升级改造。

一是研究精准通风阻力测定，确定通风阻力瓶颈区域，便于远程调控设备和应急调控设备设置进一步优化通风系统；二是研究精准通风各项数据，实现自动无人值守风门远程启停，实现风流调度。

六、哈拉沟煤矿绿色智能矿山建设研发工程

目前哈拉沟煤矿有160多个自建信息系统（含神东二级单位自建系统），部署在多地机房（含二级单位），存在烟囱式的系统建设部署方式，导致系统资源无法共享，系统负载不均衡，整体资源利用率和能耗效率低。在传统数据中心，服务器等硬件资源环境下，信息化项目对系统安装部署、运维管理效率低，资源利用率也较低。云计算是一种革新的IT运用模式，它透过硬件的虚拟化将大量的服务器硬件抽象成为一个巨大的资源池，可以动态地为用户提供基础设施、平台和应用三种形式的服务。随着云计算的发展，目前云计算技术已经成熟，考虑到神东煤炭集团作为大型能源企业，从网信安全及数据流量巨大，以及对业务上的可靠性、安全性、可控性要求较高，建设企业私有云，而非租用公有云。

一是通过智慧综合管控平台将矿山信息系统集成集中联动管控；二是通过智慧综合管控平台将矿山信息在可靠性、安全性、可控性的要求进行数据保护。

七、保德煤矿综放工作面智能化技术研发工程

跟机自动化技术研究。结合保德煤矿目前工作面地质条件、设备现状，制定符合保德煤矿的自动化采放协同开采工艺，实现液压支架的跟机自动化功能。

自动化技术研究。通过对采煤机、液压支架、刮板输送机、开关、三机语音系统、泵站系统等子系统进行改造升级，使用集中控制系统，实现对工作面设备的集中显示与集中控制，在工作面顺槽建立顺槽集控中心，实现对工作面设备的集中显示和集中控制，自动化放煤与运输机煤流负荷联动机制研究，并可将工作面所有设备信息统一上传至地面调度指挥中心。

自动化放煤技术研究。研究带记忆的程序控制系统，通过主控计算机对支架动作序列的数据分析，形成记忆化参数，放煤自动化控制根据记忆化参数对支架的自动放顶煤功能动作执行记忆控制，提高液压支架自动放顶煤程序的适应性。

支架姿态控制技术研究。主要监控支架顶梁角度姿态，避免支架处于"抬头"或"低头"姿态，使之保持充分接顶姿态，提高支架结构件合理的受力分布，保证工作面的顶板管理。通过对放煤支架尾梁姿态的监控，实现对尾梁在放煤过程中的角度控制，达到对放煤量的控制。

通过对采煤机、液压支架、刮板输送机、开关、三机语音系统、泵站系统等子系统进行改造升级主控计算机对支架动作序列的数据分析，形成记忆化参数，提高液压支架自动放顶煤程序的适应性，实现对尾梁在放煤过程中的角度控制，达到对放煤量的控制。

八、保德煤矿"5G+工业互联网"无人化矿井关键技术研发与工程示范

完成保德煤矿"5G+工业互联网"无人化矿井关键技术研发与工程示范。主要包括：

无人化井工煤矿建设标准与共性平台关键技术研究。一是无人化井工煤矿设计、建设、运营标准体系与管理规范研究；二是无人化井工煤矿数据体系架构及平台标准研究；三是煤矿井下无人化管控模式与效益研究；四是智能煤矿工业互联网一体化管控平台研发与工程示范；五是矿井5G智能视觉边缘计算及应用场景研究与工程示范。

无人化井工煤矿智能高效生产关键技术研究与工程示范。一是无人化放煤关键技术研究与工程示范；二是掘进智能化关键技术研究与工程示范；三是智能主运管控一体化关键技术研究与工程示范。

保德煤矿无人化矿井建设工程示范。一是固定岗位无人化关键技术研究与工程示范；二是智能辅助运输关键技术研究与工程示范；三是透明地质保障系统关键技术研究与工程示范；四是灾害精准预警关键技术研究与工程示范；五是矿用

5G+N×100G 高速网络通信关键技术研究与示范应用；六是"5G+工业互联网"云网融合关键技术研究与示范应用。

目前已完成采掘工作面 5G 网络建设，光纤复合电缆常态化运行，管缆伸缩装置投入使用，胶带机实现了智能调速，主运输磁性探伤设备已安装完毕，枣林瓦斯泵站设备故障诊断系统调试完毕，主运光纤测温系统已完成部分区域安装调试，管路流量在线监测系统已安装完毕，二号变电所完成 45 台高压开关安装及调试，掘锚机已完成防爆外壳、钻箱和钻架安装，梭车已完成整车制造，通过高端设备研发中心验收，梭车自动运行正在调试中，主运输巡检机器人正在进行轨道铺设工程，上仓巡检机器人已投入使用，5G 网络已完成康孙大巷、三下盘区、一、二号辅运大巷等区域的设备安装与取电工作。

九、乌兰木伦煤矿生产设备国产操作系统适配示范矿井工程

提高了煤矿调度指挥通信网络的监管、指挥、应对能力，涵盖在数字化、信息化、虚拟化、智能化、集成化基础上，综合考虑生产、管理、经营、安全、效益、环境和资源等各类因素，并使用许多高新技术，集成众多系统数据。

实现矿鸿操作系统在煤矿生产控制系统的应用适配，逐步提高煤矿生产控制系统矿鸿使用比例，简化各设备间的通信复杂度，简化运维，加速智能矿山进程。

一是输出煤矿井下生产控制系统中的矿鸿的适配实现方案；二是提供煤矿井下生产控制系统所需的矿鸿终端套件软件包和 License；三是提供矿鸿终端套件和 License 在煤矿井下生产控制系统的部署和激活交付服务，包括支架电液控、三机控制器、组合开关、馈电综合保护器、通信控制器（顺槽控制器）、采煤机电控显示模块、泵站主控制器、集控系统等主要控制系统。

十、柳塔煤矿沉陷区地质灾害监测预警系统研发和示范工程

柳塔煤矿近 5 年主要开采煤一盘区、二盘区，普遍存在上覆综采采空区及房采采空区集中煤柱，未建立岩移观测站，收集到在线数据，形成围岩观测报告。根据《煤矿安全生产标准化基本要求及评分方法》《绿色矿山评价指标》《煤矿地质环境与土地复垦方案》要求，煤矿要进行地面沉陷观测和提供符合矿井情况的有关岩移参数报告。因此在工作面开展地表岩移观测，按照工作面推采时间节点进行初始观测、日常观测、最终全面观测等，实现数据在线收集和存储。

十一、寸草塔二矿巷道围岩自动观测系统研发工程

该装置测量方便、测量精度准确且实现了数据的实时上传，该设备将槽钢固定 4 台 GJJ10 矿用本安型激光测距传感器组成，通过传感器发射的红外激光实现围岩移动数据的采集，两侧传感器分别监测巷道正副帮围岩移近量，中部传感器监测顶底板移近量，4 台传感器可通过螺栓调节红外发射角度做纵向 360° 旋转，即完成了该装置的顶底和两帮测距，数据通过无线分站、网关等组成在线监测系统实时传输至地面，实现了数据收集、分析和数据异常预警功能。

该装置预设通过测量得到的数值与初始值差值便是近阶段顺槽两帮及顶底板受到压力的变化值，便得到煤壁受压力影响的数据，在顺槽来压时可以第一时间发现数据异常并采取措施。减少了人为测量的误差，数据精准有效，且避免了传统测量时进入皮带侧和频繁登高作业的安全风险，推动了矿压管理智能化、数字化工作。减少了人为测量的误差，数据精准有效，且避免了传统测量时进入皮带侧和频繁登高作业的安全风险，推动了矿压管理智能化、数字化工作。

十二、寸草塔二矿基于"7+1+1"基础架构的智能矿山建设

"7+1+1"基础架构。一系列智能化设备：在采、掘、机、运、通、排各生产环节安装智能化设备、机器人共 1000 多套。一个操作系统：井下成功应用矿鸿操作系统，全面提升智能化水平。一个数据中心：建成数据中心、模块化机房，全面搭载矿井智能化建设 9 大系统。一体化管控平台：建成"人、财、物、产、运、销、党建"一体化管控平台，为管理人员科学决策提供支撑。一张网："万兆工业环网+无线宽带网络+窄带物联网"通信网络，承载煤矿所有智能化系统的应用。一张图：以矿山地理信息系统为基础，为智能化系统及各类应用提供精准的空间地理坐标。一平台：首次应用"神东生产管控平台"，实现矿山生产无人值守、系统联动、数据融合、统一管理。一个数据湖：公司级应用系统所组成的各类数据库形成数据湖，实现矿山数据分析与挖掘。一朵云：应用集团云来完成信息的上传与计算业务，为矿井提供动态、灵活、弹性、虚拟、共享和高效的业务云平台服务。

智能化基础设施建设。采煤机智能截割系统：采煤机为 JOY-71S6C，该采煤机具备启停、牵引速度和运行方向的远程控制功能，可实现运行工况及姿态检测、机载无线遥控、精准定位、记忆截割、"三角煤"机架协同控制割煤、故障

诊断和环境安全瓦斯联动控制，利用机载视频、无线通信、直线度感知、智能调高、防碰撞检测、煤流平衡控制等技术手段实现采煤机智能控制。液压支架自适应支护系统：工作面液压支架具备远程控制、自动补液、自动反冲洗、自动喷雾降尘功能，可实现自动移架、推溜；利用高度检测、姿态感知、工作面直线度调直、压力超前预警、群组协同控制、自动超前跟机支护、顶板状态实时感知、煤壁片帮预测、伸缩梁（护帮板）防碰撞、智能供液等技术手段，实现液压支架的智能控制。放顶煤液压支架采用割煤智能化结合自动放煤或人工辅助干预进行放煤控制。端头支架具有就地控制与遥控功能，与工作面液压支架联动，可实现工作面端头区域安全支护。超前支架具有就地控制与遥控功能。刮板输送机智能运输系统：刮板输送设备具备软启动控制、运行状态监测、链条自动张紧、断链保护、故障诊断、自动控制和远程控制功能，可实时将运行监测数据上传到工作面智能集控中心，实现刮板输送机的远程监测和控制；利用煤流负荷检测、工作面自动巡检机器人等技术，实现采、运协同控制。主运输巷监控中心：智能化采煤工作面智能集控中心具有对液压支架、刮板输送机、转载机、破碎机、带式输送机启停、闭锁控制功能，可实现采煤机、液压支架、刮板输送机、破碎机、转载机、带式输送机、乳化液泵站、喷雾泵等工作面综采设备远程控制；地面监控中心具备工作面设备"一键启停"功能，可实现在地面对采煤工作面综采设备进行远程监视。智能喷雾系统：工作面智能喷雾系统具备跟随采煤机联动定点和定时自动喷雾降尘、移架喷雾降尘、放煤喷雾降尘功能，利用自动识别煤流、人员感知、粉尘监测联动功能，实现煤流运输时自动喷雾除尘、人员经过时自动停止喷雾，根据粉尘浓度智能调节喷雾量。智能供液系统：智能化采煤工作面供液系统具备反渗透水处理、清水过滤、自动配比补液、多级过滤、高压自动反冲洗、高低液位自动控制、乳化液浓度在线监控、单泵或多台泵的单动与自动运行功能，采用集中分布式控制方式，具有就地、集中、远程等多种控制模式，实现供液系统自动控制。利用泵站流量自动调节、主泵变频、恒压供液功能，实现按需供液、节能供液。有条件的矿区建设电磁卸载智能联动控制、供液系统与液压支架用液量协同联动和防爆管自动停泵功能，实现工作面供液系统智能控制、安全供液。

矿鸿操作系统引进。矿鸿操作系统支持煤炭行业统一协议，部署灵活，统一构建，可实现不同厂商各个设备下的统一管理，允许工业设备在对时间要求苛刻的环境中交换应用程序信息，在安全可靠的基础上有序控制、配置和收集网络中的海量数据，并且传输速率高。网络型控制器是新一代智能型控制器。采用实时工业以太网通信，辅以工业现场总线（高速 CAN）开发了网络型控制器及其相关的配套产品，在工作面建立了一条高速链路，将控制网络延伸到控制器，实现了控制的"一网到底"，减少了产品种类，安装便捷。

通信协议统一。为了解决矿山机电设备通信协议杂乱无标准，数据格式和功能定义不统一，远程控制安全性无保障等问题，制定了矿山通信协议，提出了矿山机电设备数据的对象化方法和模型。根据煤矿机电设备系统结构、功能要求、技术性能、工作模式等特点，采用高内聚、低耦合的原则，将设备数据定义和通信功能构建为类对象，建立了煤矿专用设备对象库，采用实例化的方法构建规约，实现设备通信的标准化。

针对设备到平台实际数据传输时延长的问题，研发了一种快速数据处理方法，将低速总线数据直接传送到数据缓冲区，减少了数据拷贝操作，总体上提升了数据传输的效率和实时性，实际测量下发时延低于 150 ms，上传时延低于 320 ms。为了最大程度利用现有设备，降低智能矿山实施成本，开发了矿山低成本智能网关。通过算法优化、内存压缩、数据队列化处置技术，采用 CORTEXM3 处理器实现了通信控制、数学计算、逻辑转换等功能；通过设计双输入验证和心跳机制，保证了远程控制的安全性。提出了一种设备数据转换规则和转换逻辑自动配置方法。通过绑定智能网关上的设备标识信息，实现自动下发配置信息功能，实现即插即用，确保了标准的易推广性。

万兆工业环网和信息高速公路建立。寸草塔二矿 2018 年建立了"一网一站"智能信息化平台，该平台包含井下 4G 无线通信系统、人员车辆定位系统、工业电视系统、调度指挥系统、工业自动化系统、安全监控系统等，2018 年底实现了井下 4G 网络全覆盖，2021 年底，5G 网络覆盖了采掘工作面与地面工业厂区，标志着全矿建成了万兆 + 4G + 5G 信息高速公路。井下万兆环网与地面核心交换机形成地面万兆工业环网，承载矿井综采、掘进、运输、供配电、供排水、通风等系统的设备控制和数据上传。设备由万兆交换机、千兆交换机、综合分站组成，实现万兆骨干、千兆汇聚、百兆连接、办公生活区 WIFI、5G 全覆盖。办公网络采用树形结构，生产网络采用环形结构，其中安全监控系统属独立千兆环网传输平台，不与其他网络共用。

数据集中处理和新型生产管控模式建立。依靠智能控制平台及数据中心作为数据的有效载体，配置了多个数据库，从多维度对数据源进行分类整合，解决了煤矿数据异构化问题。对生产相关数据进行分析，完成规定性的月度、年度工效分析，并根据需求生成定制性报表。通过对矿区各大系统全设备特征值的实时抽取，建立对象模型，以实现数据自动关联与智能报警，指导设备的维护、检修、更换及配套大修。

将各个独立的系统集成为矿区级别的一体化 SCADA 系统，将原有安全、采掘、主运、通风、供电、供排水等子系统的数据、画面与平面地图的地理位置相关联，实现数据的高度集成，集中创建一幅数字化的平面地图，分层动态展示生产监控、控制画面，实现多矿井、多工作面的控制监控画面自由灵活分层控制及展示。建立了快捷高效、专业化的新型生产管控模式。传统的调度员一人负责全矿井关键设备远程启停操作，受专业技能和精力限制，不能全面关注所有设备的健康状态，井下还需要设置岗位工和巡检工对设备进行现场管理。通过集中管控平台的建设，设置专业控制工位，对安全、采掘、主运、通风、供电、供排水等分专业进行远程监控，取消井下岗位工，通过地面集中控制实现对设备的精细化监控和健康管理，将巡检转变为目标巡查和维修，提高了工作效率，打破了原有的矿井独立管理模式，实现流程再造，进一步提升了煤矿生产控制集约化和现代化水平，达到了减员增效的目的。智能管控决策技术如图 4-38 所示。

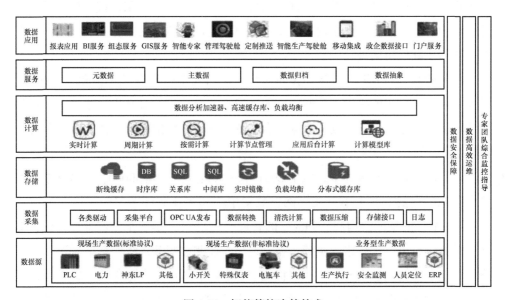

图 4-38 智能管控决策技术

研发了"互联网+"一张图集中管控技术，设计了基于采掘工程平面图"一张图"集成管理平台的4层架构，包括数据构架、服务构架、运行架构、技术与规范构架。实现了区域内多个矿井根据实际地理位置在一张地理信息图内显示，并且根据需求可以分层分级浏览、查询、编辑矿井生产相关的采、掘、机、运、通等专业的图纸数据。地质保障系统总体设计如图4-39所示。

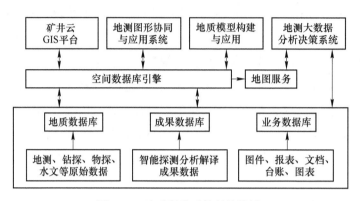

图 4-39 地质保障系统总体设计

提出了包括数据消费者、数据代理和数据提供者3层结构的多源数据无缝集成技术体系，研发了直接访问数据文件或者数据库的空间数据引擎，避免了繁琐的数据转换，提高了系统的稳定性和实用性。实现了多矿井采、掘、机、运、通等各专业可多人同时在系统内在线编辑各自专业内的图形内容，多矿井多专业在统一平台上在线协同办公。

"神东生产管控平台"是一套面向智能矿山安全生产管理一体化信息感知、控制、展示、应用的平台，实时、透明、清晰地展示矿山日常生产景象，实现矿山生产无人值守、系统联动、数据融合、统一管理。智慧矿山一体化管控平台如图4-40所示。

寸草塔二矿生产管控平台截至2021年底采集数据点超30000，平台逐渐日臻完善。该平台基于井上下万兆环网、数据中心和多业务综合管控平台，形成了"一网一站"的整体架构和"1+N"的管控模式。"1"是一个生产管控平台，把矿井采掘、机电、供排水、主辅运输、通风、监测监控等系统信息集成到"一张图"中进行全监控，基于"一张图"实现对矿井重大危险源联动预警报警，实现对数字孪生矿井的全息可视，特别是在设备隐患排查方面，通过对井下各作业现场设备参数的动态分析，实现安全条件动态分级，找准安全监管的薄弱环节，提高隐患排查的精准性。"N"是指多个分控子页面对智能化综采工作面、智能化掘进工作面、供排水、供配电、通压风等系统进行控制。

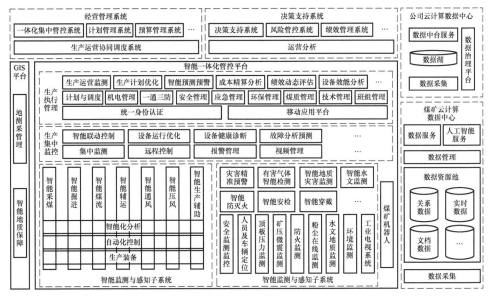

图 4-40　智慧矿山一体化管控平台

第五章　神东煤炭集团绿色矿山建设水平提升管理体系

绿色矿业是新形势下通过全新管理理念对矿产资源开发利用进行管理和控制的路径，是综合考虑矿产资源开发利用和环境影响的现代矿山建设模式，其目标是使矿产资源的开发从设计、建设、生产、闭坑的整个生命周期中，资源达到高效利用、环境达到负面影响小、综合效益达到协调优化的生产模式，这需要矿山管理体系在组织机构、计划活动、程序过程、资源管理、企业文化孵化等方面做到科学合理的规定和要求。神东煤炭集团在绿色矿山建设过程中的实践总结基础上，对标国家绿色矿山建设标准，完善管理、持续改进，以打造具有区域特色的新时代国家级绿色矿山建设标杆为目标，不断探索自己的绿色矿山管理体系建设路径，逐步提升全产业链现代企业管理效能，构建以精益化成本分析为核心的成本管理体系，创新绩效管理长效机制，探索构建形成了较为完备的神东煤炭集团绿色矿山建设水平提升管理体系。

第一节　神东煤炭集团生产矿井绿色矿山管理实践

绿色矿山是践行绿色发展的基本单元，是国家、地区绿色发展的主要贡献单位。近年来，神东煤炭集团各生产矿井积极贯彻绿色发展理念，围绕矿业绿色低碳创新发展，对标国家级绿色矿山建设标准，在组织领导、精神文化、责任落实等方面创新管理方法，提升管理力度，将绿色矿山管理纳入标准化治理的轨道，确保矿山绿色发展之路行的直、走的正，为神东煤炭集团新时期的绿色矿山建设奠定了实践基础。

一、大柳塔煤矿

绿色矿山管理体系方面，一是制定《神东煤炭集团大柳塔煤矿绿色矿井建设计划与目标》，确立了建设"安全、高效、绿色、智能"世界先进示范矿井的建设计划与目标；二是下发《绿色矿山建设领导小组》的通知，依据国家及两级公司有关规定，成立以矿长为组长、总工程师为副组长、其他矿领导、各科室及区队负责人为成员的绿色矿山建设领导小组，配备了4名专职人员，全面落实绿色矿山建设工作。三是制定了《大柳塔煤矿绿色矿山建设改进提升方案》，对照绿色矿山建设评价指标评分说明，逐项梳理，结合绿色矿山建设实际情况制定改进措施，明确改进责任人、完成时间，探索一条适合大柳塔煤矿特色的绿色矿山建设之路。

企业文化方面，大柳塔煤矿在"创百年神东，做世界煤炭企业的领跑者"的美好愿景下，提出了"打造世界第一大井工矿井"的奋斗目标。一是建成大柳塔煤矿党建矿史文化展厅，展厅翔实记录了大柳塔煤矿三十多年来的开发建设历程，矿党委、各党支部先后进行参观学习，激励广大党员群众不忘初心、牢记使命，继承发扬"艰苦奋斗、开拓务实、争创一流"的神东精神，踔厉奋发、笃行不怠，为矿井高质量发展贡献力量。二是工会定期开展各项活动，缓解职工工作生活压力，使职工以积极、健康的心态投入到绿色矿山建设中来。活动一是"亲情沟通日"活动，主要针对排解员工当中存在的焦虑、工作压力大等负面情绪，组织家属协管员、心理疏导员进行一对一的心理辅导，帮助员工及时排解不良情绪。活动二是举办员工身心健康讲座。邀请健康专家走进矿井，举办5期"健康生活知识讲座"，向广大员工普及健康生活知识，引导广大员工养成良好的生活方式，帮助广大员工正确认识自己存在的心理健康问题，主动调整工作、生活节奏，释放心理压力，保持良好的精神状态，以更加阳光的心态积极地投入到矿井安全生产工作中。

企业管理方面，一是编制了《神东煤炭集团大柳塔煤矿绿色矿山考核办法》，建立绿色矿山考核机制。二是设立了生态环境保护领导小组，明确各科队管理业务和职责，全面进行量化考核，打好污染防治攻坚战。三是按照最新政策、标准对《大柳塔煤矿生态环境环保管理制度汇编》进行修订，规范环保报表、台账填报纪律，归纳整理环保档案资料。四是与活鸡兔煤矿共组织《学国标、强规范、保安全》《突发环境事件应急处置》等专题培训13次，大幅提升环保从业人员专业素养。五是累计聘任44名生态环保督导岗，每月组织开展环保培训，唤醒职工环保意识。六是创建"生态大矿"微信公众号，创作内容阅读量超2.5万人次，构建起了大柳塔煤矿首个绿色宣传网络阵地。

企业诚信方面，大柳塔煤矿依法纳税、诚信纳税、主动纳税，自觉接受社会监督。一是全年按时填报 13 个业务管理系统，累计填报 287 次，涉及矿业权人勘查开采信息系统、固体废物管理信息系统、企业事业单位环境信息公开平台等，按期汇交矿山相关地质资料，提交矿产资源统计基础表等，确保企业相关信息依法公开、诚信合规。二是全年严格执行《中华人民共和国环境保护税法》《陕西省矿山地质环境治理恢复与土地复垦基金实施办法》，做到应缴尽缴，实现经济发展和绿色转型有机结合。2022 年大柳塔煤矿与活鸡兔煤矿共缴纳两案基金 59221.95 万元。

二、补连塔煤矿

绿色矿山管理体系方面。一是于 2021 年制定《神东煤炭集团补连塔煤矿绿色矿井建设计划与目标》，明确了绿色矿山建设目标和指标，并纳入企业年度计划。二是建立了明确的绿色矿山建设组织机构和责任制度。成立以矿长为组长、总工程师为副组长、其他矿领导、各科室及区队负责人为成员的绿色矿山建设领导小组。负责绿色矿山建设项目实施进度计划、建设周期、资金落实，做到了有章可循，责任下放各个科室及区队，切实保障绿色矿山建设工作的顺利开展和有力推进。三是制定了《神东煤炭集团补连塔煤矿绿色矿山考核办法》，进行内部考核，对矿山绿色矿山建设现状按照国家标准进行整体把关，查漏补缺，积极完善绿色矿山相关建设内容，并相应的制定了考核与奖罚制度。四是为全力推进绿色矿山建设进程，制定了《补连塔煤矿绿色矿山建设改进提升方案》，明确改进内容、措施、负责人、完成时间及达到的效果，致力于绿色矿山建设，提升企业综合竞争力。五是制定了绿色矿山建设培训制度和计划。2021 年 4 月 22 日，参加了乌兰木伦镇镇政府组织的乌兰木伦镇绿色矿山建设推进会；2021 年 7 月 20日，聘请内蒙古矿业开发公司专家进行绿色矿山建设条例专题培训。

企业文化方面。一是完善生活设施建设与维护。矿山建有较完善的公园、健身房、体育馆等职工休闲、娱乐、文化体育设施，且均正常运行。二是开展形式丰富的职工文娱活动。企业努力为职工搭建展示平台、丰富职工的业余生活，举办"奋进杯"篮球比赛、"端午粽飘香，协管嘱安全"端午慰问活动、"浪漫七夕，缘聚草原"青年联谊活动、"清明祭英烈，庄严忆党史"主题党日活动、"热闹吃汤圆 答题把奖拿"欢庆元宵节活动、"上阵齐拔河，合力展风貌"拔河比赛、"新老联手 强强对决"篮球比赛破冰活动等，此外，还有乒乓球、羽毛球比赛、徒步、手工艺品展示、读书分享会、传统节日慰问等活动，这一系列活动的开展，不仅极大地丰富了职工的业余生活、增强了企业的凝聚力，同时把思想教育的内容渗透、融化在活动之中，使职工受到感染、熏陶和教育，起到了"润物细无声"的效果。三是注重企业文化宣传。制作了绿色矿山宣传片，着眼于矿山现状，凸显矿山特色，简洁明了阐述绿色矿山建设各个方面努力和成效。

企业管理方面。一是出台《全面定额量化管理改革实施方案》《关于推动全面定额量化管理改革工作逐步达标的通知》《神东煤炭集团公司一领三创组织绩效考核实施细则》《关于深入推进双量化员工绩效管理工作的补充意见（试行）》《补连塔煤矿员工绩效考核管理办法》等文件，深入推进全面定额量化管理工作，围绕坚持效益效率导向，突出价值创造，继续向生产一线，向苦脏累险，向技能高、绩效优、业绩好的岗位倾斜。实现工资收入与个人业绩紧密挂钩，收入能升能降的薪酬弹性分配，缓解了各单位用工结构性矛盾的压力。二是完善生产、生活等管理制度，明确责任单位或部门，下设办公室、党群工作室、纪检监察审计部等部门，分工明确，管理有序。三是建立健全补连塔煤矿安全生产与职业病危害防治责任体系，制订《补连塔煤矿作业场所职业病危害防治管理制度》，成立了职业病危害防治领导小组及职业病危害防治管理办公室，以防治煤矿尘肺病、噪声性耳聋为重点，全面落实煤矿职业危害防治主体责任，努力实现"煤矿可以做到无职业病"。四是制定《补连塔煤矿2020年环境保护制度汇编》，对污水、废水排放，固废的分类、堆放、控制，噪声控制，扬尘控制等都制定有相对应的治理管护措施。五是严格按照《神华神东补连塔煤矿目视化管理制度》要求，对人员进入生产作业场所，需穿着煤矿统一的工作服和鞋帽，且穿戴要符合安全要求。穿煤矿统一下发的带有反光标志的工作服、防砸靴，严禁穿化纤衣服入井，个人防护用品要佩戴整齐。每位入井人员必须随身携带矿灯、戴安全帽、携带自救器、戴防尘口罩。入井前要认真检查所携带的定位仪、矿灯、自救器等物品，确保完好。所有外来人员，入井前需签订《外来人员入井安全协议》，并由相应部门管理人员专人带领方可入井。

企业宣传方面。一是在省部级主流媒体刊发正面报道文章。2017年3月29日，在搜狐网刊发题为"打破世界纪录！我国回采率最高的煤矿诞生了！"的报道，2018年12月12日，在新华网刊发题为"补连塔煤矿变迁，见证神东速度"的报道，分别对补连塔煤矿8 m大采高工作面生产的新纪录和补连塔煤矿新型工业化建设成长为年产2800万吨的世界第一大单井井工煤矿的历程进行了全方位报道。二是开展"绿色矿山"宣传周倡议书发放活动。组织志愿者在办公楼前，食堂门口等公共场所发放"建设绿色矿山、保护生态环境"宣传倡议书。三是开展"建设绿色矿山"知识竞赛活动。紧密结合国家和自治区关于环境保护工作任务,开展"建设绿色矿山"竞赛专题活动,各单位利用班前会、班后会、专题学习会,积极组织职工学习相关知识,做好参加考试人员的组织、学习,并组织了绿色矿山建设知识答题考试。四是开展"绿色矿山"宣讲报告。为落实"建设绿色矿山"的理念,结合矿山安全生产需求,将绿色发展理念贯穿于矿山生产生活,开展了一系列的"建设绿色矿山"宣传活动。充分利用广播、电视、大屏幕、广告机、宣传栏等载体,广泛宣传建设"绿色矿山"的重大意义,及时将"绿色矿山"建设相关新闻通过集团网站、电视台等媒体进行宣传报道,营造建设"绿色矿山"浓厚氛围。

三、布尔台煤矿

绿色矿山管理体系方面。一是制定了《神东煤炭集团布尔台煤矿绿色矿井建设计划与目标》、明确了绿色矿山建设目标和指标,并纳入企业年度计划。二是下发《绿色矿山建设领导小组》的通知,明确了绿色矿山建设组织机构和责任制度。成立以矿长为组长、总工程师为副组长、其他矿领导、各科室及区队负责人为成员的绿色矿山建设领导小组。三是编制了《神东煤炭集团布尔台煤矿绿色矿山考核办法》,建立绿色矿山考核机制。四是制定了《布尔台煤矿绿色矿山建设改进提升方案》,有明确的改进内容、措施、负责人、完成时间及达到的效果。五是制定绿色矿山培训制度和计划。2021 年 4 月 22 日,参加了乌兰木伦镇镇政府组织的乌兰木伦镇绿色矿山建设推进会;2021 年 7 月 20 日,聘请内蒙古矿业开发公司专家进行绿色矿山建设条例专题培训。

企业管理方面。一是对矿山进行绩效考核,核定矿山的总体绩效;矿山对生产区队进行绩效考核;生产区队对职工个人进行绩效考核,综合计算职工的绩效工资,职工工资与单位效益成正增长关系。二是制定完善各项管理制度,包括宿舍管理制度、澡堂管理制度、食堂管理制度等,以及机电、运输设备、设施定置化管理办法等生产区管理制度。三是制订《布尔台煤矿作业场所职业病危害管理制度》《布尔台煤矿生态环境管理办法》,确保职业健康管理制度和环境管理制度健全。四是人员目视化管理。内部员工进入生产作业场所,都统一着劳保服装,穿戴符合安全要求;对外来人员(如参观、检查、学习人员、承包商等)进入生产作业场所,有专人负责引导,着装符合生产作业场所的安全要求。五是按照职业健康管理办法每年定期组织职工进行体检，并建立较为完整的职业健康监护档案。

四、锦界煤矿

绿色矿山管理体系方面。一是自觉遵守《绿色矿业公约》，具有健全完善的矿产资源开发利用、环境保护、土地复垦、生态重建、安全生产等规章制度和保障措施。生产过程中严格按照《初步设计》《安全专篇》《环评报告》的要求组织生产。矿井积极推行企业健康、安全、环保认证和产品质量体系认证，通过了ISO 9001质量体系、ISO 14001环境管理体系和OHSAS 18001职业安全健康管理体系认证。二是按照国家能源集团《健康企业创建指南及评估标准》，大力推进"健康企业"建设。建立健全了职业病危害防治、健康促进与教育、工时、环保等36项管理制度，组织进行了"对标对表"自查活动，从基础设施、工作场所、环境面貌、公共卫生、员工健康需求等方面进行全面自查和积极整改；同时开展了健康企业基线调查及需求评估，参与人数1133人，共收集整理意见建议12项，为健康企业创建提供了有力依据。

企业文化建设方面。近年来，锦界煤矿积极构建人本文化，不断创新形式和方法，从广大员工切身利益出发，大力开展员工及家属喜闻乐见的各类活动，让大家切实感受到锦界煤矿"大家庭"的温暖，全力提升大家的幸福感和归属感，着力为矿井高质量发展保驾护航。在六一儿童节开展员工子女慰问活动，举办棋牌比赛和井口送汤圆活动，为员工带来了欢乐，送去了浓情。2022年，锦界煤矿实施了42煤井口候车室及智能健身房建设、井口联建楼改造等5项惠民工程，切实为广大员工办实事、解难事，满足广大员工期望需求，不断提升全员获得感、幸福感和安全感。

企业管理方面。全面加强职业病防治宣传教育，改善作业场所工作环境。一是建立健全了全员健康监护档案，着力构建员工心理健康服务体系，扎实推进"幸福矿工""暖心工程"建设。二是积极开展线上线下健康徒步行、羽毛球比赛、乒乓球比赛等一系列全民健身运动，以及"传承雷锋精神献礼党的百年华诞"爱心助学活动，"文明健康绿色环保""人与自然和谐共生""落实安全责任推动安全发展"等社会公益活动，实现了健康企业建设常态化、规范化、制度化，被评选为陕西省"2022年度省级健康企业建设示范单位"。

五、石圪台煤矿

企业管理体系方面。制定《石圪台煤矿绿色矿井建设计划与目标》，明确了绿色矿山建设目标和指标，并纳入企业年度计划；下发《绿色矿山建设领导小组》。成立以矿长为组长、总工程师为副组长、其他矿领导、各科室及区队负责人为成员的绿色矿山建设领导小组，明确绿色矿山建设组织机构和责任制度；出台《神东煤炭集团石圪台煤矿绿色矿山考核办法》，建立绿色矿山考核机制；制定《石圪台煤矿绿色矿山建设改进提升方案》，明确改进内容、措施、负责人、完成时间及达到的效果；制定绿色矿山培训制度和计划。

企业文化方面。完善公园、健身房、体育馆等职工休闲、娱乐、文化体育设施；工会定期开展各项活动，成立员工业余文体协会，在节日期间组织拔河比赛、篮球赛、乒乓球赛、演讲比赛、知识竞赛、新年晚会、中秋晚会、国庆晚会和趣味猜谜等各类群众性文体娱乐活动，极大地丰富了员工业余文化生活。

企业管理方面。落实分级考核制度，根据神东煤炭集团矿山绩效考核规定，对生产区队进行绩效考核，生产区队对职工个人进行绩效考核；制定完善生活区和生产区各项管理制度；完善作业场所职业病危害管理制度、职业健康管理制度；生态环境管理制度、人员目视化管理制度、职业健康监护档案制度等。

六、哈拉沟煤矿

在绿色矿山管理体系方面。矿井积极推行企业健康、安全、环保认证和产品质量体系认证，通过了 ISO 9001 质量体系、ISO 14001 环境管理体系和 OHSAS 18001 职业安全健康管理体系认证。矿井先后荣获省级矿山地质环境治理示范区、国家水土保持生态文明工程、国家级绿色矿山试点单位、中国绿色生态研究基地矿山绿色高质量发展典型案例等荣誉称号。

企业文化方面。围绕集团企业文化核心价值理念、集团 RISE 品牌战略工作部署，结合矿井实际，一是打造了室内文化长廊、室外文化墙、公园文化廊亭，更新一路（进矿道路）、两屏（井口大屏、公共场所电子屏）、三栏（食堂公告栏、公寓宣传栏、井口宣传栏），将社会主义核心价值观、集团企业文化核心价值理念和 RISE 品牌战略进行集中展示，传播企业精神，塑造企业形象，不断提升了企业发展的软实力。二是在会议室悬挂安全文化建设标语，展示职工全家福、现身说法、一封家书、读书感悟、安全漫画、书法摄影等内容，营造生命至上、安全为天、创新驱动、人文和谐的安全文化浓厚氛围。三是工会定期开展各项活动，举办"清明祭英烈，庄严忆党史"主题党日活动、"热闹吃汤圆　答题把奖拿"欢庆元宵节活动、"上阵齐拔河，合力展风貌"拔河比赛、乒乓球、羽毛球比赛、徒步等活动。

七、上湾煤矿

上湾煤矿党委认真学习贯彻习近平新时代中国特色社会主义思想和党的二十大精神，紧紧围绕集团公司"一个目标、三型五化、七个一流"总体战略和公司二十字管理方针，以矿党委"1134"党建工作思路为统领，积极推进矿井"三个三"工作管理思路，充分发挥工会密切联系职工群众的桥梁纽带作用，在凝聚人心、保障安全、维护稳定、促进发展、提升职工队伍战斗力等方面取得了长足进步。

企业文化方面。上湾煤矿秉承神东"创领"文化，融入推进矿井"创新、严谨、和谐"子文化建设，扩大文化品牌效应。一是完善文娱设施建设。上湾煤矿设有公园、健身房、体育馆、上湾文体馆，职工休闲、娱乐、文化体育设施均正常运行。企业文化中心上湾文体馆建筑面积1.2万平方米，内设游泳馆、网球场及包含羽毛球场、乒乓球场、篮球场和健身区的综合训练馆，配套辅助活动用房项目将其改造为棋牌室、展览室、图书室、音乐视听室、舞蹈室、文化创作及排演室等，是为企业内部职工提供专业化体育运动服务，集健身、比赛、培训、娱乐于一体的综合文化体育活动场馆。二是工会积极组织开展丰富文娱活动。2019年以来，开展了以"百日会战及正酣，安全生产谱新篇"为主题的端午佳节活动、"壮丽70年，奋斗新时代"为主题的庆祝建国70周年华诞消夏之夜活动、电子竞技、猜灯谜、拔河、幸运盲盒抽奖、春节送春联、元宵佳节送温暖等共计十项活动。

企业管理方面。坚持"产环保煤炭，建生态矿区"，不断提升当地群众和员工的安全感、幸福感和获得感，调动员工参与企业管理的积极性，全面建设生态矿区，持续推进绿色矿山建设，让蓝天绿水青山净土回归，使生态系统得到更好的恢复。经过多年的积淀发展，坚持"安全、高效、绿色、智能"发展理念，在绿色发展、科技创新、企业管理、降本增效和企业文化建设方面积极探索，创新驱动矿井绿色高质量发展，连续多年获得煤炭行业荣誉。2021年1月7日，新华网以"神东上湾煤矿：科技创新点燃高质量发展'新引擎'"为标题，对上湾煤矿矿井创新能力，创新创效硕果进行了全面报道。

八、榆家梁煤矿

绿色矿山管理体系方面。依据国家及两级公司有关规定，榆家梁煤矿成立《榆家梁煤矿绿色矿山建设领导小组》，办公室下设环保组，并配备了3名环保管理人员。全面健全了生态环境制度体系、完善生态环境责任体系、落实生态环境管理体系。全面落实了生态环境建设工作。按照"党政同责、一岗双责、齐抓共管、失职追责""谁负责生产、经营、管理谁负责环境保护"的要求，环保工作融入生产经营活动的各个方面、各个环节、各个岗位。

企业文化方面。榆家梁煤矿推进矿井"创新、严谨、和谐"子文化建设，扩大文化品牌效应，总结提炼了"三自赋能六措八法"班组建设管理模式，建成神东煤炭集团首个班组建设教育示范基地，多项管理法荣获集团公司和行业级荣誉，矿井班组建设工作在煤炭行业树立了品牌。一是全面加强企业文化和班组文化建设。开展企业文化线上宣讲、"文化榆矿"系列评选活动，组织了家属协管安全座谈会等活动，丰富职工精神生活。二是建成职工室内篮球场、职工健身活动中心，积极改善了企业办公和员工住宿条件，增强了职工群众幸福感。三是加大宣传投入力度。企业文化宣传等工作参与人数达5万人，活动经费为120万元；宣传教育类等工作参与人数达2500人，活动经费为5万元。2022年1月28日，榆家梁煤矿荣获绿色矿山建设全国"双十佳"煤矿，在中国矿业报头版登报。

九、保德煤矿

绿色矿山管理体系方面。一是制定了《保德煤矿绿色矿井建设计划与目标》，将发展绿色矿业、创建绿色矿山列入企业发展规划中。二是成立以矿长为组长、总工程师为副组长、其他矿领导、各科室及区队负责人为成员的绿色矿山建设领导小组，不断强化企业内部管理，建立了"高效运行、流程顺畅、职责明晰"的绿色矿山管理体系，涵盖了绿色矿山相关的设计、生产、运行、工程、采购、科研等方方面面。三是制定了绿色矿山考核办法，要求各级管理人员努力学习先进的管理理念，切实提升执行力。四是根据绿色矿山建设培训制度和培训计划，不定期组织管理人员和技术人员参加绿色矿山建设培训，将保德煤矿绿色发展理念深深根植入企业每个领导和职工内心。

企业文化方面。一是完善文娱设施。保德煤矿为职工设置了完善的休闲、娱乐、文化体育设施，台球室、乒乓球室、健身房、电影院、图书室、篮球场、湖畔休闲区一应俱全且正常运行。二是工会组织开展多种活动。保德煤矿工会定期开展各项活动，积极推动职工及企业之间的交流，既满足了职工健康向上的精神需求，提升了职工幸福感，又加强了企业凝聚力。2021 年度工会开展夏送清凉、冬送温暖、书法摄影展等各项活动 10 余次。三是制作了绿色矿山宣传片，以加强对创建绿色矿山的宣传，在提升企业形象的同时也起到了宣传保德煤矿绿色发展理念和绿色矿山品牌的积极作用。

企业管理方面。一是建立分级绩效考核制度。全面实施定额计件量化结算的工资分配方式，建立了矿领导、科队长及其他员工的三级绩效考核管理机制，形成了覆盖矿井所有岗位和工种的全员绩效考核常态化管理机制。结合信息化建设，在简道云系统搭建了员工绩效考评业务模块，实现了员工绩效考评工作的无纸化、信息化，并将员工绩效考核结果不仅与月度绩效考核工资、年度、半年度等奖金挂钩奖罚，还将作为员工评先树优、职位晋升、外出培训、人才培养的重要依据。对于绩效考评较差的员工，开展绩效面谈、跟踪、反馈工作，帮助其持续提升个人绩效，形成绩效考核的闭环管理。二是完善环境保护管理制度。为了更好地推进矿井生态环境工作的开展，成立了生态环境管理组，并制定下发了《保德煤矿环境保护责任制度》《保德煤矿环保工程质量管理办法》《保德煤矿环境因素识别评价与控制管理制度》等 20 项管理制定，使各项环保工作有章可循、有法可依。组织了各区队人员认真学习环保知识和管理制度，使全体员工对环保工作落实有清醒的认识，同时，通过检查考核，加大执行力度，促使各项制度真正落到实处，确保环保工作取得显著成效。三是实施人员目视化管理。根据两级公司的要求，保德煤矿拥有统一的目视化标识标志，全员配发拥有矿井标识标志的着装、员工卡、操作证以及工器具、劳动保护用品等；外来检查、参观人员入井，统一穿着具有矿井标识标志的衣服并配备相应的灯具、定位仪等物品，便于识别和管理，同时，所有人员进入场区，均有视频监控及记录，最终实现了员工、外来人员的目视化管理。

企业诚信方面。一是坚持诚实守信、依法纳税，财务收支、经营成果和经济活动均不存在数据造假、欺诈经营、违反审计制度等不诚信行为，公司及矿井不定期组织开展内外部审计工作。按照地方政府的要求，每月将煤炭生产情况、销售收入及缴纳税费情况填写到能源局开发的山西省煤炭监管信息平台，将矿井的纳税情况上传至平台，接受地方政府及相关单位、部门的监管与监督。二是每年严格规范地计算矿石资源保有量和消耗量，确保煤炭资源储量核实报告和储量年报利用基础资料可靠，按要求汇交储量年报等地质资料。三是及时履行矿业权人勘查开采信息公开公示义务，对开采信息内容定期在全国矿业权人勘查开采信息公示系统进行公示。

十、乌兰木伦煤矿

企业管理体系方面。一是制定《神东煤炭集团乌兰木伦煤矿绿色矿井建设计划与目标》，明确了绿色矿山建设目标和指标，并纳入企业年度计划。二是下发《绿色矿山建设领导小组》的通知。成立以矿长为组长、总工程师为副组长、其他矿领导、各科室及区队负责人为成员的绿色矿山建设领导小组，明确绿色矿山建设组织机构和责任制度。三是制定绿色矿山培训制度和计划，2021年4月22日，参加了乌兰木伦镇镇政府组织的乌兰木伦镇绿色矿山建设推进会；2021年7月20日，聘请内蒙古矿业开发公司专家进行绿色矿山建设条例专题培训。

企业文化方面。乌兰木伦煤矿秉承神东"创领"文化，融入推进矿井"自动自发、尽善尽美、不折不扣"执行力子文化建设，扩大文化品牌效应。矿井创新实施"1223"安全管理理念、"5631"经营管理思路，紧紧围绕矿井"1132+N"建设目标，多项管理法荣获集团公司和行业级荣誉，首批入选国家能源集团"企业文化示范基地"。全面加强企业文化和班组文化建设。开展企业文化线上、线下宣讲，组织了家属协管安全座谈会、全民阅读、道德讲堂等活动，丰富职工精神生活。建成职工室内篮球场、羽毛球场、台球室、乒乓球室、职工健身活动中心、职工文化长廊。积极改善了企业办公和员工住宿条件，增强了职工群众幸福感。

数年来，乌兰木伦煤矿荣获"全国双十佳煤矿""全国煤炭工业特级安全高效矿井""全国煤炭工业先进煤矿"和全国"安康杯"竞赛优胜组织单位等，顺利通过国家一级煤矿安全生产标准化管理体系考核终验，连续12年顺利通过"内蒙古自治区文明标兵单位"单位验收。建成行业首个矿鸿示范矿井，验收通过内蒙古自治区智能化矿山验收、集团矿井智能化建设达到中级水平。

十一、金烽寸草塔煤矿

绿色矿山管理体系方面。矿井积极推行企业健康、安全、环保认证和产品质量体系认证，通过了 ISO 9001 质量体系、ISO 14001 环境管理体系和 OHSAS 18001 职业安全健康管理体系认证。2018 年和 2020 年被神东煤炭集团评为"先进单位"。2019 年被中国煤炭加工利用协会评为行业级煤质管理工作质量标准化矿井。2020 年 1 月被神东煤炭集团公司评为"安康杯"竞赛优胜单位。2022 年寸草塔二矿获评鄂尔多斯市健康企业。

企业管理方面。金烽寸草塔煤矿具有健全完善的管理制度，工作中及时制定各种行动计划，确保各项工作安全、顺利开展。金烽寸草塔煤矿针对安全生产、生产管理、机电管理、技术管理、调度管理、地测管理、通防管理、信息管理、人力资源管理、财务管理、运销管理、供应管理、后勤管理等方面制定了 186 项规章及保障措施，管理制度健全，行动计划完善。

企业文化方面。金烽寸草塔煤矿已经创建起了较为特色鲜明的企业文化。主要包括，拥有一个团结战斗、锐意进取、求真务实的企业领导班子和一支高素质的职工队伍；有符合企业自身发展特点的企业文化和企业精神；有一套实现企业发展战略目标的企业文化；培育体现中国特色社会主义核心价值观、新发展理念和煤炭行业特色的企业文化。建立以人为本、创新学习、行为规范、高效安全、生态文明、绿色发展的企业文化。矿山企业以人为本，加强对企业职工和矿区群众的人文关怀；保护职工身体健康，完善职业病危害防护设施；职工文明建设体系健全，职工物质、体育、文化生活丰富；职工技术培训体系健全，培训计划明确，培训记录清晰；企业发展远景符合全员共同追求的目标；企业长远发展战略和职工个人价值实现紧密结合；健全企业工会组织，并切实发挥作用；建立企业职工收入随企业业绩同步增长机制。企业职工满意度达到 100%。

十二、柳塔煤矿

绿色矿山管理体系方面。制定《神东煤炭集团柳塔煤矿绿色矿井建设计划与目标》，明确绿色矿山建设目标和指标，并纳入企业年度计划；成立以矿长为组长、总工程师为副组长、其他矿领导、各科室及区队负责人为成员的绿色矿山建设领导小组，明确绿色矿山建设组织机构和责任制度；建立改进提升方案和绿色矿山考核机制，明确改进内容、措施、负责人、完成时间及达到的效果，建立激励考核机制；制定并落实绿色矿山建设培训制度，先后参加地方政府、行业协会等举办的绿色矿山建设培训班，并邀请业内专家到矿山开展专题培训。

企业文化方面。建设完善公园、健身房、体育馆等职工休闲、娱乐、文化体育设施；以习近平新时代中国特色社会主义思想和十九届五中全会精神为指导，开展了庆祝新中国成立 70 周年庆祝活动，丰富了员工业余文化生活；制作绿色矿山宣传片，着眼于矿井现状，凸显矿井特色，较好地宣传了矿山绿色矿山建设理念和成效。

企业管理方面。落实神东煤炭集团分级绩效考核制度，综合计算职工的绩效工资，职工工资与单位效益成正增长关系；完善宿舍管理制度、澡堂管理制度、食堂管理制度等生活区制度，以及机电、运输设备、设施定置化管理办法等生产区管理制度；出台职业病危害管理和人员目视化管理制度，规范管理；按照职业健康管理办法每年定期组织职工进行体检，建立职业健康监护档案。

十三、寸草塔煤矿

绿色矿山管理体系方面。一是制定《神东煤炭集团寸草塔煤矿绿色矿井建设计划与目标》，明确了绿色矿山建设目标和指标，并纳入企业年度计划。以科学管理、组织保证、技术支持、制度管理、资金投入等作为保障体系，稳步推进绿色矿山建设工作，目前基本建成一座"资源利用集约化、开采方式科学化、企业管理规范化、生产工艺环保化、矿山环境生态化"的绿色矿山。二是切实保障矿井绿色矿山建设工作的顺利开展和有力推进，矿井成立以矿长为组长、总工程师为副组长、其他矿领导、各科室及区队负责人为成员的绿色矿山建设领导小组。负责绿色矿山建设项目实施进度计划、建设周期、资金落实。有序推进绿色矿山建设，将寸草塔煤矿打造成为内蒙古自治区绿色矿山。三是对照绿色矿山建设计划和目标，制定了《神东煤炭集团寸草塔煤矿绿色矿山考核办法》，进行内部考核，对矿山绿色矿山建设现状按照国家标准进行整体把关，查漏补缺，积极完善绿色矿山相关建设内容，并相应地制定了考核与奖罚制度。四是矿井制定了绿色矿山建设培训制度和计划。2021 年 3 月 31 日，聘请内蒙古矿业开发公司专家进行绿色矿山建设条例专题培训；2021 年 4 月 22 日，参加了乌兰木伦镇镇政府组织的乌兰木伦镇绿色矿山建设推进会；2020 年 7 月 20 日，参加了内蒙古自治区地质环境及国土空间修复生态学会在呼和浩特市举办的全区绿色矿山建设培训班；2021 年 4 月 28 日至 5 月 1 日，参加了中关村绿色矿山产业联盟在江西赣州举办的绿色矿山建设能力提升班。

企业文化方面。寸草塔煤矿工会围绕矿井安全生产经营工作为重点，服务职工、促进和谐、依法维权、选树典型、丰富活动内容与形式，积极践行"社会主义是干出来的"的伟大号召。一是强化政治引领，坚持党对工会工作的领导。二是加强自身建设，扎实开展劳动竞赛活动。三是坚持服务职工，提升民主管理水平。四是协调劳动关系，维护矿井健康稳定发展。积极开展劳动关系和谐企业创建工作。五是激发工会活力，深入开展创新实践活动。积极开展扶贫帮困、大病救助、金秋助学、复转军人慰问、退休职工慰问等活动，深入开展"我为群众办实事"实践活动，广泛开展职工文体活动。六是弘扬劳模精神，树立先进典型模范。每年开展先进典型表彰活动，对先进典型、技术能手、工匠和先进劳动者进行大力宣传，以劳模、工匠精神引领职工创新创造，凝聚正能量。

企业管理方面。一是建立员工收入与企业业绩的联动机制。先后出台《全面定额量化管理改革实施方案》《关于推动全面定额量化管理改革工作逐步达标的通知》《神东煤炭集团公司一领三创组织绩效考核实施细则》《关于深入推进双量化员工绩效管理工作的补充意见（试行）》《寸草塔煤矿2020年组织绩效考核管理办法》等文件，突出价值创造，继续向生产一线，向苦脏累险，向技能高、绩效优、业绩好的岗位倾斜。二是完善功能区管理制度。健全与企业实际情况相符的生产、生活等管理制度，且明确责任单位或部门，下设党委（行政）办、信访办、综治办等部门。三是职业健康管理制度。建立健全寸草塔煤矿安全生产与职业病危害防治责任体系，切实加强对安全生产与职业病危害防治工作的领导，落实各级人员的安全生产与职业病防治责任，制订《神东煤炭集团寸草塔煤矿职业卫生管理制度汇编》，同时，矿井成立了职业病危害防治领导小组及职业病危害防治管理办公室。矿井以防治煤矿尘肺病、噪声性耳聋为重点，全面落实煤矿职业危害防治主体责任，夯实基础管理工作，建立职业危害防治工作长效机制，全面提高煤矿职业健康管理水平，努力实现"煤矿可以做到无职业病"。

绿色矿山宣传方面。一是在省部级主流媒体刊发正面报道文章。2021年4月15日，新华网发表题为"神东煤炭集团寸草塔煤矿员工科技创新成果达168项"报道，详细介绍了2018年以来神东煤炭集团寸草塔煤矿科技创新丰硕成果。并且，寸草塔煤矿完成的自主科研项目13项，均投入日常生产实践中，包括风动加油装置、手持式气动锚杆钻机减噪装置、自动展带机、掘锚机履带销轴取出器等。这些自主科研项目的研发，对矿井安全高效生产起到了显著的推动作用。二是开展建设"绿色矿山"宣传周宣传活动。组织志愿者在办公楼前，食堂门口等公共场所发放"建设绿色矿山、保护生态环境"宣传倡议书，在办公楼大厅LED大屏幕宣传绿色矿山践行理念。三是开展建设"绿色矿山"宣讲报告。紧密结合国家和自治区关于环境保护工作任务，组织各部门、区队职工学习绿色矿山建设相关知识，提高职工对绿色矿山理念的认识。

十四、活鸡兔煤矿

绿色矿山管理体系方面。一是确立了建设"安全、高效、绿色、智能"世界先进示范矿井的建设计划与目标，依据国家及两级公司有关规定，活鸡兔煤矿成立《活鸡兔煤矿绿色矿山建设领导小组》，配备了4名专职人员，全面落实绿色矿山建设工作。二是对照绿色矿山建设评价指标评分说明，逐项梳理，制定《活鸡兔煤矿绿色矿山建设改进提升方案》，明确改进责任人、完成时间，探索一条适合活鸡兔煤矿特色的绿色矿山建设之路。

企业文化方面。活鸡兔煤矿在"创百年神东，做世界煤炭企业的领跑者"的美好愿景下，与大柳塔煤矿提出了"打造世界第一大井工矿井"的奋斗目标。建成了"文化长廊"，全面展示了矿井发展历程、重大成就和员工风貌，组织开展了"重温建矿历程感受企业文化"主题活动，参观活井文化长廊，重温建矿历程，聆听党史故事，激励广大员工坚定理想信念，以实际行动践行"社会主义是干出来的"伟大号召。

企业管理方面。一是设立了生态环境保护领导小组，明确各科队管理业务和职责，全面进行量化考核，打好污染防治攻坚战。二是按照最新政策、标准对《活鸡兔煤矿生态环境环保管理制度汇编》进行修订，规范环保报表、台账填报纪律，归纳整理2022年环保档案资料。三是与大柳塔煤矿共同组织《学国标、强规范、保安全》《突发环境事件应急处置》等专题培训13次，大幅提升环保从业人员专业素养。累计聘任44名生态环保督导岗，每月组织开展环保培训，唤醒职工环保意识。四是创建"生态大矿"微信公众号，创作内容阅读量超2.5万人次，构建起了活鸡兔煤矿首个绿色宣传网络阵地。

企业诚信方面。一是全年按时填报13个业务管理系统，累计填报287次，涉及固体废物管理信息系统、企业事业单位环境信息公开平台等，确保企业相关信息依法公开、诚信合规。二是严格执行《中华人民共和国环境保护税法》《陕西省矿山地质环境治理恢复与土地复垦基金实施办法》，做到应缴尽缴，实现经济发展和绿色转型有机结合。2022年，大柳塔煤矿与活鸡兔煤矿共缴纳两案基金59221.95万元。

第二节 神东煤炭集团绿色矿山建设管理探索与创新

煤炭企业绿色矿山建设是一个全新的系统工程，有着艰巨性、动态性、长期性的特点。从传统矿业到现代矿业再到绿色矿山建设，绿色矿山不仅仅是一个简单的建设目标，还包含新的管理理念、新的管理措施、新的管理模式以及新的管理要求，体现在组织领导、责任落实、效能提升、企业文化等的每一个环节中，是完整复杂的管理体系。神东煤炭集团经过几代人多年的实践探索，从多层面、多角度、多环节进行全面布局、系统优化，保障绿色矿山建设质量，整体上提升绿色矿山建设水平，促进煤炭行业高质量发展。

一、提升绿色矿山建设全产业链现代企业管理效能

按照《煤炭行业绿色矿山建设规范》要求，绿色矿山建设应贯穿于煤炭开采、加工、利用、转化、综合循环等全产业链，应全面规划布局，突出重点，有序建设。

（一）增强思想认识，提高政治站位

绿色矿山建设是"一把手工程"，神东煤炭企业主要负责人加强认识，提高站位，牢固树立"绿水青山就是金山银山"的理念，贯彻落实"创新、协调、绿色、开放、共享"的新发展理念，亲自安排部署，亲自带头抓，将创建工作落到实处。

（二）构建绿色矿山建设标准体系

根据煤矿企业建设过程中存在的问题，主动与政府部门对接沟通，进一步完善符合当地矿区的建设标准，使标准具有科学性、灵活性和可操作性，使不同地质环境下的矿区可以参照建设标准，做到有章可循，提升绿色矿山建设规范化水平。

（三）完善政策和考核机制

积极响应绿色矿山建设支持政策，努力解决绿色矿山建设过程中的实际难题，对建设确有困难的企业及时申请支持与帮助。企业内部建立严格的考核机制，进行统一规范管理，严格落实奖惩制度，激发企业创建的内生动力。

（四）提升全链条现代企业管理水平

围绕绿色矿山建设"矿区环境、资源开发方式、资源综合利用、节能减排、

科技创新与智能矿山、企业管理与企业形象"六大关键环节，神东煤炭集团从全链条下功夫，着力提升绿色矿山建设质量。

1. 加强矿区环境治理

一是矿容矿貌治理，包括功能区划分合理，生产、生活配套设施齐全完善，生产区标识、标牌清晰标准，设备材料定置化管理到位，固体废物堆放有序、管理规范，生活垃圾分类处置利用，矿区道路、建筑物、构筑物干净清洁。煤炭生产、运输、储存、地面实行封闭式管理。二是矿区绿化美化治理，提升矿区绿化面积，因地制宜建设"花园式"矿山。

2. 加快资源开发方式升级

一是研究应用充填开采、保水开采、共伴生资源共采开采等新技术。二是选择机械化、自动化、智能化（智慧化）开采技术与工艺，实现少人或无人开采。三是大力提高采区回采率和工作面回采率。四是坚持"边开采、边治理、边恢复"的原则，加强矿区塌陷地复垦治理及环境监测保护工作。

3. 做好资源综合利用

坚持"减量化、再利用、资源化"的原则，实现"三废"综合利用和循环发展。一是扩大煤炭洗选比例，提高煤炭资源入选率。二是开采共伴生资源，采用先进的技术工艺，合理利用资源，挖掘资源价值。三是加大对煤泥、煤矸石等固体废物的资源化利用，实现物尽其用、吃干榨尽、合理利用。四是对矿井疏干水进行洁净化，循环利用。

4. 完成煤矿节能减排任务

通过制订节能减排方案与措施，建立全过程能耗核算体系、能源管理计划，确定单位产品能耗、物耗和水耗，实现"三废"科学管理、达标排放。控制粉尘和噪声排放，杜绝职业病发生。

5. 重点推进科技创新与智能矿山建设

实施科技强企和创新驱动战略，大力推进煤矿"两化"融合。一是建立以企业、科研机构、高等院校为主体产学研结合的科技创新体系，围绕煤炭绿色开发、清洁利用和安全高效开采等方面开展科研课题研究，促进技术转化和应用。二是推动智能化矿山建设，建立安全六大系统，升级安全监测监控系统，推广5G"互联网+"、人工智能、大数据、云计算、物联网在煤炭企业的应用，实现远程监控、在线监测。

6. 强化基础管理

一是建立绿色矿山建设组织机构与岗位职责，制订建设计划、目标，建立考核、培训机制。二是推动绿色矿山文化建设，开展系列宣传活动，提高建设活力和凝聚力。三是制定和完善各类管理制度，提高企业管控力和执行力。

二、构建以精益化成本分析为核心的成本管理体系

神东煤炭集团作为神华集团最大的煤炭生产企业，坚决执行神华集团的各项战略方针，积极落实集团降本增效的方针，将"可控成本同比下降5%"作为公司奋斗目标。为此神东煤炭集团在产量受限的条件下，深挖内部潜力，通过加强成本管理，以全面预算管理为抓手，以班组核算为基础，以精益化成本分析为核心，以五型绩效考核为落脚点，构建了全方位的成本管理新模式。

成本管理是指企业经营活动中各项成本预测、成本决策、成本计划、成本核算、成本控制、成本分析、成本考核等管理行为的总称。成本管理是企业经营管理的重要组成部分，对于提高企业综合竞争力，对企业可持续性发展有重大意义。成本管理的基本环节由成本规划、成本核算、成本管控和绩效考评四部分组成。一是成本规划是对成本管理的策划和战略，为具体的成本管理提出要求和方法，指导企业在成本管理的战略方向。二是成本核算是通过整合企业经营数据，运用成本计算方式，为企业提供相应成本经营数据。三是成本管控是通过成本核算提供的有效信息，采取管控手段，对企业成本加以控制改善，从而达到降本增效的目的。四是绩效考评是对成本管控效果的评估，通过设定考评目标，起到激励全员参与成本改善和提升的作用。

（一）构建全面预算系统及体系

全面预算管理，是利用预算对企业内部各部门、各单位的各种财务及非财务资源进行分配、考核、控制，以便有效地组织和协调企业的生产经营活动，完成既定的经营目标。

神东煤炭集团基于现代化的信息技术手段为基础，构建了一套全面覆盖矿井单位、专业化服务单位、后勤服务单位和法人单位的全面预算管理系统，将预算职能固化进系统内，以业务量为基础，以定额为支撑，对预算进行编制，提高了预算的准确性和指导性。该系统梳理了材料、矿务工程、费用等定额，统一了各单位费用计算基础、标准，克服了预算审核的主观性。改变了单一预算体制，建立多维预算体系，充分体现了组织、管理、业务、成本费用等关键要素，打破传

统二维预算思路。系统中建立了组织机构、成本要素等 13 个维度。多维度预算体系的建立，使得预算内容更加丰富，分析角度更加全面，成本管理更加精细，为日常管控和决策提供更有力的支持。

（二）探索形成班组核算模式

班组是企业中的最基层组织，是位于生产经营最前沿的基本单位，它既是创造财富的基础环节，也是各项物料的直接消耗环节。企业的经营发展战略、方针目标和工作任务，最终要靠每一个班组乃至班组中的每个成员来落实。班组运转情况的好坏直接关系到企业管理水平高低和经济效益的好坏。

班组核算作为精益化管理的基础，从控制班组材料消耗入手，其主要目的是通过班组核算，逐步探索出经营管理与生产实践的有效结合方式，使经营与生产形成有机的运作体系，促进企业管理水平的提高。建立起材料消耗与职工部分收益浮动挂钩的机制，以调动职工的积极性，确保班组核算在生产线得以顺利实施。

为此，神东煤炭集团结合煤矿班组管理特点，与内蒙古科技大学联合开发了班组核算系统，将人员考勤、材料领用及管理、单车核算、掘进管理、综采管理、工作量考核等都融入系统，提升了矿井精细化管理水平，起到了节支降耗的效果。

为了确保班组核算系统的推广和应用，神东煤炭集团制定了一系列相关制度，包括《煤矿班组核算管理制度》《区队班组核算管理制度》《库存管理制度》《材料领用制度》《月度材料消耗分析报告制度》《材料节超分配制度》《修旧利废奖励制度》《合理化建议奖励制度》，有效保障了系统的落地，班组核算的推广，既为煤矿精细化管理、降本增效提供了有效的数据分析基础，又可以通过奖励提高职工的待遇，激发了职工工作的积极性。

可以说，班组核算模式的推广，班组核算系统的应用，是神东成本管理的一大亮点，为神东创建规模化生产、集约化经营、专业化服务的神东管理模式奠定了坚实的基础。

（三）率先实现成本精益化分析

神东煤炭集团作为拥有 14 个现代化矿井、834 亿资产、2 亿吨煤炭产量的特大型煤炭企业，通过大规模的投入和开发，建成了 ERP 系统，开发了智能数字矿山系统、外购煤系统、洗选系统等一大批生产、管理信息化系统，积累了数量庞大的数据，基于此，神东煤炭集团财务人员构建了精益财务分析系统。

神东煤炭集团财务精益评价体系由十大评价因素与四大评价方法构成,以生产经营管理流程为主线,将整个生产经营过程中的生产计划、生产准备、组织管理、人力资源、预算管理、资产管理、成本费用、资金管理、信息化建设以及经营业绩分析全部纳入评价体系。整个体系以价值创造为统领,以业务管理流程为指引,以目标责任落地为原则,最终形成以生产运营看现状、日常管理观动因为一体的全面评价体系。

评价体系在对十大价值驱动因素的评价过程中以公司业务实际为出发点,综合应用制度评价、业务指标评价、绩效考核评价以及参数定额评价等评价方法,通过多维分析对于各事项的业务执行与责任落实情况进行全面评价。每个评价方法所侧重的领域既是公司进行自我测评的关注要点,也是公司实现经营管理水平全面提升中的方向指引。

为促进上述体系的落实执行,神东煤炭集团在财务核算体系上实现了八个方面的统一:统一以商品煤进行成本核算;资金实行由公司统一下达计划,统一实行招投标,统一组织实施和验工计价,统一进行结算;对所有基建项目实行项目管理,基建资金统一由公司核算和管理;物资实行统一采购,统一配送,统一仓储,统一核算;统一全公司包括会计凭证、会计账簿、会计报表、各类备查账、统计台账等在内的会计基础资料;统一会计科目的编码、核算内容以及财务报告的填报与披露;统一全公司生产业务、基建业务的核算流程及国际准则下会计报告的编制流程;对全公司使用的发票及各类有价票证实行集中统一管理。

通过这些标准化流程和做法的统一,确保了神东各矿井单位及各辅助单位行为方式的一致,确保了数据的完整,为构建大数据分析提供了良好的平台和基础。

基于此,神东建立了银企直联系统,实现了资金支付的网上支付和统一支付,大大提高了资金支付效率,确保了资金支付安全;构建了全生命周期管理资产的 EAM 系统,对全集团资产进行了统一的管理和调配,优化了资产配置结构,提高了资产使用效率,确保了资产的完好;形成了经济本质安全体系,进一步完善重要业务活动和关键业务环节的财务内部控制制度,统一公司货币资金、实物资产、对外投资、采购与付款、销售与收款、担保等经济业务的会计控制制度,努力构建经济安全的堤坝,切实有效防范经济风险。

(四)开创一体化运营先河

围绕全年商品煤生产任务,坚持"生产科学化、组织合理化、利润最大化"

的原则，按照矿井核定能力组织好下半年的生产和外运工作。详细测算各矿井经济效益，深入研究生产组织方式，合理安排月度生产作业计划。以满足市场需求和价格变化为指导，最大化组织煤质好、效益高的矿井生产，力争达到核定能力；合理压缩煤质差、成本高的矿井产量，确保生产组织科学合理，生产运营均衡有序。

加强与集团和产运销系统的沟通协调，及时准确研判市场形势，提前掌握市场变化、价格走向、煤种流向，以及铁路外运和港口场存情况，优先组织高效益矿井、站点装车外运。强化生产调运和经营分析，指导矿井科学合理组织生产，实现生产组织效益最大化。加强煤质现场管控，优化产品结构，最大限度地生产适销对路的产品，确保集团效益最大化。

在不超核定能力的情况下全力挖掘矿井产能，确保两级公司效益最大化。

不断提高商品煤质量，确保实现年初提质增效目标。根据集团下达的月度商品煤计划，组织矿井、洗煤厂及相关业务部门，详细制定各矿井提高煤质的优化生产组织方案，并严格执行落实，稳步提高商品煤质量。

及时调整矿井产量和煤种结构，优先向边际效益大的流向安排煤源，最大限度发挥中心区矿井的作用，增加收入。继续实施分时段生产、集中入洗低热值原煤、多煤种产品分仓存储和灵活配装外运等措施，稳定商品煤质量。开发洁净煤系列产品，拓展布尔台、石圪台、补连塔等生产矿点，形成月产 200 万吨以上的生产规模，提高块煤、特低灰等高效益煤种产量，挖掘新的利润增长点。及时调整产品结构，减少区内销售，细化自产和外购边际效益测算和分析，加大高利润矿井生产和畅销煤种的采购，增加吨煤利润。

（五）五型企业考核扎实有效落地

神东煤炭集团五型企业考核是指本质安全型、质量效益型、和谐发展型、科技创新型、资源节约型。每个指标之中又具体分为若干小项，如质量效益型之中又包括商品煤产量、可控成本、完全成本、利润、发热量等指标。神东煤炭集团将生产计划、利润等指标，又通过建立四级绩效考评模式，即公司-矿、矿-区队、区队-班组、班组-员工，将指标层层分解，落实到人，营造全员绩效管理氛围，实施公平、公正、公开的收入分配制度，做到人人身上有指标，每个岗位有考核，全面提高职工职业素质，提升矿井基础管理水平。

为了实现考核的便利化、公平化，神东煤炭集团将信息化建设扩大到生产经营各个领域，推进到区队、班组每个单元，实现矿井管理信息化，构建了五型企业考评系统。

通过科学合理地运用基层单位五型绩效考核系统，实现了区队对员工的考勤记录、培训记录、工作任务等实时考核，并及时进行公示，激励员工提高工作效率。矿井对区队也按五型绩效标准定期进行考核，制定达标标准，考核得分与当月工资挂钩。通过考核，能够不断发现问题，并能使区队及时整改工作中存在的问题，促进矿井整体工作的提高，促进企业与员工的共同成长，最后达到双赢的目标。

考核的目标是公平的分配劳动所得，如何保证煤矿一线工人多劳多得，避免管理人员挤占工人工资，神东煤炭集团通过制定规定，在系统中进行了固化。区队工资施行切块管理，即从区队工资总额中将管理人员工资总额分出去，剩下即为班组可分配工资总额。从班组可分配工资总额减去班组固定费用（年功工资、夜班津贴、入井津贴、部门内部奖罚等）即为班组切块工资总基数，本班组考核后工资即为班组切块工资总基数与本班组考核得分权重的乘积。

员工绩效考核采用直线式考核。区队员工由跟班队干部和班组长进行考核；班组长由跟班副队长考核，单位副职、技术员、其他非班组人员由正职进行考核，正职由机关部门和矿领导进行180°考核。机关员工均由部门负责人进行考核，部门负责人由矿领导进行考核。

每日由考核人员对每位员工当日的工作绩效进行考核并公布，次月初的1～3日由本单位绩效管理工作领导小组组织对所有员工的工作绩效的结果进行整理，公布整体打分排名。4～5日向员工本人反馈考核结果，制定C级员工的改进措施，和员工进行面谈沟通。

这样基本保证了神东煤炭集团的薪酬分配政策，即薪酬向生产一线倾斜、向创造价值最大的员工倾斜，充分保障员工多劳多得，公平公正。

神东煤炭集团通过创新成本管理模式，推广应用全面预算管理系统，从源头控制预算的随意性和人为性，过程中有效应用班组核算系统，堵塞"跑冒滴漏"的现象，实现矿井单位的精益化管理，将每位员工作为成本中心进行管控，有效控制了成本的增长，通过大数据精益化财务分析平台的搭建，实现了事后对成本等相关数据的深入分析和挖掘，为管理层提供了有用的数据和信息，支撑了公司的科学决策和运营；科学利用五型绩效考评体系和系统，将指标分解到人，激发了全体员工干事创业的激情和热情，也为职工获得应得的汇报提供了科学、客观的评价体系和平台。

通过以上成本管理模式的综合分析和应用，神东煤炭集团积极采取措施，降本增效：一是采取对外转让、内部调剂租赁等方式盘活清理实物资产，降低管理成本、提高使用效率。二是利用 B2B 交易等平台，共享闲置材料和设备，节约购置资金 4000 多万元。三是处置低效无效设备，调剂资金 1037 万元。四是扩大物资寄售范围，提高库存物资综合利用率，降低库存 3.5 亿元。

三、构建绿色矿山建设水平提升绩效管理长效机制

绿色矿山管理体系从功能上看分为组织领导、落实执行、结果反馈及提升三个方面，形成管理闭环，达到并不断提升绿色矿山建设效能的目标。组织领导层要严格按照《绿色矿山评价指标》《矿山地质环境保护和土地复垦方案》等要求，确保绿色矿山建设合法、合规，做好建设绿色矿山的基础工作。落实执行层要做到标准化、有组织，确保绿色矿山建设制度稳步落实。结果反馈层做到及时、准确、可操作，能达到行之有效的提升效果，制定并落实绿色矿山实施及提升方案，构建了绿色矿山建设水平提升绩效管理长效机制。

（一）以建设目标为核心的组织领导机制

一是制定绿色矿山建设年度计划。为推进绿色矿山建设，神东煤炭集团公司制定《神东煤炭集团绿色矿山建设推进计划》。根据集团公司安排，各生产矿井根据矿山实际分别制定《绿色矿山建设计划与目标》，明确绿色矿山建设目标和指标，并分别纳入企业年度计划。

二是明确绿色矿山建设组织机构和责任制度。绿色矿山建设首先应成立专门的领导小组，矿长亲自"挂帅"，担任组长，小组其他成员包括总工程师、其他矿领导、各科室及区队负责人，加大重视力度，带头推动绿色矿山建设，解决绿色矿山建设工作难协调、难执行的问题；设置绿色矿山建设的专职工作人员，解决绿色矿山管理人员不足、兼职工作多、精力不足的问题。

三是调动企业员工参与绿色矿山建设的内在动力。以数据标准化、方法标准化、管理标准化"三化"有机融合为核心，构建公司到矿处、区队/班组、岗位的"五层四级"劳动定额标准体系；完善岗位任职资格标准，建立以岗位价值、个人知识和技能以及绩效贡献为主要维度的薪酬标准体系，最大程度地保证内部公平性和科学合理性，不断强化薪酬向生产一线、苦脏累险、技能高、绩效优、贡献大的岗位倾斜的价值导向，为价值分配、人才正向流动、人才培养发展提供有力保障。

（二）以行为管理为核心的责任落实机制

一是人员目视化管理制度。内部员工进入生产作业场所，统一着劳保服装，且穿戴符合安全要求；外来人员，如参观、检查、学习人员、承包商员工等，进入生产作业场所，有专人负责引导，着装符合生产作业场所安全要求。

二是严格落实绩效考核制度。梳理绿色矿山建设主要内容涉及的部门，确定各部门及相关员工的职责任务，将绿色矿山建设指标作为公司及基层单位人员绩效考核指标，形成涉及各部门、有关人员分工的绿色矿山建设指南或手册，由绿色矿山建设办公室负责监督执行。矿山企业管理者以身作则，带头落实建设要求，压实各部门责任，落实任务到具体人员。按照绿色矿山建设目标任务，制定各环节时间表、路线图，针对各部门和相关环节责任人健全奖励与惩罚制度，形成绿色矿山建设效果、绩效考核制度，正向激励反向遏制。

三是企业诚信经营制度。加强信用意识和信用管理的教育和宣传，加强企业自律监管，做到依法纳税、诚信纳税、主动纳税；自觉按照环境保护税法、矿山地质环境治理恢复与土地复垦基金实施办法等法律法规要求，做到应缴尽缴；按期汇交矿山相关地质资料，提交矿产资源统计基础表等；按规定在相关部门指定网站上以不同方式对矿业权人勘查开采、固体废物管理、企业事业单位环境等信息进行公示，自觉接受社会监督，维护企业良好信誉。

（三）以细化管理为核心的效能提升机制

一是将制度细化分解到各功能区、各部门、各环节。健全与企业实际情况相符的生产、生活等管理制度，生活区管理制度包括宿舍管理制度、澡堂管理制度、食堂管理制度等，生产区管理制度包括机电、运输设备、设施定置化管理等。严格装备管理制度，建立采选装备台账，定期运维并做好详细记录，不用国家明令淘汰的落后生产工艺装备。出台环境保护责任制度及监管办法，健全环境管理制度。

二是健全自建自评制度。绿色矿山建设是一个需要持续推进的过程，不是一蹴而就的工作，需要矿山企业按照制定的制度、职责分工、进度计划、建设目标，对照绿色矿山建设标准定期开展自评估，确保建设进度合理有效。对现状存在的短板、建设过程中不合理的指标、建设管理时不适用的制度规定等，及时提出改进措施、修订计划，确保绿色矿山建设工作有序、有效推进。

（四）以提升创建能力为核心的"学宣贯"机制

一是制定落实绿色矿山培训制度和计划。组织管理人员、技术人员及相关基层工作人员参加绿色矿山建设系统性培训，通过聘请专家开展专题培训、参加政府和协会组织的培训班、内部培训等形式，加强管理人员和基层一线职工对绿色矿山建设条例的理解认识，提升绿色矿山建设能力水平。

二是制定绿色矿山提升方案。持续改进是推动绿色矿山创建工作更加高效的有效途径。在系统学习基础上，制定详尽的绿色矿山改进计划，明确绿色矿山建设的改进内容、措施、负责人、完成时间、达到的效果等。

三是加强企业文化理念宣传。重视宣传素材的收集和整理，制作着眼于矿井现状、凸显矿井特色的绿色矿山宣传片。此外，针对绿色矿山建设的成效，矿山需广泛开展宣讲报告、举办竞赛、开展宣传周等活动，在省部级主流媒体、门户网站等刊发报道，提升企业形象，使绿色矿山理念深入人心。如2021年4月15日，新华网发表题为"神东煤炭集团寸草塔煤矿员工科技创新成果达168项"报道，详细介绍了2018年以来神东煤炭集团寸草塔煤矿科技创新丰硕成果；2021年1月7日，新华网以《神东上湾煤矿：科技创新点燃高质量发展"新引擎"》为标题，对上湾煤矿矿井创新能力，创新创效硕果进行了全面报道；2020年4月10日，人民网报道《神东煤炭集团锦界煤矿首个沿空留巷接续面开始掘进》。

（五）以职工体验为核心的精神文化建设机制

一是加强生活设施建设与维护。紧紧围绕企业职工精神文化生活需求和体育爱好，高标准谋划职工文体活动基础设施建设，合理配置休闲、娱乐、文化体育等硬件设施，如台球室、乒乓球室、健身房、电影院、图书室、篮球场、湖畔休闲区等。有的矿山根据职工需求出发，还安装了自动售货机、快递柜、洗衣机、急救药箱、职工阅览室等设施，方便了职工日常生活和学习，营造舒心温馨的工作氛围。

二是开展形式丰富职工文娱活动。以习近平新时代中国特色社会主义思想为指导，矿山工会积极践行"社会主义是干出来的"伟大号召，围绕矿井安全生产经营工作为重点，定期开展各项活动，形成了具有矿山特色的活动方案。既有夏送清凉、冬送温暖、读书分享会、传统节日慰问等暖心活动，也有篮球赛、拔河、乒乓球等体育比赛，还有心理辅导、健康讲座等科普活动，以及合唱汇演、情景剧、辩论赛、演讲比赛等文艺演出。形式多样，参与度高，积极推动职工及企业之间的交流，既满足了为干部职工提供健康向上、丰富多彩的精神文化食粮，提升了职工幸福感，又加强了企业凝聚力。

三是加强职工健康管理。健全各项职业健康管理制体系，夯实职工健康服务基础保障，维护职工生命安全和身体健康，制订《作业场所职业病危害管理制度》。每年定期组织职工进行体检，建立职业健康监护档案，督促员工对体检中的异常项目做定期复查和跟踪。定期组织健康讲座，提高职工健康观念和知识。针对职工健康情况组织每天开展各类保健操，如颈椎保健操、经络保健操等。

（六）以提升软实力为核心的企业文化建设机制

一是构建企业上下有效沟通的平台，通过员工主动向领导反馈问题与意见、召开员工代表座谈会、领导与员工一对一谈心等方式，鼓励员工大胆表达对工作、对组织的意见和看法，使得领导能够了解普通员工的利益诉求。企业领导应主动多走基层、多聆听基层的心声，与员工坦诚交换想法，建立情感连接，增进信任和理解。通过有效沟通，督促企业领导在做决策时，真正吸纳普通员工的意见，并根据员工意见反映出的问题，积极想办法予以解决，真正做到为员工排忧解难，关心员工的工作和生活。

二是改善企业员工的工作环境。继续实施"幸福矿工"工程，通过充分调查，深入了解矿工现实工作环境及其工作所需，切实改善矿工工作环境，尤其是井下工作环境，最大程度减少矿工职业病的发生，提升矿工工作满意度。

三是全方位打造企业形象。通过与纸质媒体、电视媒体、网络媒体等各类媒体建立良好的公共关系，密切开展业务合作，并保持及时交流，定期或不定期在各类权威媒体宣扬与传播企业相关的正面信息；加强集团官方微博、微信公众号建设，根据集团实时动态情况，及时更新宣传内容，涵养良好的舆论生态；在集团内部倡导全员参与宣传，通过推动所有员工的积极主动参与，提高各部门的宣传协同度以及所有员工的宣传接受度。

（七）以培养人才为核心的鼓励创新机制

一是要强化企业创新理念。在持续强调企业技术创新的同时，更加重视企业管理创新，要"软硬兼顾"。通过在集团内部树立与创新相适应的系列思想观念，大力培育技术创新与管理创新意识；通过加强技术创新人才和管理创新人才培养，推动创新理念更好落地；最终通过创新理念落地，驱动集团技术、管理等各方面的自主创新迸发。

二是建立创新制度保障。制度创新是管理创新活动的制度保障。矿山企业应当建立专项管理部门，专门从事绿色矿山创新管理体系的建设，统一协调相关具体规定的设定、修改和完善工作，同时进一步加强和改进矿山管理规定的运行、监督等过程之间的联系。加大对于创新活动的保护和鼓励力度，要注重奖励创新成果。通过激励环节可以促进和引导员工积极主动的参与绿色矿山创新管理活动中，有助于更好地建立系统、高效的管理制度。

三是确保绿色矿山建设人才的选拔和任用。人是绿色矿山建设工作的主体，所以绿色矿山建设人员不仅需要专业的绿色矿山建设相关知识和熟练掌握绿色矿山的建设技术，还要有不怕苦不怕累的精神和毅力。绿色矿山建设人员也不应该拘泥于目前现有的专职人员，而是要在企业内部综合人才选拔，人员也需持续创新优化，切实提高自身技能，提升绿色矿山建设水平。

四是建立人才发展梯次。通过岗位细分再评价，引导员工向高层次、高技能、短缺岗位发展，有效解决激励不足和人才缺失的问题，并通过与管理、技术和技能三条职业通道相匹配，建立人才发展梯次。牢固树立管理者也是教练员、管理者就是培训师的理念，通过员工绩效闭环管理，帮助员工不断提升能力、改进绩效，发挥好建设一流人才队伍的主体作用。

第六章 神东煤炭集团绿色矿山 建设成效卓著

开发建设 37 年来，神东煤炭集团始终坚持"开发与治理并重"的原则，自觉践行"先治后采、治大采小、采治互动、以采促治"的矿区生态恢复建设工作方针，咬住目标、脚踏实地、步步为营、久久为功，以绿色造特色，以特色造优势，以矿山环境生态化、生产工艺环保化、企业管理精益化，统筹推进资源合理开发利用与环境保护协调发展，促进资源效益、环境效益和社会效益同步提升，探索形成了神东煤炭集团绿色矿山建设典型模式和系列创新成果，回馈社会，造福百姓，让广大员工和地方群众共享绿色发展成果。

第一节 资 源 效 益

为了更好地应对挑战，神东煤炭集团大胆进行技术和管理创新，逐步形成了以生产规模化、技术现代化为特征的新型集约化安全高效千万吨矿井群生产模式，进一步提升了资源综合利用效率。

一、节约集约规模化生产降低成本

针对当前煤炭经济运行下行压力增大以及煤炭企业经济效益大幅下降的情况，神东煤炭集团采取规模化生产的运营模式，革新矿井设计理念，结合当地的煤层特点，创新了集约化高效矿井群生产模式。

一是创新矿井开拓部署。采用斜硐式开拓，取消多盘区布局，在大巷两侧直接拉开工作面，使生产系统得到最大限度的简化。二是优化生产系统。采用大断面、多通道的巷道布置方式，采用无轨胶轮化运输，采用连采快速掘进、长短壁结合的高效生产方式，实现了安全高效开采。三是优化采煤技术。提升装备制造水平，加长加宽工作面布置，相继创新了第一个 300 m、360 m、400 m、450 m 加长工作面，建设了世界上第一个 7 m 大采高重型工作面、第一个中厚煤层综采自动化工作面，先后建成全国第一个年产 1000 万吨、1200 万吨、1400 万吨综采队，第一个年产 1500 万吨、2000 万吨、2500 万吨、3000 万吨矿井，形成了千万吨矿井群建设核心技术体系。综采工作面宽度在原来 200 m 的基础上加宽到 450 m，推进长度由原来 2000 m 增加至 6000 m，减少了煤柱留设损失。其中，"8.8 m 智能超大采高综采工作面成套装备研发与示范工程"获中国工业大奖。

二、依托先进技术推煤矿提质增效

创新是企业发展的根本动力，神东煤炭集团在技术创新上摸出了自己的路子。一是加大投入，革新采煤设备。坚持产学研相结合，与中国煤科总院等科研院所和郑州煤机厂等制造企业合作攻关，实现了液压支架、刮板运输机、掘锚机等主要采掘设备的国产化。目前，除采煤机外，全部设备均实现了国产化。二是不断探索，创新开采技术。多年来，神东煤炭集团不断开发清洁开采技术，较好地解决了传统采掘业资源综合利用问题。截至目前，神东煤炭集团共创造了 99 项中国企业新纪录，获科技成果奖 44 项，获得授权专利 280 项，多项成果荣获国家科学技术进步奖一等奖。三是科学管理，运用信息化生产方式。1999 年，神东煤炭集团率先建成了国内先进的综合信息网络，构建了以高层决策、各职能部门调控、基层生产自动化操作的网络平台，并逐步建成了矿井、洗选及装车自动化操作系统等。煤炭采掘机械化率达到 100%，资源回采率达到 80% 以上，最高全员工效达 124 t/工，达到美国平均水平的 13 倍，国有重点煤矿的 30 倍。

神东煤炭"超级煤矿"和华为"超级军团"强强联合，鸿蒙操作系统已成功应用在井下综采工作面的液压支架主控器、工作面通信控制器、组合开关显示控制器以及吊轨式、胶轮式等各类巡检机器人共 20 种 398 台设备上。

三、煤炭绿色开采和清洁高效利用

（一）优化洗选工艺实现生产外运全流程清洁高效

采用先进洗选工艺及装备，自产煤入选率达到 100%。持续推进高效、节能工艺技术应用，通过研发应用自清洁筛板，块煤入洗率提升 5.02%，商品煤提质 24 × 4.1858 kJ。

（二）煤尘废气防用结合实现一举多得

地面原煤仓、皮带栈桥、产品仓、装车塔、外运列车等储装运环节采取全封闭防尘，确保矿区环境清洁。中心矿区集中热电联供，减少工业锅炉数量和烟气排放，共淘汰替换工业锅炉 103 台，提标治理 93 台，全面达到属地现行排放标准与要求。在瓦斯利用方面，通过瓦斯清洁发电已累计减排二氧化碳超 180 万吨，累计节约标煤 10.6 万吨以上，矿井瓦斯利用率达到 80% 以上。

（三）瓦斯清洁低碳化利用确保矿井安全高效开采

在瓦斯治理上，经过多年的探索实践，神东煤炭集团保德煤矿逐步形成了以"理念与系统治理先行、本煤层超前预抽及采空区抽采"为主，以"井上、下联合抽采、顶底板高低位钻孔抽采及临近层抽采"为辅的一套瓦斯综合治理技术。保德煤矿是神东煤炭集团唯一的高瓦斯矿井，瓦斯储量为 40 亿立方米。为了确保矿井安全高效绿色化开采和瓦斯清洁低碳化利用，保德煤矿在刘家堰和枣林两个区域建成两座瓦斯发电站，装机设计总能力为 1200 kW × 28 台，目前运转 8 台，日发电量 10 万~15 万度，矿井瓦斯利用率达到 80% 以上。保德煤矿累计利用瓦斯清洁发电量 2.42 亿度，相当于 10 万户家庭 1 年的用电量，累计实现经济效益约 1.2 亿元。

（四）矿井水实现全面达标治理与有效利用

神东煤炭创新三级处理、三类循环、三种利用的废水处理与利用模式，在一个缺水地区建成了超 10 万人生活、年超千亿元产值的大型煤炭生产基地。

（五）煤矸石实现源头减量化与末端资源化利用

神东煤炭应用无岩巷布置和煤矸置换技术，实现井下掘进矸石不升井；采取发电、制砖、填沟造田等方式，实现地面洗选矸石资源化利用，已改造与建成林地 130 km²，耕种土地 3 km²，未来要逐步实现"还地于民"。

（六）优化产品结构，供应清洁多样产品

神东煤具有低硫、低磷、低灰、中高发热量的特点，洗选加工后，公司总体商品煤发热量提升 370 × 4.1868 kJ，通过细分产品结构，将煤炭产品分为 8 个系列 32 个品种。可生产特低灰、精块、神优等高附加值原料煤和优质动力煤，还可根据市场需求生产硫分低于 0.3% 的神东系列产品。

第二节 环 境 效 益

神东煤炭集团始终坚持开发与治理并重，牢固树立"产环保煤炭，建生态矿区"的理念，探索建立了区域生态保护体系与能源经济体系共赢的良性机制，有效破解了煤炭资源开采与生态保护的主要矛盾，全面建成以"打造生态矿区，建设绿色矿井，生产清洁煤炭"为特征的新型煤炭生产基地，开创了"五采五治"生态防治理念和"三期三圈"生态防治模式，破解了生态脆弱区生态保护和大规模资源开发相矛盾的难题。目前，走出了一条以能源安全与生态安全为基础，独具神东煤炭特色的绿色低碳高质量发展之路。

一、生态环境显著改善

神东矿区位于黄土高原丘陵沟壑区与毛乌素沙地过渡地带。在蒙语中，"毛乌素"意为"寸草不生之地"，国家能源集团骨干煤炭生产企业神东煤炭集团在此开发之初，这里的植被覆盖率仅为3%。

在生态脆弱区进行煤炭开发和生态保护，是世界性难题，尚无可借鉴的成功治理经验。国能神东煤炭坚持开发与治理并重，在建设过程中不断探索，逐渐形成了"五采五治""三期三圈"等治理模式。从时空防治角度解决了脆弱自然生态环境与大规模煤炭开采矛盾的世界性难题。"五采五治"即生态保护理念的五个维度，时间维度"采后治先"，水平维度"采小治大"，垂直维度"采下治上"，资金维度"采黑治绿"，地企维度"采山治域"。"三期三圈"生态保护模式分时空两个维度，时间维度"三期"为采前防治、采中控制、采后利用；空间维度"三圈"为外围防护圈、周边常绿圈、中心美化圈。

30余年来，实施生态治理工程2500多项，植树4900万株，完成生态治理与建设515平方米。矿区植被覆盖率由3%提高到64%以上，矿区风沙天数由年25天以上减少为3~5天，植物种类由16种增加到100多种，微生物和动物种群大幅增加；改善了降雨量少且不均匀的现象，逆转了脆弱生态环境退化方向，将沙漠变成绿洲。

（一）按时间维度划分，开展"三期治理"

采前防治，预防性生态圈构建。针对风沙区、高大流动沙丘及半固定沙丘，分别采取以植物措施为主，机械措施为辅的方法形成了人工植被与天然植被相结合的防护体系。以"治大采小"为原则，对矿区进行大范围水保治理，治理面积达256 km²。

采中控制，生态保护性开发。坚持"采治互保"，通过采取矿井水井下存储净化利用、井下煤矸置换等绿色开采技术，从源头防控"三废"产生，从过程减少"三废"排放，从末端实现"三废"再利用。

采后营造，生态修复与功能优化。进行大规模土地复垦与经济林营造，采用微生物等技术对土地进行复垦修复，使贫瘠的受损土地具有较强的生产力；在采前已建立起来的生态系统上，优化林分结构，营造生态经济林，提升区域整体生态生产功能，从而实现永续利用地上水土生态资源。

"三期"防治技术路线图如图6-1所示。

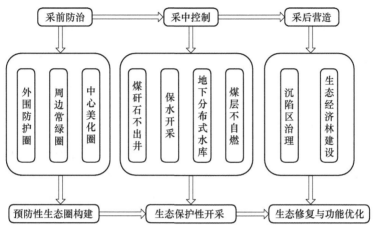

图6-1 "三期"防治技术路线图

（二）按空间维度划分，实现"三圈防护"

外围防护圈，构建生态防护体系。针对矿区外围大面积的流动沙地，结合自身特点，创新流动沙丘治理、半固定沙丘植被恢复和铁路公路沙害防治技术，人工调控植被演替方向与速度，优化草本为主、草灌结合的林分结构。

周边常绿圈，构建常绿景观体系。优化了水土保持整地技术，探索创新针阔与乔灌综合混交造林技术。采取水土保持工程措施和生物措施相结合的方法进行治理，在周边山地种植油松、樟子松和侧柏等常绿针叶树，配栽沙棘、杨柴等灌木，形成了郁郁葱葱的常绿林景观。

中心美化圈，构建花园式矿井。针对开发初期荒芜的生产生活环境，探索创新集成水保绿化、园林景观、生态城镇建设技术，建设森林化厂矿、园林化小区，使各厂矿、生活小区各具特色，绿地覆盖率达31.7%。

"三圈"分布示意图如图6-2所示。

二、减污节能成效明显

协同煤矸石、矿井水治理与利用技术，将环境要素转变为资源要素，突破了

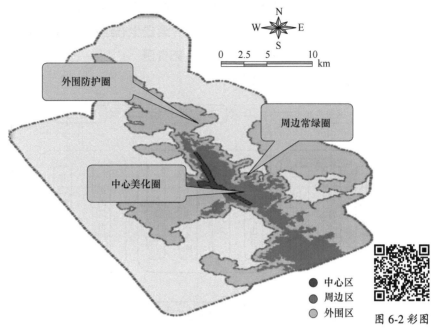

图 6-2 "三圈"分布示意图

资源与环境范畴，废水综合利用率达到 100%。从源头上有效控制煤尘污染，煤尘与烟尘实现全过程防控与全面达标，SO_2 排放量达到 100%，大气污染物达标排放率 100%，98%的粉尘从源头得到有效控制，真正实现了"产煤不见煤，蓝天白云飞"。神东布尔台基地环境如图 6-3 所示。

神东煤炭集团原煤生产综合能耗为 1.66 kg 标煤/t，原煤生产用水量为 0.07 m^3/t。建成的余热供热系统节约能耗约 1500 t 标煤/a。引进电动防爆车替换燃油车 75 辆，每年减少柴油消耗约 41 万升，减少矿井有害气体和二氧化碳排放约 1091 t。推广应用变频技术，2021 年新增各类用电设备负荷功率 24016 kW，实现节电 1800.73 万度。

大柳塔煤矿 2020 年投资 1600 万元，实施了大柳塔煤矿白家渠风井回风源热泵项目，解决进风井井口防冻的供热问题，取代原燃煤锅炉。

布尔台煤矿松定霍洛风井余热供热系统，回收回风井低温热源，替代热风炉为井下供热，降低了环保风险，同时实现节能减排，节约能耗约 1500 t 标煤/a。矿井锅炉房现有 4 台 15 t、1 台 10 t 燃煤锅炉，脱硫脱硝设施齐全，烟气达标排放，可以实现在线实时监测。

图 6-3　神东布尔台基地环境

（资料来源于国家能源投资集团有限责任公司）

锦界煤矿 3-1 煤场地拆除了原有的 2 台 6 t、1 台 10 t 燃煤锅炉，投资 5995 万新建 2 台 40 t 高效低排放煤粉锅炉，每年减少 SO_2 排放量 26 t；实施了 2 号风井新型热管项目，解决进风井井口防冻的供热问题。节省原煤消耗、降低运行费用，达到了节能减排的目的。较燃煤锅炉减排二氧化碳 6786 t，减排二氧化硫 22.18 t，减排氮氧化物排放 19.32 t。2 号风井场用新型热管技术回收利用矿井乏风中的热能，为进风井井口防冻提供热源，替代锦界矿 3 台 6 t 燃煤热风炉。

三、示范工程推动绿色发展

神东煤炭集团从系统治理角度，全面贯彻落实习近平生态文明思想，解决了矿山生态保护与高质量发展的重大课题，并打造一系列生态示范工程，全面推进矿区绿色发展。

上湾煤矿红石圈"全国水土保持生态建设示范工程"，于 1999 年被水利部授予

"全国水土保持生态建设示范工程"。建有生态林与经济林 15 km²，如图 6-4 所示。

图 6-4 上湾煤矿红石圈"全国水土保持生态建设示范工程"
（资料来源于国家能源投资集团有限责任公司）

大柳塔煤矿"国家水土保持科技示范园"是全国唯一的采煤沉陷区"国家水土保持科技示范园"，于 2017 年 2 月由水利部授牌。治理面积 25 km²，建有微生物复垦基地 1000 亩。

哈拉沟煤矿"国家水土保持生态文明工程"为全国首个采煤沉陷区水土保持科技示范园，示范基地以哈拉沟煤矿 72 km² 井田及采煤沉陷区生态治理为基础，以全域土地综合整治、沙棘经济林建设与产业化发展、矿山生态综合治理示范为主要内容而建设，如图 6-5 所示。核心示范区面积 10000 亩，建有"山、水、林、田、湖、草、沙"七个分区和"生态环境、生态科技、生态文化"三个主题共 62 个示范点。2020 年 3 月，哈拉沟生态示范基地被水利部评为"国家水土保持生态文明工程"，入选国家绿色矿山名录。

哈拉沟煤矿"茶园式大果沙棘基地"共种植大果沙棘 255 万株，种植果树 90 万株，生态资源发挥了经济价值。

布尔台煤矿"生态+光伏基地"如图 6-6 所示，区域面积共 219 km²，是神东矿区最大的集中连片采煤区。创新"三叠加三协同"模式，神东煤炭与伊旗政府共建 6 万亩生态综合示范基地和 4.2 万亩生态+光伏基地，按照"林光互补、农光互补"模式在光伏板下种植苜蓿和沙棘，年预计实现生态产值 3000 万元，实现政府、企业、村民三方共赢。土地治理率为 100%，矿区土地复垦率为

图 6-5 "山水林田湖草沙"哈拉沟实践创新基地

（资料来源于国家能源投资集团有限责任公司）

95.51%，矿区林草覆盖率和林草植被恢复率分别为 81.13% 和 99.72%。规划建成国家级"绿水青山就是金山银山"实践创新基地。

图 6-6 布尔台煤矿"生态+光伏基地"

（资料来源于国家能源投资集团有限责任公司）

图 6-6 彩图

第三节 社会效益

中央企业的发展高度，不仅体现在企业实力与规模上，更体现在对社会责任的践行上。作为我国唯一的两亿吨级煤炭生产企业，神东煤炭集团主动担当作为，坚决扛起央企责任，坚定不移保障安全发展，全力以赴保障能源供应。30多年来，神东煤炭集团在加快自身发展的同时，报效国家、回馈社会、造福员工，争做积极履行社会责任的表率，累计为国家贡献优质煤炭30多亿吨，向陕蒙晋三省区累计缴纳税费超1800亿元，为国家经济建设和能源安全，助推地方经济发展做出了突出贡献。

一、勇担重任保障能源供应

2020年，一场新冠肺炎疫情席卷全球。在党中央的率领下，举国上下齐心协力打响了全民抗击疫情阻击战。生产一线也是战"疫"前线。在应对新冠肺炎疫情的关键时期，保障全国特别是重点地区能源供应安全，切实维护正常经济社会秩序，统筹做好疫情防控和安全生产工作，至关重要。在这期间，神东煤炭集团始终把员工群众生命安全和身体健康放在第一位，按照党中央、国务院、国资委的决策部署，以"一防三保"为工作重点，统筹推进疫情防控、能源保供工作，积极发挥央企骨干作用。科学制定保障措施，合理安排生产作业计划，最大限度地挖掘矿井生产能力。公司所属13座煤矿全部开足马力运转，在抓好自产煤矿井生产的同时，超前落实煤源、洗选、装车等环节责任，1—9月份，公司累计产量完成14144万吨，实现了疫情防控和安全生产"两手抓、两不误"，确保了湖北等疫情防控重点地区以及东北、京津唐等地区的煤炭供应。

维护国家能源安全、保证能源供应是神东煤炭集团肩负的最重要的政治使命。开发建设30多年来，神东煤炭集团围绕煤炭生产主责主业，坚持精干高效的运营模式，精细组织生产，加强市场研判与产运销衔接，狠抓外运日兑现、周调整、月均衡，2019年全年完成煤炭产量19065万吨，占国家能源集团煤炭总产量的37%，约占全国煤炭总产量的5%，为促进国民经济发展提供了重要的物质基础和能源支撑。精心打造品牌，围绕打造一流煤炭品牌形象，坚持以市场为导向，以质量效益为中心，坚持煤质源头管理，突出现场煤质管控，不断优化洗选工艺，及时升级产品结构，全公司商品煤发热量同比提高10×4.1858 kJ/kg，确保了神东煤品牌和环保煤品质。其中，2019年全年完成品种煤4023万吨，创神东煤炭集团建成投产以来最高纪录。精准配置资源，以集团利益最大化为己任，以"增产增效、提质增效、降本增效"为抓手，实现生产高效率、产品高质量、经营高效益，持续培育和创造企业高质量发展的竞争优势，确保国有资产保值增值。

在 30 多年的运行实践中,具有"低灰、低硫、低磷、中高发热量"特性的神东煤,经过一系列新技术、新工艺,不仅成为京津冀、长三角、珠三角等地区的优质洁净煤炭,而且多品种、口碑佳的神东煤深受用户盛赞,成为助力企业高质量发展的核心竞争力。

二、用心用情践行社会责任

对于社会责任的履行,神东煤炭集团一直在探索中前行,以多种方式反哺社会。从扶贫帮困、抢险抗洪,到应急救援、捐资助学,在急难险重面前,在国家精准扶贫攻坚战的集结号中,神东煤炭集团始终挺起脊梁,积极主动履行社会责任,探索构建"互惠互利、共存共荣"新型地企关系,积极拉动地方经济社会发展,为企业发展营造良好的外部环境。

2020 年,神东煤炭集团紧紧围绕产业、生态、教育、医疗、消费、扶智、基础设施等方面创新机制、精准发力,不断延伸帮扶的深度和广度。截至目前,已投入各类公益帮扶项目资金 10371.56 万元,实施公益帮扶项目 48 个。其中,在疫情期间向国家能源集团定点帮扶的米脂、吴堡两县以及周边政府捐赠价值46.5285 万元的防疫用品和慰问品;对十四届全国冬季运动会捐赠资金 1900 万元;为榆林市退役军人关爱基金会捐赠 700 万元,用于帮助因公致残、致贫的退役军人,表彰表现突出的退役军人;向康巴什区第三小学北校区捐赠 400 万元;神木市马镇镇 3 个村扶贫项目捐赠 218.87 万元;为解决井田范围内村民生活和灌溉用水困难的问题,锦界煤矿投资 300 余万元给矿区青草界村建设了供水工程。

神东煤炭集团对救护消防大队每年投入 1 亿多元的专项资金支持。从 1997 年建队至今,神东煤炭集团救护消防大队共处理各类事故 3345 起,挽救生命 516 人,挽回经济损失大约 10.6 亿元。

神东煤炭集团救护消防大队是一支国家级矿山应急救援队伍,救援行动更多倾向于为社会做奉献。从煤矿井下事故到地面交通事故,从社会上的火灾、水灾到地方的抗洪抢险等突发意外情况的救援,神东煤炭集团救护消防大队当仁不让地冲在前面。

2012 年 8 月 16 日,陕西省府谷县瑞丰煤矿发生采空区大面积冒顶事故,神东煤炭集团救护消防大队经过 24 h 连续作战,成功营救 13 名遇险矿工;

2017 年，陕西神木板定梁塔煤矿"4·19"透水事故中，神东煤炭集团救护消防大队历经 77 个小时，成功救出 6 名被困矿工，创造了煤矿事故救援史上的奇迹，赢得了地方政府的高度赞扬。同一年，榆林子洲、绥德县突发洪灾，神东煤炭集团迅速抽调 100 名员工、400 多台套救援设备，近万种配套物资赶赴灾区救援。当地百姓激动地说："神东救援队伍一到灾区，我们就看到了希望，神东煤炭集团的员工们没白天、没黑夜地干，太辛苦了，灾区人民永远也忘不了你们！"在这场救援中，神东救援队不畏艰辛，主动承担急难险重的救灾任务，成为灾区抢险救灾的"主力军"和"尖刀连"，以实际行动诠释了央企的责任和担当。

就业是民生之本，是社会的"稳定器"，亦是神东煤炭集团履行社会责任的重要举措之一。2012 年至今，神东煤炭集团以吸纳高校毕业生、贫困地区劳动力、社会人员三类人群就业为重点，先后招聘人数超 5710 人，全力保障国家稳就业政策。2020 年，新冠肺炎疫情发生后，习近平总书记多次对当前的就业形势做出科学研判，明确要求"全面强化稳就业举措"，神东煤炭集团聚力"六稳""六保"目标任务，认真研究制定招聘方案，积极组织相关招聘工作，切实履行稳就业、惠民生等社会责任。积极吸纳高校毕业生 384 名，为大学生提供畅通的就业渠道和稳定的薪资来源。加大贫困地区就业帮扶力度，招聘米脂、吴堡两县大学生建档立卡贫困大学生 50 人，招聘 6 名西藏籍高校毕业生，实现了"一人就业、全家脱贫"，助力两县的脱贫攻坚工作。同时，扎实做好社会招聘工作，为社会相关专业技术人员提供就业渠道，实现了稳岗就业。

三、共建共享造福员工群众

神东煤炭集团将人民对美好生活的向往作为企业的奋斗目标，坚持发展成果全民共享，不断将改革发展红利惠及员工，规划基础民生工程，持续改善员工生产、生活条件。

多年来，煤矿井下作业环境发生了巨大变化。湿式除尘通风系统的使用，让作业时粉尘浓度大大降低，在新鲜的风流下作业，员工职业健康得到了充分保障。智能化矿井建设、国内首套等高式采煤装备投用、巡检机器人应用……让神东人距离无人开采又迈进一步。神华康城一期、二期、三期……成百上千套福利房，让员工的住房从"简易帐篷"升级到"花园小区"。人均收入逐年递增、班中餐营养搭配、劳保用品应有尽有、职业病防护加强预防……一系列与员工息息相关的民生项目都有了质的飞跃。

2020年，神东煤炭集团在民生方面的投入驰而不息，为矿区7个小区住宅楼进行供热节能改造，包括外墙保温、窗户更换等。这项分年度陆续进行的节能保温改造工程将涉及165栋住宅楼，惠及7027户家庭。家住大柳塔北小区的员工今年享受到了更换保温层的福利。"去年我同事家做了外墙保温后，冬天屋子里热度提升了近8℃，眼下进入深秋，气温走低，不过今年冬天我们再也不用担心屋里冷了。"备受矿区员工及家属关注的神东中心区矿区一期供水工程已建成通水，使矿区居民喝上了放心水、优质水。乌兰木伦河1号桥光荣退役，神东煤炭集团重新修建新桥。一桩桩一件件好事、实事，让员工的获得感、幸福感更加充实、更有保障，企业发展更可持续。

四、持续为乡村振兴赋能

脱贫攻坚工作开展以来，坚决贯彻党中央重大战略部署，按照集团党组统一安排，积极践行央企政治责任和社会责任，神东煤炭集团始终秉持"精准扶贫、精准脱贫"理念，紧盯"巩固拓展脱贫攻坚成果、助力推进乡村振兴"的目标任务，主动承担社会责任，累计投入公益帮扶资金超23亿元。

神东煤炭集团作为定点帮扶陕西省米脂县和吴堡县组长单位，自乡村振兴任务开启以来，为定点帮扶的陕西省米脂县、吴堡县直接投入项目帮扶资金1.7亿元。为蒙陕晋等地投入帮扶资金21.36亿元，4万多名群众从中受益。因脱贫攻坚工作业绩突出，神东煤炭集团公司2020年被陕西省政府授予"脱贫攻坚组织创新奖""爱国拥军模范单位"；2019年被榆林市政府授予"社会扶贫先进集体"；多次被米脂、吴堡两县评为"脱贫攻坚先进集体""社会扶贫典范""助力脱贫攻坚爱心单位"。

2021年两县实施帮扶项目34个，教育提升项目9个，完成生态林建设700余亩，县域重点产业项目2个，培训乡村振兴人才1186人次；2022年重点推进新能源+帮扶项目，建成米脂县高西沟村首个分布式光伏发电项目，完成2个重点村老年幸福院建设，投入700余万元对饮水项目工程进行提升改造，在沿黄流域扩绿600余亩，建成榆林市乡村振兴示范村1个；2023年完成米脂县碳汇林3期200亩经济林栽植，重点推进"新能源+"产业项目落地，加速推进米脂县管家咀村社区工厂、高西沟村谷子加工及电商基地和吴堡县产业项目园项目等，完成500余名乡村技能人才和致富带头人培训；2023年神东煤炭集团计划投入176

万元对 515 名基层干部、400 名乡村振兴带头人和 445 名专业技术人才开展治理能力和技能培训,提高基层干部治理水平,提升村民自主创业和致富能力,为乡村振兴注入动能。

(一)"新能源+"项目促进乡村振兴

高西沟村位于陕西省榆林市米脂县东北部,习近平总书记曾来到这里为高西沟村的发展指明了前进方向——要深入贯彻绿水青山就是金山银山的理念,把生态治理和发展特色产业有机结合起来,走出一条生态和经济协调发展、人与自然和谐共生之路。

米脂县位于榆林市南部,无定河中游,而高西沟村处于县东北部,独特的地理位置让它拥有了较好的光照资源。作为帮扶单位的神东煤炭集团主动把习近平总书记的重要指示精神落实到助力乡村振兴工作中,充分发挥高西沟村生态资源优势,积极发展清洁能源产业,利用光照资源转化为经济效益的绿色收益方式。投入帮扶资金 1100 万元在高西沟村实施分布式光伏发电项目,将发展特色产业和生态治理有机融合,高效整合利用当地闲置空地和充沛光能资源,解决乡村产业不足和清洁发展多元化需求,破解黄土高原能源资源匮乏的瓶颈,在带动当地群众增收致富的同时,助力当地实现"双碳"目标,有效发挥高西沟村的模范引领作用。

神东煤炭集团先后帮扶建设了三期光伏发电项目,旨在让光伏发电实现高西沟村绿富同行。过去村级公用设施的电费支出较大。现在光伏发电项目不仅可以补齐高西沟村生态旅游区公用充电设施空白的短板,还能助力米脂县打造高西沟村"零碳示范标杆"。该项目一期工程已于 2022 年 9 月并网发电,首年电费收入 40 万元。二期和三期光储项目也已全部安装完成,并全部并网发电。项目完全建成运行后,年上网发电量约 228 万度,电站每年收益约 85 万元,不仅可以直接为当地百姓带来长期稳定的产业收益,还可以减少碳排放,保护乡村环境。

2023 年,神东煤炭集团计划投入 920 万元在杨家沟村实施光伏发电和储能系统项目,投入 400 万元在吴堡县宋家川前庙山村实施光伏发电项目。目前,各项前期工作正在有序推进。

这些"新能源+"产业项目正在推动新能源与乡村振兴融合发展。

(二)生态环境推动新产业发展

1. 辛家沟镇高家庄村生态林项目

吴堡县辛家沟镇高家庄村生态林,是神东煤炭集团在吴堡县实施林业生态项目所在地，项目总投资 2500 万元，山林田野间一派生机盎然。目前神东煤炭集团按照"一次规划，五年实施"的原则，规划在辛家沟镇高家庄村、辛家沟村原退耕还林地进行林分结构提升改造，主栽常绿树种油松和经济树种大扁杏 3000 亩 16 万余株。生态林项目实施完成后，将统一交付原退耕农户进行管护，大扁杏挂果后能给周边 300 余户退耕农户 900 余人带来经济效益。

生态林项目建设不仅美化了乡村，还带动当地村民创收增收，吴堡县辛家沟镇正迎来一场蜕变。生态产业化既增加了乡村经济价值，又增加了生态颜值。据介绍，后期项目建成后可有效增加林草植被，对项目区防风固沙、保持水土、涵养水源、净化空气起到积极作用，将助力吴堡县建设宜居宜业宜游的美丽乡村。

2. 杨家沟镇管家咀村碳汇林

米脂县杨家沟镇管家咀村分三期建成了近千亩碳汇林，通过植树造林和森林保护等措施吸收固定二氧化碳，降低空气中的二氧化碳浓度，减缓气候变暖的一种可持续发展的环境保护途径。这片近千亩的碳汇林主要栽植鲜食杏、鲜食桃、山楂、海红子、红仁核桃及红松、白皮松、油松等植物，绿化乡村环境的同时，经济林可为当地群众增加经济收入。

据测算，从 2028 年起 1 亩林地每年能吸收二氧化碳 8 t 左右。全国统一碳汇市场形成后，每吨碳按 150 元交易，1 亩林地碳汇交易收入 1200 元，千亩碳汇林可直接变现 120 万元，加上果实收入 60 万元，可实现年均增收 180 万元，管家咀村每年人均纯收入可增加 580 元。碳汇林项目全部建成后，不仅美了村民们的生活环境，更富裕了农民的生活。

（三）特色产业增加农民收入

1. 吴堡县小青梨产业

黄土高原土壤深厚、昼夜温差大、日照充足，发展小产业青梨种植具有得天独厚的优势。近年来，吴堡县建立起的青梨试验示范基地，让小产业助力乡村振兴大发展。作为吴堡县的新型"拳头产业"，却鲜有人知吴堡青梨是陕西省较为古老的地方品种。几十年前，由于病虫害及市场原因，青梨种植面积和产量大幅下降，到 2015 年全县仅有 3 个村保留下来 11 棵吴堡青梨树，树势弱化，濒临灭绝。

2013 年起，神东煤炭集团开始对吴堡县实施定点帮扶，累计投入 1.1 亿元。青梨产业基地建设就是其开展产业帮扶，培育造血功能的重点项目。吴堡县也出台了一系列措施，利用青梨这一传统优势打造特色产业。当前，位于达连坡村的吴堡青梨试验示范基地于 2021 年正式栽植，2023 年已经挂果，预计在 2026 年进入盛果期，到盛果期每亩收入将达到 3 万元。

青梨不仅给吴堡带来荣誉，最重要的是给吴堡群众带来财富。计划于 2026—2036 年开始，按每年总产值 12% 的分红标准向村集体进行分红。此外，达连坡村常住人口 90 余人，从事青梨产业务工的农户占到近三分之一。仅 2022 年发放务工工资近 60 余万元，已成为本村农民增收致富的支柱产业。

2. 挂面产业

除了青梨外，在吴堡还有一个叫得响的传统产业——手工空心挂面。

吴堡挂面"茎直中通"，洁白光韧，口感顺滑，故有"空心挂面"之称。据村民讲，吴堡人民制作手工挂面起源于汉唐时期，距今已有千年传承的历史。然而，却曾面临失传的危险。十几年前，吴堡县生产的手工挂面一斤只能卖到 2 块多钱，费工费时，一年下来落不了几个钱，村民们宁可出去打工，也不愿意加工挂面。

如何让这一传统产业焕发新生机，使其成为强村富民的特色产业，推动乡村振兴取得新成效，成为神东煤炭集团帮扶的方向。在神东煤炭集团产业帮扶和当地政府的大力推动等一系列的政策扶持下，吴堡空心挂面以崭新的姿态重新走进人们的视野，并"大火"起来。

全镇农户的创业热情被点燃，很多人返乡创业。如今，挂面厂通过务工、分红和脱贫户专股等形式带动了东庄村全村 284 户农户、71 户脱贫户及周边村脱贫人口受益，使脱贫户实现稳定增收。让"指尖技艺"转化为"指尖效益"。目前，吴堡挂面已销往全国各地，成为村民增收致富的又一稳定产业。

受新冠肺炎疫情影响，米脂、吴堡两县的农特产品滞销，神东煤炭集团积极响应党中央、国务院、国资委、国家能源集团关于加大消费扶贫力度的号召，通过集中认购、员工认购、发放电子扶贫码、设立"扶贫专柜"、党员干部员工"一步到户"采购、直播带货等多种形式，购买贫困户滞销农特产品，拓宽贫困户农产品销售渠道，让农产品变"滞销"为"直销"，解决了贫困户的燃眉之急。

(四)"扶智+扶志"保障持续发展

近年来，神东煤炭集团立足米脂县和吴堡县实际，在帮扶中坚持聚焦"扶智+扶志"，投资 3100 余万元，支持米脂县建设了两所标准化幼儿园和一所九年一贯制学校，可容纳米脂县城周边近千名幼儿入学，增加中小学学位约 3120 个，一起携手为孩子们打造健康快乐，成长成才的良好平台。

位于米脂县东南方向的新建米西区九年一贯制学校，教学楼高大挺拔，教室宽敞明亮、干净整洁，各种基础设施一应俱全，正在以全新的面貌即将迎来建校的第一批学生。这所学校可解决 900 多户家庭 2080 名学生入学问题，也能够有效缓解城区中小学大班额和入学难的突出情况。

神东煤炭集团从 2019 年至 2022 年累计投入 336.44 万元，先后组织乡村振兴带头人、基层干部和脱贫户技能培训班 12 期，培训 300 多人次，培养造就了一批扎根农村的"土专家""田秀才"，让各类人才在农村广阔天地大显身手，为农业农村发展打下深厚的根基。

第四节　绿色矿山建设典型模式

面对脆弱的生态环境，在"奉献清洁煤炭、引领绿色发展"使命的引领下，在"产环保煤炭、建生态矿区"环保理念的驱动下，神东煤炭集团努力实现生态效益、经济效益的最大化，矿区生态恢复治理积极践行"政府推动、企业履责、农民受益"的治理思路。

一、探索构建生态环境防治体系和治水用水新模式

神东煤炭集团在全国煤炭系统率先建立了水土保持资金长效保障机制，提取并使用生态专项资金、水土保持补偿费、地质环境与土地复垦保证金等各类资金，启动了"四大沙地"风沙治理、"两山一湾"水保治理等一系列生态治理工程，统筹"山水林田湖草"系统治理，大力开展源头污染防治与整体风沙治理工作。

（一）构建"三期三圈"生态环境防治体系

坚持"山水林田湖草沙"一体化保护和系统治理，创新"三期三圈"生态防治模式。按时间维度划分，"采前期"，系统构建区域生态环境功能，增强抗开采扰动能力；"采中期"，全过程污染控制与资源化利用，全面保护地表生态环境，减少对生态环境的影响；"采后期"，进行大规模土地复垦与经济林营造，永续利用水土生态资源，发挥生态环境效益。按水平空间维度划分，"外围防护圈"，针对矿区外围流动沙地，优化草本为主、草灌结合的林分结构，营造生态防护林；"周边常绿圈"，针对矿井周边裸露山地，优化水土保持整地技术，建设"两山一湾"周边常绿林与"两纵一网"公路绿化带；"中心美化圈"，针对生产生活环境，建设森林化厂区、园林化小区，绿地率达 40% 以上，植被覆盖度达 80% 以上。

大力培育沙棘、沙柳、牧草三大生态产业，对经济林实行区域化布局、规模

化生产、集约化经营、社会化服务。发展沙棘产业，按照水土保持原理，以经济效益最大化为原则，结合茶园管理模式，沿等高线开挖水平阶保墒蓄水，在水平阶内种植大果沙棘，便于培育和机械化采摘作业，采用大果沙棘高产增收技术种植大果沙棘255万株，生态资源发挥了经济价值。大力发展沙柳产业，在巴图塔沙柳林基地3607公顷❶的基础上，计划新栽沙柳面积2076公顷，主要用于柳塔矿生物质锅炉供应，实现多能互补和减碳共赢。发展以光伏下饲用灌草为主的牧业产业，加快布尔台光伏+生态示范区2万亩苜蓿种植，在沉陷区规划光伏建设区大面积种植苜蓿和饲用桑等灌草经济林，形成规模效益，与村民合作后续产业，建成地企和谐、乡村振兴的示范样板。

截至目前，神东煤炭集团累计实施生态治理工程2500多项，植树4900万株，完成生态治理与建设511 km²。矿区植被覆盖率由3%提高到了64%以上。植物群落从以油蒿为主的草本群落演替为以沙棘为主的灌草群落；植物种类由16种增加到100多种，微生物和动物种群大幅增加。改善了降雨量少且不均匀的现象，逆转了脆弱生态环境退化方向，将沙漠变成绿洲。累计开展生态研究200多项，创新了以"五项协调""六位一体"为特征的生态环境防治系列技术，其中，获国家科学技术进步奖二等奖4项，省部级科学技术进步奖6项，获国家能源集团奖励基金一等奖2项，科技进步奖二等奖1项，获国家专利授权30多项。

（二）创新三级处理、三类循环、三种利用的废水处理与利用模式

面对煤炭开采和水资源保护的突出矛盾，坚持"四水四定"原则和"节水优先、空间均衡、系统治理、两手发力"治水思路，结合矿井水水源缺、水质差、用途少的现状和问题，创新应用"三水保护""三级处理""三种利用"和"三水管理"四项统筹模式，在煤炭富集且水资源短缺地区，大力实施水资源保护治理和利用工程，满足生活、生产、生态的用水需求，走出了一条水资源可持续利用之路。

统筹"三水保护"，即针对矿区地下水、地表水和大气降水"三水同缺"且煤炭开采规模大的现状和问题，通过保水采煤、水土保持、水源涵养等措施，实现"三水同源、三水同保、三水同治、三水同用"。统筹"三级处理"，即统筹井下预处理、地面预处理和地面深度处理系统，通过集中优化组合，最大程度避免矿井水的过度处理、重复处理，最终实现矿井水处理后达地表Ⅲ类水质标准。统筹"三种利用"，即矿井水处理达标后主要通过生产复用、生活杂用、生态利

---

❶ 1公顷=0.01平方千米。

用实现综合利用。统筹"三水管理"，即统筹"水资源、水环境、水生态"协同管理，将矿井水资源反哺水生态、水环境，实现水资源节约利用，水环境全面达标，水生态稳步修复。

此外，坚持煤矸石源头减量化与末端资源化统筹推进，应用无岩巷布置和煤矸置换技术，实现井下掘进矸石不升井；采取制砖、制砂等方式，实现地面洗选矸石资源化利用约 170 万吨，正在实施井下充填 7 项，处理矸石约 760 万吨，其余合规处置。

截至目前，神东煤炭集团所属的大柳塔煤矿、布尔台煤矿等 7 矿（8 井）入选国家绿色矿山名录，补连塔煤矿、上湾煤矿等 6 矿入选省级绿色矿山，力争 2025 年全部实现入选国家级绿色矿山。

二、探索创新十大水土保持综合治理模式体系

37 年来，神东煤炭集团累计投入生态环保治理资金 51.7 亿元，累计生态治理面积 384 km²，植树 3900 多万株。如今的神东矿区已探索形成了"五采五治"生态生产协同模式、"三期三圈"生态环境防治模式、"三级三用三循环"矿井水保护模式、"三叠加三协同"生态协同防治模式、"生态+光伏"产业发展模式、地企民合作共建共赢模式、生态政策协同保障模式、生物多样性及生态平衡模式、生物资产及经济平衡模式、生物碳汇及碳平衡模式等十大水土保持综合治理模式体系，建成了上湾生态治理区、补连塔矿井水处理厂、哈拉沟生态示范基地、布尔台光伏+生态等多个示范基地、示范项目，开展生态研究 200 多项，破解了荒漠化地区大型煤炭基地开发建设过程中生态保护的世界性难题，逆转了原有脆弱生态环境退化方向，形成了良性的生态系统，建成了以"生态矿区、绿色矿山、清洁煤炭"为特征的国家亿吨级新型绿色煤炭基地。

自 2005 年以来，神东煤炭集团努力构建"山水林田湖草"生态空间结构：因地制宜，以针阔混交、乔灌草结合的方式进行生态恢复治理和绿化美化，植物群落从以油蒿为主的草本群落演替为以沙棘为主的灌草群落，原有脆弱生态环境实现了正向演替；降雨量少且年内年际不均匀现象明显改善，逆转了原有脆弱生态环境退化方向，形成了良性的生态系统；矿区植被覆盖率由开发初的 3%～11% 提高到 65%，植物种类由原来的 16 种增加到近 100 种，微生物和动物种群也大幅增加；13 座矿井全部达到绿色矿山建设标准，建成了国家生态文明工程和全国唯一的采煤沉陷区科技示范园。

2006 年 2 月 21 日下午，绿色东方——2005 年中华环境奖颁奖典礼在北京人民大会堂隆重举行，神东煤炭集团在众多候选单位中脱颖而出，成为唯一摘取奖牌的企业。2008 年，神东煤炭集团研发的"三期三圈"生态防治技术与模式、井下采空区过滤净化技术、井下煤矸置换技术、井下防灭火技术等荒漠化地区大型煤炭基地生态环境综合防治技术荣获国家科学技术进步奖二等奖；2012 年、2014 年、2015 年，神东煤炭集团千万吨矿井群资源与环境协调开发技术、生态脆弱区煤炭现代开采地下水和地表生态保护关键技术、西部干旱-半干旱煤矿区土地复垦的微生物复垦技术与应用分别荣获年度国家科学技术进步奖二等奖。2017 年、2018 年、2019 年，神东煤炭集团连续荣获国家社会责任绿色环保奖、能源绿色成就奖、社会责任特别贡献奖、第十二届中国企业社会责任峰会绿色环保奖。

2021 年 8 月，神东煤炭集团建成首个万亩"国家能源集团生态林"——巴图塔沙柳示范基地。被称为乌兰木伦和毛素沟五大风口之一的巴图塔沙区位于伊旗布尔台格乡，北靠公涅尔盖沟，东接考考赖沟，南近神东矿区，西临乌兰木伦河。长期以来，这里植被稀少、风沙肆虐，严重影响当地群众和矿区居民的日常生活。神东煤炭集团通过创新沉陷区生态恢复与建设技术，持续试验推广水瓶造林法、带状沙障造林法和直接造林法，在交通工具进不去的沙丘地带，坚持依靠人背肩扛，迎风沙、战酷暑，经过一次又一次在沙区设置沙障网格，终于战胜了恶劣的自然环境，完成了沙丘的植被绿化，让脆弱的环境实现了正向演替，上演了荒漠变绿洲的生态恢复奇迹。

三、履行央企责任打造黄河几字湾"绿色引擎"

2019 年 9 月 18 日，习近平总书记在黄河流域生态保护和高质量发展座谈会上发表重要讲话，明确"黄河流域生态保护和高质量发展"作为重大国家战略。2021 年 10 月 22 日，习近平总书记在山东省济南市主持召开深入推动黄河流域生态保护和高质量发展座谈会，并发表重要讲话，强调要科学分析当前黄河流域生态保护和高质量发展形势，把握好推动黄河流域生态保护和高质量发展的重大问题，咬定目标、脚踏实地、埋头苦干、久久为功，确保"十四五"时期黄河流域生态保护和高质量发展取得明显成效，为黄河永远造福中华民族而不懈奋斗。

作为黄河流域最大的煤炭生产企业，神东煤炭集团以习近平生态文明思想为指导，积极打造黄河流域生态保护和高质量发展先行示范，积极打造黄河几字湾区域地企协同发展先行示范，积极打造高碳产业低碳发展先行示范，努力走出一条生态优先、绿色低碳的高质量发展新路子，为黄河流域、全国煤炭行业生态保护和高质量发展提供可借鉴、可复制、可推广的典型模式和示范标杆，充分发挥黄河几字湾上的"绿色引擎"作用。

"山水林田湖草是生命共同体"创新实践基地是践行习近平生态文明思想及"黄河流域生态保护和高质量发展"重大国家战略的重要治理项目，创新了矿山"山水林田湖草沙"生态治理模式，于2020年3月被水利部评为国家水土保持生态文明工程。该基地以哈拉沟煤矿沉陷区生态治理为基础，在"三期三圈"生态防治模式的基础上，以"绿色、科技、人文"为主题，引领神东煤炭集团生态建设迈进生态文明新时代。基地总面积60000亩❶，核心示范区面积10000亩，建有62个示范点，扩展面积50000亩，种植大果沙棘255万穴，规划建成大柳塔、哈拉沟、石圪台集中片区40万亩。

"绿水青山就是金山银山"创新实践基地是深入贯彻习近平生态文明思想、践行"两山"理论的实践平台，旨在创新探索"两山"理论转化的制度实践和行动实践，形成可复制、可推广的"绿水青山就是金山银山"典型经验模式，树立生态文明建设的标杆样板，示范引领全国生态文明建设。该基地位于布尔台区域采煤沉陷区，面积为219 km²，是神东煤炭集团矿区最大的集中连片采煤沉陷区。区域内重点建设了布尔台区域采煤沉陷区6万亩生态综合示范基地和4万亩生态经济林+50万千瓦光伏的新型绿色矿山示范基地，开展了西部典型生态脆弱区煤矿生态承载力、生物多样性等技术研究与工程示范，建设了一系列可复制、可推广的现代能源经济+生态治理+生态产业+X的绿色示范项目。

"人与自然和谐共生"实践创新基地位于上湾红石圈生态治理区，是神东煤炭集团"三期三圈"生态防治模式的典型代表之一。该基地贯穿神东矿区采前、采中、采后全过程，构建了以风沙治理为主的宽幅立体"外围防护圈"，以水土保持为主的常绿景观"周边常绿圈"，以园林建设为主的优美和谐"中心美化圈"。红石圈小流域水土保持治理采取水保整地工程与林草措施相结合的综合治理方式，使原来的自然灾害多发地转变为集水保功能、生态功能、景观功能、游憩功能与经济林功能为一体的综合治理区，1999年被水利部评为"全国水土保持生态建设示范工程"，2000年以来以采煤沉陷生态综合治理为主，治理面积25 km²。

---

❶ 1亩=666.67平方米。

附件 绿色矿山建设相关文件

附件1 国务院关于推动内蒙古高质量发展 奋力书写中国式现代化新篇章的意见（国发〔2023〕16号）

国务院关于推动内蒙古高质量发展

奋力书写中国式现代化新篇章的意见

国发〔2023〕16号

各省、自治区、直辖市人民政府，国务院各部委、各直属机构：

紧紧围绕高质量发展这个首要任务，把内蒙古建设成为我国北方重要生态安全屏障、祖国北疆安全稳定屏障、国家重要能源和战略资源基地、国家重要农畜产品生产基地、我国向北开放重要桥头堡，是习近平总书记和党中央赋予内蒙古的战略定位和重大责任。为深入贯彻落实习近平总书记重要讲话和指示批示精神，支持内蒙古以铸牢中华民族共同体意识为主线，加快落实"五大任务"，推动高质量发展，奋力书写中国式现代化内蒙古新篇章，现提出如下意见。

一、总体要求

（一）指导思想

以习近平新时代中国特色社会主义思想为指导，深入贯彻党的二十大精神，牢牢把握习近平总书记和党中央对内蒙古的战略定位，完整、准确、全面贯彻新发展理念，加快构建新发展格局，着力推动高质量发展，统筹发展和安全，以铸牢中华民族共同体意识为主线，以生态优先、绿色发展为导向，加快经济结构战略性调整，探索资源型地区转型发展新路径，推动内蒙古在建设"两个屏障""两个基地""一个桥头堡"上展现新作为，切实提升保障国家生态、能源、粮食、产业和边疆安全功能，全方位建设"模范自治区"，打造服务保障全国高质量发展的重要支撑，为推进中国式现代化、全面建设社会主义现代化国家做出更大贡献。

（二）工作原则

——生态优先、绿色发展。牢固树立绿水青山就是金山银山的理念，扎实推动黄河流域生态保护和高质量发展，加大草原、森林、湿地等生态系统保护修复力度，加强荒漠化综合防治，构筑祖国北疆万里绿色长城。

——转变方式、调整结构。立足内蒙古资源禀赋、战略定位，推动转变经济发展方式同调整优化产业结构、延长资源型产业链、创新驱动发展、绿色低碳发展、全面深化改革开放相结合，切实提高发展的质量和效益。

——改革开放、塑造优势。落实"两个毫不动摇"，深化要素配置市场化改革，持续优化营商环境。积极参与共建"一带一路"和中蒙俄经济走廊建设，加强与国内其他区域合作，打造联通内外、辐射周边、资源集聚集散、要素融汇融通的全域开放平台。

——底线思维、保障安全。统筹发展和安全，发挥能源产业、战略资源、农牧业等优势，增强产业链供应链的竞争力和安全性，在支撑保障全国高质量发展中发挥更大作用。切实做好地方债务风险防范和处置工作。

——保障民生、凝聚民心。牢固树立以人民为中心的发展思想，在发展中更加注重保障和改善民生，推动人口高质量发展，扎实推进共同富裕，全面推进民族团结进步事业，让各族人民共享现代化建设成果。

（三）主要目标

到2027年，综合经济实力进入全国中等水平，城乡居民收入达到全国平均水平，产业结构优化升级，新能源装机规模超过火电，粮食和重要农畜产品供给能力持续提升，"三北"防护林体系建设工程攻坚战取得阶段性成效，防沙治沙成果显著，我国向北开放重要桥头堡作用充分发挥，"模范自治区"建设取得明显成效，内蒙古现代化各项事业实现新的发展。

到2035年，综合经济实力大幅跃升，经济总量和城乡居民收入迈上新台阶，新型能源体系基本建成，"两个屏障""两个基地""一个桥头堡"作用进一步提升，在促进民族团结进步上继续走在前列，与全国同步基本实现社会主义现代化。

二、统筹山水林田湖草沙系统治理，筑牢北方重要生态安全屏障

（四）科学推进荒漠化综合治理。把防沙治沙作为荒漠化防治的主要任务，分类施策、集中力量开展重点地区规模化防沙治沙，协同推进重要生态系统保护和修复重大工程、"三北"防护林体系建设工程，研究将重点沙区旗县统筹纳入重大工程推动实施。加大沙化土地治理、光伏治沙等支持力度，全力打好黄河"几字湾"生态环境系统治理攻坚战、科尔沁和浑善达克沙地歼灭战、河西走廊—塔克拉玛干沙漠边缘阻击战，支持在毛乌素沙地、库布齐沙漠等重点治理区实施一批重点项目，开展"三北"等重点生态工程生态环境成效评估，切实筑牢首都生态安全屏障。

（五）强化草原森林湿地保护修复。加大对大兴安岭森林生态保育、草原生态保护修复治理、湿地保护修复、水土保持、退化森林草原修复等的支持力度。严格落实草畜平衡和禁牧休牧制度，促进草原休养生息，防止超载过牧。严格执行原生沙漠和原生植被封禁保护制度，在主要风沙口、沙源区和沙尘路径区推行冬季免耕留茬制度。支持内蒙古自主开展草原保险试点。创建贺兰山、大青山等国家公园，培育建设草原保护生态学全国重点实验室。支持内蒙古建设国家生态文明试验区。

（六）深入开展环境污染防治。坚决打赢蓝天碧水净土保卫战，推进重点地区清洁取暖改造。加强呼包鄂、乌海及周边地区大气污染联防联控和历史遗留废弃矿山治理。全面实施入黄支流消劣整治、入河排污口分类整治，加快呼伦湖、乌梁素海、岱海及察汗淖尔等水生态综合治理，加强工业园区水污染整治，加快垃圾污水收集、转运、处置设施建设。加强受污染耕地、矿区用地等土壤风险管控和修复。推进"无废城市"建设。推动农牧业面源污染治理。支持内蒙古深化排污权交易试点。加强噪声污染防治。

（七）推进绿色低碳循环发展。积极稳妥推进碳达峰碳中和，推动能耗双控逐步转向碳排放双控。加快霍林河、包头铝业等低碳园区建设，推进鄂尔多斯蒙苏、包头达茂零碳园区发展。实施全面节约战略。支持城市废弃物分类回收利用设施建设，强化退役动力电池、光伏组件、风电机组叶片等新兴产业废弃物循环利用。建设鄂尔多斯粉煤灰提取氧化铝综合利用基地。推广零排放重型货车，在煤炭矿区、物流园区和钢铁、火电等领域培育一批清洁运输企业。深化内蒙古碳监测评估试点，建立完善碳监测评估技术体系。在内蒙古建设碳计量中心，健全森林草原湿地荒漠碳汇计量监测体系。支持呼伦贝尔、兴安盟、赤峰等地区探索生态产品价值实现机制。支持内蒙古发展绿色金融。

三、推动产业结构战略性调整优化，构建多元发展、多极支撑的现代化产业体系

（八）增强创新发展能力。聚焦新能源、稀土新材料、煤基新材料、石墨烯、氢能、生物制药、生物育种、草业等优势领域，布局建设国家级创新平台。支持呼包鄂按程序申请创建国家自主创新示范区。加快推动建设国家乳业技术创新中心，研究支持创建稀土新材料、草种业国家技术创新中心。鼓励在草原家畜生殖调控与繁育等领域培育建设全国重点实验室。支持内蒙古优势科研力量参与国家实验室建设，开展新能源发电、绿氢制备、煤炭高效灵活发电、新型电力系统等研究与实践。在国家重大人才工程计划和国家人才战略布局上给予倾斜。支持引进培养急需紧缺专业人才，落实有关地区性津贴倾斜政策。

（九）加快产业结构优化升级。大力推进新型工业化，支持内蒙古培育发展先进制造业集群。推动钢铁、有色金属、建材等重点领域开展节能减污降碳技术改造，延伸煤焦化工、氯碱化工、氟硅化工产业链。鼓励铁合金、焦化等领域企业优化重组。有序发展光伏制造、风机制造等现代装备制造业，加快发展电子级晶硅、特种合金等新材料。支持在内蒙古布局国防科技工业项目，推动民用航空产业发展。推动中医药（蒙医药）、原料药等医药产业发展。

（十）促进服务业优质高效发展。鼓励现代服务业与先进制造业、现代农牧业融合发展。加快建设包头稀土产品检测检验中心。支持内蒙古发展枢纽经济，推进国家物流枢纽、国家骨干冷链物流基地建设。研究应用公路集装箱模块化运输。培育发展银发经济。实施中华优秀传统文化传承发展工程。将西辽河文明研究纳入中华文明探源工程，支持红山文化遗址申报世界文化遗产。推进长城、黄河国家文化公园建设，支持阿尔山创建国家级旅游度假区。支持珠恩嘎达布其等边境旗县开展边境旅游试验区改革试验。研究设立和林格尔金融数据产业园。支持内蒙古融资担保机构与国家融资担保基金加强合作。

（十一）加强基础设施体系建设。研究强化呼南通道与包（银）海通道之间的衔接，推动包头经鄂尔多斯至榆林铁路、临河至哈密铁路、临河至额济纳段扩能改造工程等项目建设，研究建设齐齐哈尔至海拉尔、海拉尔至黑山头铁路，推进乌兰浩特至阿尔山至海拉尔铁路开行动车改造，构建贯通内蒙古东中西部的铁路大通道。在严格防范地方债务风险的前提下，推动国家高速公路主线内蒙古段全部贯通、盟市高速公路互通、城区人口 10 万以上旗县高速公路连通、重点口

岸高速公路接通。完善农村牧区公路交通管理设施和安全防护设施。支持重点旗县运输和通用机场建设。提升内蒙古电信普遍服务水平。开展低空空域改革，发展低空经济。加快推进全国一体化算力网络内蒙古枢纽节点建设，支持和林格尔数据中心集群"东数西算"项目建设。推动提升内蒙古枢纽节点与其他算力枢纽节点间的网络传输性能，扩容互联网出口带宽。开展新型互联网交换中心可行性研究论证。支持内蒙古森林草原防火应急通信基础设施建设。

四、深化体制机制改革，探索资源型地区转型发展新路径

（十二）推动矿产资源有序开发利用。严格落实国土空间规划、用途管制和生态环境分区管控要求，做好能源资源基地、国家规划矿区、重点勘查开采区与生态保护红线、自然保护地的衔接，基本草原内允许新设经依法依规批准的国家重大矿产资源勘探开发项目。全面推动绿色勘查、绿色矿山建设，探索制定促进矿山企业采用先进技术的激励政策。完善矿产资源节约与综合利用相关制度，务实加强矿山安全保障设施和能力建设，分类处置不具备安全生产条件的矿山，推动非煤矿山资源整合，鼓励综合开发利用与煤共伴生资源。

（十三）加强矿区治理修复。督促生产矿山全面履行矿山地质环境保护与恢复治理和土地复垦义务，探索支持第三方治理模式。协同开展矿山污染治理与生态修复。督促指导矿山企业足额计提、规范管理使用矿山地质环境治理恢复基金。鼓励具备条件的矿区开展土地规模化综合治理、相邻矿山企业实施集中连片综合治理。加大对历史遗留废弃矿山生态修复的财政资金投入，鼓励和支持社会资本参与并获得合理回报。

（十四）创新资源型地区转型发展体制机制。健全资源开发补偿机制和利益分配共享机制，强化资源型企业生态环境恢复治理责任和社会责任，促进绿色开发、收益共享。探索村集体采取出租等方式利用矿区土地共建就业帮扶车间、现代农业设施和发展新能源，促进矿区居民就业增收。落实跨省区输电工程长期合作协议，在严格执行跨省跨区送受电优先发电计划的基础上，鼓励以市场化方式开展外送电力中长期交易，推动新能源发电企业参与省区间现货交易。鼓励中央企业加大支持力度，加快呼和浩特能源资源总部经济集聚区建设。支持乌海、鄂尔多斯蒙西和棋盘井工业园区、阿拉善乌斯太工业园区，整合园区资源、理顺管理体制。

五、构建新型能源体系，增强国家重要能源和战略资源基地保供能力

（十五）提升传统能源供给保障能力。有序释放煤电油气先进产能，加快推进煤炭储备项目建设。优先支持内蒙古开展煤炭产能储备，建立一定规模的煤炭调峰储备产能。强化煤电兜底保障，加快推进国家规划内煤电建设，储备一批煤电项目。全面推进煤电机组"三改联动"。持续推动淘汰煤电落后产能，按照延寿运行、淘汰关停和"关而不拆"转为应急备用电源分类处置。支持内蒙古油气勘探开发，加大油气勘查区块出让力度，推进鄂尔多斯非常规天然气勘探开发，高质量建设鄂尔多斯现代煤化工产业示范区和煤制油气战略基地，带动煤基新材料高端化发展。

（十六）推进大型风电光伏基地建设。加快建设库布其、腾格里、乌兰布和、巴丹吉林等沙漠、戈壁、荒漠地区大型风电光伏基地、支撑性电源及外送通道。研究推动浑善达克沙地至京津冀输电通道建设。坚持规模化与分布式开发相结合，同步配置高效储能调峰装置，积极发展光热发电。支持内蒙古建设新型电力系统重大示范工程，鼓励开展新能源微电网应用。研究优化蒙西电网与华北电网联网方式。按照国家有关规定，优化 500 kV 电网工程纳规程序。加强电源电网在规划、核准、建设、运行等环节统筹协调。

（十七）加快构建现代能源经济体系。研究设立区域煤炭交易中心。完善适应新能源参与的电力市场规则，探索开展蒙西电网电力容量市场交易试点，建立可再生能源配套煤电项目容量补偿机制。开展内蒙古电力市场绿色电力交易。加快新能源产业关键材料、装备及零部件等全产业链发展，壮大风光氢储产业集群，建设国家级新能源装备制造基地。开展大规模风光制氢、新型储能技术攻关，推进绿氢制绿氨、绿醇及氢冶金产业化应用。在完善行业标准等前提下，推动乌兰察布至燕山石化输氢管道建设。支持低碳零碳负碳工程建设。鼓励新能源就地消纳，支持先进绿色高载能产业向内蒙古低碳零碳园区转移布局。

（十八）加强稀土等战略资源开发利用。支持内蒙古战略性矿产资源系统性勘查评价、保护性开发、高质化利用、规范化管理，提升稀土、铁、镍、铜、钨、锡、钼、金、萤石、晶质石墨、锂、铀、氦气等战略性矿产资源保障能力。加快发展高纯稀土金属、高性能稀土永磁、高性能抛光等高端稀土功能材料。扩大稀土催化材料在钢铁、水泥、玻璃、汽车、火电等行业应用。支持包头稀土产品交易所依法合规建设面向全国的稀土产品交易中心，将包头建设成为全国最大的稀土新材料基地和全球领先的稀土应用基地。

六、加快推进农牧业现代化，提升国家重要农畜产品生产基地综合生产能力

（十九）加强农牧业基础设施建设。加快建设高标准农田，逐步将永久基本农田全部建成高标准农田。逐步扩大东北黑土地保护利用范围，加强黑土地侵蚀沟道治理，支持符合条件的地方开展盐碱地综合利用，加强现有盐碱耕地改造提升，推进河套等大中型灌区续建配套和现代化改造。提升天然草原生产能力和草种供给能力，加快发展设施农业和舍饲圈养，扩大粮改饲试点，建设羊草、苜蓿、燕麦等优质饲草基地。推进农牧业机械化、智能化，加快建设国家现代农业产业园、农村产业融合发展园区和农业产业强镇。

（二十）大力发展生态农牧业。开展粮油等主要作物大面积单产提升行动，加大对产粮（油）大县奖励支持力度。实施优势特色品种培育和动植物保护工程，支持生物育种产业化应用试点，建设大豆、玉米、马铃薯制种大县，打造国家重要"粮仓"。支持甜菜生产，稳定甜菜糖产量。支持草原畜牧业转型升级项目建设，实施草畜平衡示范县试点。支持开展奶牛育种联合攻关，整县推进奶业生产能力提升，建设面向全国的乳业交易中心。稳步实施畜牧良种补贴政策，推进肉牛扩群提质和育肥场建设。推进农畜产品精深加工和绿色有机品牌打造。支持农业产业化国家重点龙头企业认定，推动农牧业龙头企业上市。高质量建设巴彦淖尔国家农业高新技术产业示范区和兴安盟现代畜牧业试验区。

（二十一）强化水资源保障能力。推进内蒙古水网骨干工程建设，稳步实施引绰济辽二期工程。推动农业节水增效、工业节水减排、城镇节水降损。推进煤矿绿色保水开采和矿井水综合利用，鼓励将矿井水因地制宜用于生态补水和农业灌溉。有序推进西辽河、鄂尔多斯台地地下水超采治理。加快黄河粗泥沙集中来源区拦沙工程建设进度。深化农业水价综合改革，加快完善供水计量体系，建立精准补贴和节水奖励机制。推进盟市间水权交易，依法依规开展用水权改革。

（二十二）深化农村牧区改革。健全土地、草牧场经营权流转服务体系，在推进新增耕地确权登记颁证的基础上，探索开展高效利用试点。按照国家部署，规范开展土地增减挂钩节余指标跨省域调剂，有序开展农村牧区集体经营性建设用地入市试点，稳妥盘活利用农村牧区存量建设用地。深入推进"空心村"治理。因地制宜开展优势特色农畜产品保险，对符合条件的农牧业保险给予适当补贴。

七、积极融入国内国际双循环，推动向北开放重要桥头堡建设提质升级

（二十三）强化开放大通道建设。加快建设以满洲里口岸为节点，内连大连港、秦皇岛港和东北地区，外接俄蒙至欧洲的向北开放东通道，以二连浩特口岸为节点，以中蒙俄中线铁路为支撑，内连天津港和京津冀，外接俄蒙至欧洲的向北开放中通道，完善货物通关、物流贸易和生产加工功能。提升满洲里、二连浩特中欧班列口岸服务能力，推进内蒙古开行中欧班列扩容提质，研究将发往蒙古国班列纳入图定线路。提升乌兰察布中欧班列集散能力。加快推进中蒙俄中线铁路升级改造可行性研究，协同推动乌兰察布至乌兰巴托至乌兰乌德跨境铁路通道升级改造。推进甘其毛都、策克等口岸跨境铁路前期研究和建设工作。统筹推进"智慧口岸""数字国门"试点建设，提升口岸通关保障能力。

（二十四）加快发展开放型经济。支持按程序申请设立中国（内蒙古）自由贸易试验区。加快满洲里、二连浩特互市贸易区加工、投资、贸易一体化发展。研究优化边境口岸行政区划设置，增强内生发展动力。推进满洲里与扎赉诺尔、乌兰察布与二连浩特等地区创新管理模式，促进口岸和腹地联动发展。进一步夯实产业基础，促进综合保税区高质量发展。推动与蒙古国、俄罗斯在农林牧渔、能源矿产、基础设施等领域合作。加强与蒙古国等周边沙源国家在沙尘源监测与综合治理、生态环境与生态修复等领域的技术和项目交流合作。支持内蒙古同新加坡等国拓展经贸合作。

（二十五）加强区域协作互动。积极融入京津冀协同发展，深化京蒙协作，探索推动内蒙古与北京开展对口合作。支持与天津、河北、辽宁等省市开展港口资源共享和内陆港合作。加强与张家口、承德、大同、忻州、榆林、石嘴山等毗邻地区生态环境联防联治、基础设施互联互通、公共服务合作共享。加快建设蒙东（赤峰—通辽）承接产业转移示范区。加强与长三角、粤港澳大湾区、东北三省等区域互惠合作，通过共建园区、飞地经济、异地孵化等方式承接产业转移。研究在满洲里、二连浩特、甘其毛都、策克等沿边地区整合建设若干沿边产业园区，中央预算内投资对园区基础设施建设等给予相应支持，打造沿边开放新高地。

八、加强中华民族共同体建设，筑牢北疆安全稳定屏障

（二十六）全面推进民族团结进步事业。开展铸牢中华民族共同体意识示范创建，推进研究基地和教育实践基地建设。构筑中华民族共有精神家园，坚定不移全面推行使用国家统编教材，确保各民族青少年掌握和使用好国家通用语言文字。巩固深化民族团结进步创建，持续开展各民族交往交流交融"三项计划"。完善防范化解民族领域重大风险体制机制。统筹城乡建设布局规划和公共服务资

源配置，创造更加完善的各族群众共居共学、共建共享、共事共乐的社会条件，在新时代继续保持"模范自治区"的崇高荣誉。

（二十七）加强基本民生保障。落实落细就业优先政策，重点抓好高校毕业生、退役军人、农民工、失业人员等群体就业。支持开展公共就业服务能力提升项目，支持符合条件的地方建设公共实训基地，推进创业创新园区建设。在政府投资重点工程和农牧业农牧区基础设施建设项目中推广以工代赈，适当提高劳务报酬发放比例。巩固拓展脱贫攻坚成果，支持国家乡村振兴重点帮扶县实施一批补短板促振兴重点项目，强化异地搬迁集中安置点后续扶持。加强对脱贫家庭、低保家庭、零就业家庭、残疾人等困难人员就业帮扶，增加低收入者收入，扩大中等收入群体，在国家政策框架内合理调整艰苦边远地区津贴实施范围和类别，优化收入分配格局，探索扎实推进共同富裕有效途径。

（二十八）提高公共服务水平。支持京津冀蒙高校组建联盟，推进教育部直属高校结对帮扶内蒙古地方高校。合理确定内蒙古地方高校本科和研究生培养规模，支持加强食品科学、生态学、草学、冶金稀土、临床医学、预防医学等学科专业建设，支持内蒙古大学加强"双一流"建设。支持内蒙古现代职业教育体系和本科层次职业学校建设。按照规划开展国家区域医疗中心、国家紧急医学救援基地建设，加强公立医院改革与高质量发展示范项目管理，加快建设紧密型县域医共体。开展完整社区试点，实施嘎查村（社区）综合服务设施补短板和扩能升级项目，提高社区工作者薪酬待遇。支持内蒙古研究解决部分地区原被征地农牧民养老保险单建制度问题，探索扩大企业年金覆盖面举措。支持烈士纪念设施、光荣院、优抚医院、军供站等建设，提升优抚保障水平。

（二十九）加强守边固边兴边。实施边境节点村镇基础设施提档升级工程，支持边境地区水电路讯一体化建设，实现抵边自然村、边防哨所、边境派出所和抵边警务室饮用水、电力、通信、广电普遍覆盖。深入开展兴边富民行动中心城镇建设试点。开展"民营企业进边疆"行动，实施兴边富民特色产业发展工程，促进边民就地就近就业和增收致富。扶持民族贸易和民族特需商品生产。推进边境"四个共同"长廊建设。支持大兴安岭林区防火路和抵边自然村通硬化路建设。加快沿边国道331线待贯通和低等级路段建设改造，有序推进沿边国道并行线建设。研究强化抵边乡镇工作力量，加强党政军警民合力强边固防，推进"平安北疆、智慧边防"建设。

（三十）防范化解重点领域风险。实施城市安全韧性提升、交通安全提升、社会治安防控体系、公共安全视频监控建设联网应用、智能安防单元建设等工程。支持呼和浩特建设国家应急物资储备库，布局建设呼伦贝尔、赤峰、乌海等区域库和部分旗县（市、区）骨干库。建设呼伦贝尔森林防灭火实训、北方航空应急救援等基地，支持森林草原火险区综合治理。稳妥推进中小银行风险处置、资本补充和深化改革。严格落实省负总责、地方各级党委和政府各负其责的要求，有力有序防范化解地方债务风险，坚决守住不发生系统性风险的底线。严格落实安全生产责任制，有效防范各类重大安全事故。

九、保障措施

（三十一）坚持和加强党的全面领导。充分发挥党总揽全局、协调各方的领导核心作用，深刻领悟"两个确立"的决定性意义，增强"四个意识"、坚定"四个自信"、做到"两个维护"，把党的领导始终贯穿于推动内蒙古高质量发展全过程各方面。增强党组织政治功能和组织功能，充分发挥基层党组织战斗堡垒和党员先锋模范作用，引导广大党员、干部大力弘扬"蒙古马精神"和"三北精神"，全面调动各级干部的积极性、主动性、创造性，守正创新、担当作为，凝聚各方合力，把党中央决策部署贯彻落实好。

（三十二）强化政策支持。发挥重大项目牵引带动作用，将符合条件的项目纳入中央预算内投资等支持范围。根据战略定位需要，围绕新能源、新材料、现代装备制造、现代煤化工、奶业、农畜产品等领域，在重点产业发展、重大项目落地等方面给予支持。支持内蒙古与中央和国家机关、东部沿海地区之间按照有关规定和干部管理权限开展干部挂职交流。加大人才培养力度，将内蒙古列为西部重点支持地区，推动高端人才支援内蒙古。

（三十三）健全工作落实机制。内蒙古自治区要落实主体责任，制定工作清单，明确时间表、施工图，确保各项任务落到实处。国务院有关部门要按照职责分工，根据本意见确定的目标任务，加强指导协调，出台配套政策，对内蒙古落实"五大任务"给予大力支持。国家发展改革委要加强对本意见实施的跟踪评估，完善工作机制，协调解决突出问题，重要情况及时向党中央、国务院报告。

国务院

2023 年 10 月 5 日

附件2 国土资源部 财政部 环境保护部 国家质量监督检验检疫总局 中国银行业监督管理委员会 中国证券监督管理委员会关于加快建设绿色矿山的实施意见（国土资规〔2017〕4号）

国土资源部 财政部 环境保护部 国家质量监督检验检疫总局 中国银行业监督管理委员会 中国证券监督管理委员会
关于加快建设绿色矿山的实施意见
国土资规〔2017〕4号

各省、自治区、直辖市国土资源、财政、环境保护主管部门、质量技术监督局（市场监督管理部门），各银监局，各证监局，各行业协会，中国地质调查局及国土资源部其他直属单位，国土资源部机关各司局：

为全面贯彻落实《中共中央国务院关于加快推进生态文明建设的意见》（中发〔2015〕12号）和《中华人民共和国国民经济和社会发展第十三个五年规划纲要》的决策部署，切实推进全国矿产资源规划实施，加强矿业领域生态文明建设，加快矿业转型与绿色发展，制定本实施意见。

一、总体要求

（一）指导思想。全面贯彻党的十八大和十八届三中、四中、五中、六中全会精神，深入贯彻落实习近平总书记系列重要讲话精神，按照统筹推进"五位一体"总体布局和协调推进"四个全面"战略布局的要求，牢固树立和贯彻落实创新、协调、绿色、开放、共享的新发展理念，适应把握引领经济发展新常态，认真落实党中央、国务院关于生态文明建设的决策部署，坚持"尽职尽责保护国土资源、节约集约利用国土资源、尽心尽力维护群众权益"的工作定位，紧紧围绕生态文明建设总体要求，通过政府引导、企业主体，标准领跑、政策扶持，创新机制、强化监管，落实责任、激发活力，将绿色发展理念贯穿于矿产资源规划、勘查、开发利用与保护全过程，引领和带动传统矿业转型升级，提升矿业发展质量和效益。

（二）总体目标
构建部门协同、四级联创的工作机制，加大政策支持，加快绿色矿山建设进程，力争到 2020 年，形成符合生态文明建设要求的矿业发展新模式。

基本形成绿色矿山建设新格局。新建矿山全部达到绿色矿山建设要求，生产矿山加快改造升级，逐步达到要求。树立千家科技引领、创新驱动型绿色矿山典范，实施百个绿色勘查项目示范，建设 50 个以上绿色矿业发展示范区，形成一批可复制、能推广的新模式、新机制、新制度。

构建矿业发展方式转变新途径。坚持转方式与稳增长相协调，创新资源节约集约和循环利用的产业发展新模式和矿业经济增长的新途径，加快绿色环保技术工艺装备升级换代，加大矿山生态环境综合治理力度，大力推进矿区土地节约集约利用和耕地保护，引导形成有效的矿业投资，激发矿山企业绿色发展的内生动力，推动我国矿业持续健康发展。

建立绿色矿业发展工作新机制。坚持绿色转型与管理改革相互促进，研究建立国家、省、市、县四级联创、企业主建、第三方评估、社会监督的绿色矿山建设工作体系，健全绿色勘查和绿色矿山建设标准体系，完善配套激励政策体系，构建绿色矿业发展长效机制。

二、制定领跑标准，打造绿色矿山

（三）因地制宜，完善标准。各地要结合实际，按照绿色矿山建设要求（见附件），细化形成符合地区实际的绿色矿山地方标准，明确矿山环境面貌、开发利用方式、资源节约集约利用、现代化矿山建设、矿地和谐和企业文化形象等绿色矿山建设考核指标要求。建立国家标准、行业标准、地方标准、团体标准相互配合，主要行业全覆盖、有特色的绿色矿山标准体系。

（四）分类指导，逐步达标。新立采矿权出让过程中，应对照绿色矿山建设要求和相关标准，在出让合同中明确开发方式、资源利用、矿山地质环境保护与治理恢复、土地复垦等相关要求及违约责任，推动新建矿山按照绿色矿山标准要求进行规划、设计、建设和运营管理。对生产矿山，各地要结合实际，区别情况，作出全面部署和要求，积极推动矿山升级改造，逐步达到绿色矿山建设要求。

（五）示范引领，整体推进。选择绿色矿山建设进展成效显著的市或县，建设一批绿色矿业发展示范区。着力推进技术体系、标准体系、产业模式、管理方式和政策机制创新，探索解决布局优化、结构调整、资源保护、节约综合利用、地上地下统筹等重点问题，健全矿产资源规划、勘查、开发利用与保护的制度体系，完善绿色矿业发展激励政策体系，积极营造良好的投资发展环境，全域推进绿色矿山建设，打造形成布局合理、集约高效、环境优良、矿地和谐、区域经济良性发展的绿色矿业发展样板区。

（六）生态优先，绿色勘查。坚持生态保护第一，充分尊重群众意愿，调整优化找矿突破战略行动工作布局。树立绿色环保勘查理念，严格落实勘查施工生态环境保护措施，切实做到依法勘查、绿色勘查。大力发展和推广航空物探、遥感等新技术和新方法，加快修订地质勘查技术标准、规范，健全绿色勘查技术标准体系，适度调整或替代对地表环境影响大的槽探等勘查手段，减少地质勘查对生态环境的影响。

三、加大政策支持，加快建设进程

（七）实行矿产资源支持政策。对实行总量调控矿种的开采指标、矿业权投放，符合国家产业政策的，优先向绿色矿山和绿色矿业发展示范区安排。

符合协议出让情形的矿业权，允许优先以协议方式有偿出让给绿色矿山企业。

（八）保障绿色矿山建设用地。各地在土地利用总体规划调整完善中，要将绿色矿山建设所需项目用地纳入规划统筹安排，并在土地利用年度计划中优先保障新建、改扩建绿色矿山合理的新增建设用地需求。

对于采矿用地，依法办理建设用地手续后，可以采取协议方式出让、租赁或先租后让；采取出让方式供地的，用地者可依据矿山生产周期、开采年限等因素，在不高于法定最高出让年限的前提下，灵活选择土地使用权出让年期，实行弹性出让，并可在土地出让合同中约定分期缴纳土地出让价款。

支持绿色矿山企业及时复垦盘活存量工矿用地，并与新增建设用地相挂钩。将绿色矿业发展示范区建设与工矿废弃地复垦利用、矿山地质环境治理恢复、矿区土壤污染治理、土地整治等工作统筹推进，适用相关试点和支持政策；在符合规划和生态要求的前提下，允许将历史遗留工矿废弃地复垦增加的耕地用于耕地占补平衡。

对矿山依法开采造成的农用地或其他土地损毁且不可恢复的，按照土地变更调查工作要求和程序开展实地调查，经专报审查通过后纳入年度变更调查，其中涉及耕地的，据实核减耕地保有量，但不得突破各地控制数上限，涉及基本农田的要补划。

（九）加大财税政策支持力度。财政部、国土资源部在安排地质矿产调查评价资金时，在完善现行资金管理办法的基础上，研究对开展绿色矿业发展示范区的地区符合条件的项目适当倾斜。

地方在用好中央资金的同时，可统筹安排地质矿产、矿山生态环境治理、重金属污染防治、土地复垦等资金，优先支持绿色矿业发展示范区内符合条件的项目，发挥资金聚集作用，推动矿业发展方式转变和矿区环境改善，促进矿区经济社会可持续发展，并积极协调地方财政资金，建立奖励制度，对优秀绿色矿山企业进行奖励。

在《国家重点支持的高新技术领域》范围内，持续进行绿色矿山建设技术研究开发及成果转化的企业，符合条件经认定为高新技术企业的，可依法减按15%税率征收企业所得税。

（十）创新绿色金融扶持政策。鼓励银行业金融机构在强化对矿业领域投资项目环境、健康、安全和社会风险评估及管理的前提下，研发符合地区实际的绿色矿山特色信贷产品，在风险可控、商业可持续的原则下，加大对绿色矿山企业在环境恢复治理、重金属污染防治、资源循环利用等方面的资金支持力度。

对环境、健康、安全和社会风险管理体系健全，信息披露及时，与利益相关方互动良好，购买了环境污染责任保险，产品有竞争力、有市场、有效益的绿色矿山企业，鼓励金融机构积极做好金融服务和融资支持。

鼓励省级政府建立绿色矿山项目库，加强对绿色信贷的支持。将绿色矿山信息纳入企业征信系统，作为银行办理信贷业务和其他金融机构服务的重要参考。

支持政府性担保机构探索设立结构化绿色矿业担保基金，为绿色矿山企业和项目提供增信服务。鼓励社会资本成立各类绿色矿业产业基金，为绿色矿山项目提供资金支持。

推动符合条件的绿色矿山企业在境内中小板、创业板和主板上市以及到"新三板"和区域股权市场挂牌融资。

四、创新评价机制，强化监督管理

（十一）企业建设，达标入库。完成绿色矿山建设任务或达到绿色矿山建设要求和相关标准的矿山企业应进行自评估，并向市县级国土资源主管部门提交评估报告。市县国土资源、环境保护等有关部门以政府购买服务的形式，委托第三方开展现场核查，符合绿色矿山建设要求的，逐级上报省级有关主管部门，纳入全国绿色矿山名录，通过绿色矿业发展服务平台，向社会公开，接受监督。纳入名录的绿色矿山企业自动享受相关优惠政策。

（十二）社会监督，失信惩戒。绿色矿山企业应主动接受社会监督，建立重大环境、健康、安全和社会风险事件申诉—回应机制，及时受理并回应所在地民众、社会团体和其他利益相关者的诉求。省级国土资源、财政、环境保护等有关部门按照"双随机、一公开"的要求，不定期对纳入绿色矿山名录的矿山进行抽查，市县级有关部门做好日常监督管理。国土资源部会同财政、环境保护等有关部门定期对各省（区、市）绿色矿山建设情况进行评估。对不符合绿色矿山建设要求和相关标准的，从名录中除名，公开曝光，不得享受矿产资源、土地、财政等各类支持政策；对未履行采矿权出让合同中绿色矿山建设任务的，相关采矿权审批部门按规定及时追究相关违约责任。

五、落实责任分工，统筹协调推进

（十三）分工协作，共同推进。国土资源部、财政部、环境保护部、质检总局会同有关部门负责绿色矿业发展工作的统筹部署，明确发展方向、政策导向和建设目标要求，加强对各省（区、市）的工作指导、组织协调和监督检查。各级国土资源、财政、环境保护、质监、银监、证监等相关部门和机构要在同级人民政府的统一领导下，按照职责分工，密切协作，形成合力，加快推进绿色矿山建设。

省级国土资源主管部门要会同财政、环境保护、质监等有关部门负责本省（区、市）绿色矿业发展工作的组织推进，专门制定工作方案，确定绿色勘查示范项目，制定绿色矿山建设地方标准，健全主要行业绿色矿山技术标准体系，明确配套政策措施，组织市县两级加快推进绿色勘查、绿色矿山建设；根据国土资源部等部门的工作布局要求，优选绿色矿业发展示范区，指导相应的市县编制建设工作方案，做好组织推进和监督管理工作；每年12月底前向国土资源部等部门报告相关进展情况和成效，以及监督检查情况。

市县国土资源、财政、环境保护等有关部门在同级人民政府的领导下，负责具体落实，严格依据工作方案，提出具体工作措施，督促矿山企业实施绿色勘查，建设绿色矿山，做好日常监督管理。

加强标准化技术委员会的指导，鼓励中国矿业联合会等行业协会、企业参与绿色矿山标准的研究制定工作，逐步总结形成绿色矿山国家标准、行业标准。

（十四）奖补激励，示范引领。各级国土资源、财政主管部门应建立激励制度，对取得显著成效的绿色矿山择优进行奖励。国土资源部、财政部将会同有关部门每年从全国绿色矿山名录中遴选一定数量的优秀绿色矿山给予表扬奖励，发挥示范引领作用。

（十五）搭建平台，宣传推广。在国土资源部门户网站建设绿色矿业发展服务平台，公布绿色矿业政策信息、全国绿色矿山名录、绿色矿山和绿色勘查技术装备目录及标准规范，宣传各地绿色矿业进展和典型经验等。充分发挥中国矿业联合会等行业协会的桥梁纽带作用，强化行业自律。鼓励科研院所、咨询机构等共同参与绿色矿山建设，加强信息共享和宣传推广。

本实施意见自印发之日起施行，有效期五年。

国土资源部

财政部　环境保护部

国家质量监督检验检疫总局

中国银行业监督管理委员会

中国证券监督管理委员会

2017 年 3 月 22 日

附件3 内蒙古自治区人民政府关于印发自治区绿色矿山建设方案的通知（内政发〔2020〕18号）

内蒙古自治区人民政府关于

印发自治区绿色矿山建设方案的通知

内政发〔2020〕18号

各盟行政公署、市人民政府，各旗县人民政府，自治区各委、办、厅、局，各大企业、事业单位：

现将《内蒙古自治区绿色矿山建设方案》印发给你们，请结合实际，认真贯彻落实。

2020年11月5日

（此件公开发布）

内蒙古自治区绿色矿山建设方案

为进一步加强我区矿山环境保护与综合治理，促进矿产资源开发与生态环境相协调，实现矿业开发绿色、健康、持续发展，按照原国土资源部、财政部、原环境保护部、原国家质检总局、原中国银监会、中国证监会《关于加快建设绿色矿山的实施意见》（国土资规〔2017〕4号）要求，结合自治区实际，制定本方案。

一、重要意义

我区是矿产资源大区和国家重要的能源、有色金属资源基地，矿业在国民经济中占有十分重要的地位，为自治区经济社会发展做出了积极贡献。但同时也要看到，我区矿产资源开发利用总体上还比较传统粗放，生态环境问题比较突出，生产矿山累计占用、损毁土地面积大，固体废弃物堆积存量大，严重影响着矿山生态环境和矿业的可持续发展。全面建设绿色矿山，是实现矿业转型发展、持续发展的必然要求，是推进矿业领域生态文明建设的重大举措，对于实现我区矿业经济转型升级、促进自治区经济社会持续健康稳定发展、打造祖国北疆亮丽风景线具有十分重要的意义。

二、总体要求

（一）指导思想。以习近平新时代中国特色社会主义思想为指导，全面贯彻党的十九大和十九届二中、三中、四中全会精神，认真落实习近平生态文明思想和习近平总书记对内蒙古重要讲话重要指示批示精神，统筹推进"五位一体"总体布局，协调推进"四个全面"战略布局，牢固树立和贯彻落实新发展理念，将生态优先、绿色发展导向贯穿于矿产资源规划、勘查、开发利用与保护全过程，全力推进绿色矿山建设，引领和带动矿业绿色发展、高质量发展，为建设我国北方重要生态安全屏障做出贡献。

（二）总体目标。构建政府主导、部门协同、三级联创的工作机制；建立绿色矿山标准体系制度；建立完善生态脆弱区生态保护与建设政策保障体系，开展生态脆弱区保护、修复与产业示范，编制相关发展规划，重点发展与生态脆弱区资源环境相适应的环境友好型产业，促进生态脆弱区生态环境保护和建设；加大政策支持力度，加快绿色矿山建设进程。到2023年底前，全区矿山总体达到绿色矿山建设基本条件，资源集约节约利用水平显著提高，矿山生态环境得到有效保护，矿区土地复垦水平全面提升，矿业步入绿色可持续发展的良性循环轨道，基本建成节约高效、环境美丽、矿地和谐的绿色矿业发展新模式。

新建矿山要全部达到绿色矿山建设标准；生产矿山要按照绿色矿山建设标准加快改造升级，限期达到绿色矿山建设标准；建设3个自治区绿色矿业发展示范区，启动创建一批绿色勘查示范项目。

2025年底前，全部矿山达到国家或自治区绿色矿山建设标准，不符合绿色矿山建设标准的矿山企业依法逐步退出市场。

三、重点任务

（一）健全完善自治区绿色矿山规划体系。将全区生产矿山、新建矿山全部纳入绿色矿山建设规划。严格执行以依法办矿、规范管理、综合利用、技术创新、节能减排、环境保护、土地复垦、社区和谐、企业文化等为主要内容的绿色矿山建设规划。（各盟行政公署、市人民政府牵头，自治区生态环境厅、自然资源厅、发展改革委、工业和信息化厅、应急厅、市场监管局、能源局等部门配合）

（二）建立健全绿色矿山标准体系。结合地区和行业特点，制定绿色矿山建设标准。健全煤炭、有色金属、黄金、冶金、化工、非金属、砂石土矿等行业绿色矿山标准体系。（自治区自然资源厅牵头，自治区生态环境厅、市场监管局、发展改革委、工业和信息化厅、能源局、应急厅等部门配合）

（三）创建绿色矿业发展示范区。加快推进鄂尔多斯市准格尔—东胜、赤峰市北部、呼伦贝尔市扎赉诺尔—伊敏三大区域自治区绿色矿山示范区建设，形成一批可复制、可推广的矿业发展新模式、新机制。将示范区内全部矿山纳入矿产资源规划，严守生态红线，合理设置矿业权，调整矿业产业结构；将化解过剩产能与推动资源整合、企业兼并重组和保护区矿山清理紧密结合；推动综合勘查、评价、开发和利用，降低矿山企业能耗、地耗和水耗强度。（相关盟行政公署、市人民政府牵头，自治区自然资源厅、生态环境厅、工业和信息化厅、能源局等部门配合）

（四）推动绿色勘查示范工程建设。树立绿色勘查理念。各级财政出资的地质勘查项目，选取部分项目试点开展绿色勘查示范创新。鼓励和支持社会出资的地质勘查项目积极申报部、自治区级绿色勘查示范项目。通过示范项目推动绿色勘查工作。地勘行业要加强勘查技术、工艺和手段的研究和推广，通过绿色勘查减少对地表植被的破坏、减少对生态的扰动。（自治区自然资源厅牵头，自治区财政厅等部门配合）

（五）严格新建矿山准入标准。对新设立矿山执行绿色矿山标准建设。自然资源部门要根据国家有关要求整合矿产资源开发利用、矿山地质环境保护与土地复垦方案，并将绿色矿山建设标准纳入整合后的方案中，统一编制、统一审查、统一实施；要选择对环境破坏较小的开采方式、采矿技术和选矿方法，保护矿区生态环境。生态环境部门要依法审批环境影响评价文件，监督企业把生态保护措施落实到位，矿山"三废"得到有效处理，污染物排放达标。水利部门要加强水土保持方案的审查。林草部门要严格把控新建矿山是否占用草原，占地审核严格按照国家和自治区有关规定执行。应急管理部门要严格审查安全设施设计，监督企业落实安全措施，确保矿山绿色安全生产。（自治区自然资源厅牵头，自治区发展改革委、工业和信息化厅、生态环境厅、水利厅、应急厅、林草局、能源局等部门配合）

（六）推进生产矿山达标建设。各盟市依据矿山环境现状调查，按照"谁破坏，谁复垦"的原则，落实矿山环境治理和绿色矿山建设责任主体，加快编制各级绿色矿山建设规划，制定绿色矿山建设年度推进计划，全面推进生产矿山的绿色矿山建设。继续实施矿山生态环境保护制度，加大"边开采、边治理"力度，制定切实可行的植被恢复方案，不留生态赤字。加大开采回采率、选矿回收率、综合利用率的抽查与监管力度，督促企业尽快达到国家或自治区规定标准。按照绿色矿山建设规划及标准，加快推进企业技术改造。强化"三废"管理，提高安全生产管理水平，推进尾矿和废石综合利用。鼓励企业利用先进的采矿技术和开采方式，减少对生态环境的影响。矿山用地审批，要严格控制废弃物排土场面积和数量。（自治区自然资源厅牵头，自治区发展改革委、工业和信息化厅、生态环境厅、水利厅、应急厅、能源局、林草局等部门配合）

（七）推动矿地和谐发展。研究完善资源开发利益分配机制，维护矿区居民利益和矿山企业合法权益。探索建立地方政府、群众代表与企业议事协调机制，明确负责矿地矛盾排查和协调处理的机构和人员，及时妥善解决各类矛盾。矿山企业要依法规范开采，建立矿地矛盾协调化解机制，自觉履行法定义务和社会责任，树立良好企业形象；大力支持地方基础设施建设，改善矿区及周边生产生活环境；组织就业培训，优先安排矿区周边居民，积极开展扶贫救助等惠民活动；采取劳务委托、工程承包等方式，支持所在地区苏木乡镇、嘎查村发展壮大集体经济。矿山在生产过程中，要及时调整影响社区生活的生产作业，减少对人民群众生活的影响。（各盟行政公署、市人民政府牵头，自治区自然资源厅、发展改革委、工业和信息化厅、财政厅、生态环境厅、能源局、应急厅等部门配合）

四、政策措施

（一）支持政策。鼓励自治区矿山企业争创绿色矿山。纳入国家或自治区名录库的矿山企业，可按照规定享受相关政策优惠。

1. 矿产资源支持政策

对实行总量调控矿种的开采指标、矿业权投放，符合产业政策和矿山发展规划的，优先向绿色矿山和绿色矿业发展示范区安排。

2. 绿色矿山建设用地支持政策

（1）土地利用规划计划保障。各地区在土地利用总体规划调整完善中，要将绿色矿山建设项目纳入规划重点项目清单，并在土地利用年度计划中优先保障新建、改扩建绿色矿山合理的新增建设用地需求。

（2）降低用地成本。对于采矿用地，在依法办理建设用地手续后，可以采取协议方式出让、租赁或先租后让；可以依据矿山生产周期、开采年限，在法定最高出让年限内，灵活选择土地使用权出让年期，实行弹性出让，并可在土地出让合同中约定分期缴纳土地出让价款。

（3）支持绿色矿山企业复垦盘活存量工矿用地。支持绿色矿山及时复垦盘活存量工矿用地，并与新增建设用地相挂钩；在符合规划和生态要求的前提下，允许将历史遗留工矿废弃地复垦增加的耕地用于耕地占补平衡；对矿山依法开采造成的农用地或其他土地损毁且不可恢复的，按照土地变更调查工作要求和程序开展实地调查，经专报审查通过后纳入年度变更调查，涉及耕地的，据实核减耕地保有量，但不得突破各地区控制数上限，涉及基本农田的要补划。

3. 财税支持政策

修订相关财政及项目规范标准，允许将绿色勘查技术应用的新增费用及工作区环境恢复治理费用纳入项目预算。财政、自然资源部门在安排地质矿产调查评价资金时，按照国家有关规定对绿色矿业发展示范区内符合条件的项目适当倾斜；在用好中央资金的同时，加强地方地质矿产、矿山生态环境治理、重金属污染防治、土地复垦等财政资金的统筹安排，优先支持绿色矿业发展示范区内符合条件的项目。各级财政资金要建立奖励制度，对优秀绿色矿山企业进行奖励。在《国家重点支持的高新技术领域》范围内，符合条件并经认定为高新技术企业的，可依法减按15%税率征收企业所得税。

4. 绿色金融扶持政策

鼓励银行业金融机构研发绿色矿山特色信贷产品，加大对绿色矿山建设的资金支持力度。鼓励金融机构积极做好对绿色矿山企业的金融服务和融资支持。各级人民政府要加强对绿色矿山建设的绿色信贷支持。将绿色矿山信息纳入企业征信系统，作为银行业金融机构办理信贷业务和其他金融机构提供服务的重要指标依据。支持政府性担保机构探索设立结构化绿色矿业担保基金，为绿色矿山企业和项目提供增信服务。鼓励社会资本成立绿色矿业产业基金，为绿色矿山项目提供资金支持。推动符合条件的绿色矿山企业在境内中小板、创业板和主板以及到"新三板"和区域股权市场挂牌融资。

（二）严格绿色矿山建设程序。矿山企业是绿色矿山建设的责任主体，要按照绿色矿山建设标准和规划实施矿山升级改造。全国绿色矿山名录遴选按照国家有关规定程序评估确定。拟申请纳入自治区绿色矿山名录的矿山应在企业完成绿色矿山建设任务后，向旗县（市、区）自然资源部门提交自评报告，由旗县（市、区）自然资源部门会同生态环境、工业和信息化等部门，以政府购买服务的方式委托第三方机构开展现场核查评估，符合要求的，经旗县（市、区）人民政府同意，上报盟市自然资源部门并予以公示，公示无异议的，由盟市自然资源部门上报自治区自然资源厅纳入自治区绿色矿山名录，接受社会监督。

（三）强化监督管理。旗县（市、区）人民政府是绿色矿山建设的监管主体，要组织工业和信息化、公安、自然资源、生态环境、应急等相关部门开展定期评估。自治区自然资源厅等有关部门要加大对绿色矿山建设的检查抽查力度。对在规划时间内或者经评估未达到绿色矿山建设标准的矿山企业，由相关主管部门责令限期整改，对违反法律的依法进行处罚。逾期整改不到位的绿色矿山，依程序从绿色矿山名录中移出，取消对应优惠政策并公开曝光。对拒绝整改或难以整改到位的矿山企业，各地区要充分发挥工业和信息化、公安、自然资源、生态环境、林草、能源、应急等相关部门的职能作用，综合运用法律和经济手段，依法实施关闭。

五、保障措施

（一）加强组织领导。各地区、各有关部门要将绿色矿山建设作为改善生态环境、加强生态文明建设和推动经济社会全面发展的重要工作，纳入重要议事日程，加强领导，精心组织，注重落实，动员各方面力量，加大矿产资源开发管理和矿山生态环境保护治理力度，加快推进绿色矿山建设。将绿色矿山建设工作列为自治区生态环境建设领导小组的专项工作，由自治区分管副主席具体负责，自治区自然资源厅、公安厅、发展改革委、财政厅、工业和信息化厅、能源局、生态环境厅、林草局、人力资源社会保障厅、应急厅、水利厅、市场监管局和内蒙古税务局、银保监局等部门参加，负责统筹指导全区绿色矿山建设工作，协调解决全区绿色矿山建设中的重点难点问题。专项工作协调办公室设在自治区自然资源厅。各盟市、旗县（市、区）要成立相应的组织领导机构，负责组织制定本地区绿色矿山规划和工作方案，细化实化绿色矿山建设的目标任务、工作内容、实施步骤、组织保障、配套政策、责任分工等，并抓好落实和监督。

（二）明确部门职责分工。工业和信息化、能源部门应将绿色矿山建设纳入行业发展规划，工业和信息化、能源、发展改革部门要严格项目核准。工业和信息化部门负责组织研究和大力推广先进开采技术方法，制定尾矿综合利用规划，研究制定有关政策。财政部门负责地勘预算标准的调整，矿山环境治理、第三方评估、绿色矿山奖励经费的落实，配合做好矿山环境治理恢复基金制度政策的制定。自然资源部门负责绿色矿山日常工作、名册管理，牵头制定技术标准，负责绿色矿山及地质环境治理监督管理、"三率"指标落实等工作。生态环境部门负责矿山"三废"治理及污染物达标排放的监督管理，有力促进矿山生态环境保护。水利部门负责矿山开采取水管理和水土流失防治工作监管。其他相关部门依据自身职能职责，结合绿色矿山建设要求，落实好相关工作。

（三）加强目标责任考核。各地区、各有关部门要强化监督管理，根据绿色矿山建设要求，建立健全绿色矿山建设工作监督管理办法。各盟行政公署、市人民政府及各旗县（市、区）人民政府要制定绿色矿山建设规划和相应的绿色矿山建设考核办法，将绿色矿山建设工作完成情况纳入年终绩效考核体系，开展年度绿色矿山建设进展及成效评估，加大对主要目标指标、重点任务、重大政策等落实情况的考核力度。对绿色矿山建设失职失责的，将严格按照《中国共产党问责条例》《中国共产党纪律处分条例》《行政机关公务员处分条例》等相关规定予以问责。

（四）加强新闻宣传报导。各地区、各部门要充分利用绿色矿业发展服务平台及网络、电视、报纸、微信等媒体资源，广泛宣传绿色矿山建设典型经验和进展成效，加强舆论宣传引导，提高全社会特别是矿山企业对绿色矿山建设的思想认识，使社会各界了解绿色矿山，积极支持和参与绿色矿山建设。

本方案自印发之日起施行，《内蒙古自治区人民政府关于印发自治区绿色矿山建设方案的通知》（内政发〔2017〕111号）同时废止。

参 考 文 献

［1］中国政府网. 中华人民共和国环境保护法 ［EB/OL］.（2014-04-25）［2023-10-12］.
　　https：//www. gov. cn/zhengce/2014-04/25/content_2666434. htm.

［2］中国政府网. 中华人民共和国土地管理法实施条例 ［EB/OL］.（2011-01-08）［2023-10-12］.
　　https：//www. gov. cn/gongbao/content/2011/content_1860861. htm.

［3］中国人民共和国水利部. 中华人民共和国水法（1988 年发布，2002 年修订，2009 年修
　　正，2016 年修正）［EB/OL］.（2016-07-04）［2023-10-12］. http：//www. mwr. gov. cn/
　　zw/zcfg/fl/201612/t20161222_775484. html.

［4］国家能源局. 中华人民共和国煤炭法 ［EB/OL］.（2017-11-02）［2023-10-12］. https：//
　　www. nea. gov. cn/2017-11/02/c_136723041. htm.

［5］中国人民共和国生态环境部. 中华人民共和国水污染防治法 ［EB/OL］.（2018-01-01）
　　［2023-10-12］. https：//www. mee. gov. cn/ywgz/fgbz/fl/200802/t20080229_118802. shtml.

［6］中国人民共和国生态环境部. 排污许可管理办法（试行）［EB/OL］.（2018-01-10）
　　［2023-10-12］. https：//www. mee. gov. cn/gzk/gz/202112/t20211211_963801. shtml.

［7］中国人民共和国生态环境部. 中华人民共和国土壤污染防治法 ［EB/OL］.（2018-08-31）
　　［2023-10-12］. https：//www. mee. gov. cn/ywgz/fgbz/fl/201809/t20180907_549845. shtml.

［8］中国人民共和国生态环境部. 中华人民共和国环境影响评价法 ［EB/OL］.（2019-01-11）
　　［2023-10-12］. https：//www. mee. gov. cn/ywgz/fgbz/fl/201901/t20190111_689247. shtml.

［9］中国人民共和国生态环境部. 中华人民共和国固体废物污染环境防治法 ［EB/OL］.
　　（2020-04-30）［2023-10-12］. https：//www. mee. gov. cn/ywgz/fgbz/fl/202004/t20200430_
　　777580. shtml.

［10］中国政府网. 中华人民共和国土地管理法实施条例 ［EB/OL］.（2021-07-30）［2023-10-12］.
　　https：//www. gov. cn/zhengce/content/2021-07/30/content_5628461. htm.

［11］中国人民共和国生态环境部. 中华人民共和国噪声污染防治法 ［EB/OL］.（2021-12-25）
　　［2023-10-12］. https：//www. mee. gov. cn/ywgz/fgbz/fl/202112/t20211225_965275.
　　shtml.

［12］中国人民共和国生态环境部. 中华人民共和国黄河保护法 ［EB/OL］.（2022-10-30）
　　［2023-10-12］. https：//www. mee. gov. cn/ywgz/fgbz/fl/202210/t20221030_998324. shtml.

［13］中国政府网. 中共中央 国务院关于加快推进生态文明建设的意见（2015 年 4 月 25 日）
　　［EB/OL］.（2015-05-05）［2023-10-12］. https：//www. gov. cn/guowuyuan/2015-05/05/
　　content_2857363. htm.

［14］中国政府网. 国务院关于印发大气污染防治行动计划的通知 ［EB/OL］.（2013-09-12）

[2023-10-12]. https：//www. gov. cn/zwgk/2013-09/12/content_2486773. htm.

[15] 中国政府网. 国务院关于印发"十三五节能减排综合性工作方案"的通知》[EB/OL]. (2017-01-05) [2023-10-12]. https：//www. gov. cn/zhengce/content/2017-01/05/content_5156789. htm.

[16] 中国政府网. 煤矸石综合利用管理办法（2014 年修订版）[EB/OL]. (2014-12-22) [2023-10-12]. https：//www. gov. cn/zhengce/2014/12/22/content_5713236. htm.

[17] 国家能源局. 国家能源局 环境保护部 工业和信息化部关于促进煤炭安全绿色开发和清洁高效利用的意见 [EB/OL]. (2014-12-26) [2023-10-12]. https：//zfxxgk. nea. gov. cn/auto85/201501/t20150112_1880. htm.

[18] 中国政府网. 六部门联合印发《关于加快建设绿色矿山的实施意见》[EB/OL]. (2017-05-12) [2023-10-12]. https：//www. gov. cn/xinwen/2017-05/12/content_5192926. htm.

[19] 中华人民共和国自然资源部. 自然资源部办公厅关于做好 2020 年度绿色矿山遴选工作的通知 [EB/OL]. （2020-05-14） [2023-10-12]. https：//gi. mnr. gov. cn/202005/t20200515_2513079. html.

[20] 中华人民共和国自然资源部. 自然资源部关于规范临时用地管理的通知 [EB/OL]. (2021-11-10) [2023-10-12]. https：//gk. mnr. gov. cn/zc/zxgfxwj/202111/t20211110_2702720. html.

[21] 中国矿业网. 关于印发《国家级绿色矿山试点单位验收办法（试行）》的通知 [EB/OL]. (2014-08-19) [2023-10-12]. http：//www. chinamining. org. cn/index. php? m = content&c = index&a = show&catid = 20&id = 9801.

[22] 中机生产力促进中心, 合肥安联贸易有限公司. GB/T 13306—2011 标牌 [S]. 北京：中国标准出版社, 2011.

[23] 重庆地质矿产研究院, 抚顺矿业集团有限责任公司工程技术研究中心, 山西省煤炭地质研究所. GB/T 29162—2012 煤矸石分类 [S]. 北京：中国标准出版社, 2012.

[24] 重庆地质矿产研究院, 抚顺矿业集团有限责任公司工程技术研究中心, 山西省煤炭地质研究所. GB/T 29163—2012 煤矸石利用技术导则 [S]. 北京：中国标准出版社, 2012.

[25] 煤炭工业节能技术服务中心, 煤炭科学研究总院北京煤化工研究分院, 太原煤炭气化（集团）有限责任公司, 等. GB/T 29444—2012 煤炭井工开采单位产品能源消耗限额 [S]. 北京：中国标准出版社, 2012.

[26] 中国冶金建设协会. GB 50187—2012 工业企业总平面设计规范 [S]. 北京：中国计划出版社, 2012.

[27] 环境保护部南京环境科学研究所, 环境保护部环境标准研究所, 中钢集团马鞍山矿山研究院有限公司（国家环境保护矿山固体废物处理与处置工程技术中心）, 等. HJ 651—

2013 矿山生态环境保护与恢复治理技术规范 ［S］. 北京：中国环境科学出版社，2013.

［28］ 国土资源部土地整治中心 . TD/T 1036—2013 土地复垦质量控制标准 ［S］. 北京：中国标准出版社，2013.

［29］ 天津市环境保护科学研究院，中国环境科学研究院 . GB 13271—2014 锅炉大气污染物排放标准 ［S］. 北京：中国环境科学出版社，2014.

［30］ 中国矿业大学（北京），煤炭科学研究总院北京煤化工研究分院 . GB/T 31089—2014 煤矿回采率计算方法及要求 ［S］. 北京：中国标准出版社，2014.

［31］ 中国地质调查局，水利部水文局，中国地质科学院水文地质、环境地质研究所，等 . GB/T 14848—2017 地下水质量标准 ［S］. 北京：中国标准出版社，2017.

［32］ 山东蓝光软件有限公司，山东科技大学，中煤能源集团有限公司，等 . GB/T 34679—2017 智慧矿山信息系统通用技术规范 ［S］. 北京：中国标准出版社，2017.

［33］ 中国煤炭工业协会生产力促进中心，中国地质科学院 . DZ/T 0315—2018 煤炭行业绿色矿山建设规范 ［S］. 北京：中国地质出版社，2018.

［34］ Adam Smith. An Inquiry into the Nature and Causes of the Wealth of Nations ［M］. London：Liberty Fund，2011.

［35］ Barbier E B. A Global Green New Deal：Rethinking the Economic Recovery ［M］. London：Cambridge University Press，2010.

［36］ Cao W K，Xu J W，Gao P F，et al. Developing recycling economy and promoting green mining ［J］. Coal Technology，2011，30（1）：1-3.

［37］ Cheng Siwei. Sustainable Development and Green Economy ［R］. China Process Systems Engineering Annual Meeting Speech，2010.

［38］ China Sustainable Development Strategy Report. China's Approach towards a Low Carbon Future ［M］. Beijing：China Science Press，2009.

［39］ Guo J. Research on dynamic mechanism of green coal mine construction ［J］. Applied Mechanics & Materials，2014，535：610-613.

［40］ Hafkamp Wim，Nijkamp Peter. Towards an integrated national-regional environment-economic model ［J］. North-Holland Public Co. ，1982：653-663.

［41］ Hao Z，Fei H，Liu L. Green mining：The basic policy of China ［J］. Acta Geologica Sinica，2012，86（6）：1593-1593.

［42］ Hennicker Rolf，Bauer Sebastian S，Janisch Stephan，et al. A generic framework for multi-disciplinary environmental modeling ［J］. Modelling and Software Society，2010（7）：980-994.

［43］ HILSON G M. Introduction to this special issue，improving environmental，economic and ethical performance in the mining industry [J]. Journal of Cleaner Production, 2006, 14 (3/4) : 225-226.

[44] HM Government. 2005 Securing the Future—Delivering UK Sustainable Development Strategy [R]. UK Government: London.

[45] Jingjun H. On the construction of green mines [J]. Metal Mine, 2009 (4): 7-10.

[46] Jialin X, Minggao Q. Concept of green mining and its technical framework [J]. Science & Technology Review, 2007, 25 (7): 61-65.

[47] Li Y F, Sun X, Zhu X D, et al. An early warning method of landscape ecological security in rapid urbanizing coastal areas and its application in xiamen, China [J]. Ecological Modelling, 2010, 221 (19) : 2251-2260.

[48] Long R Y, Li M. Reasons of positively-lacking and revelation of policy-making on green mining [J]. Ecological Economy, 2007 (1): 194-197.

[49] Lu M Y, Zhang Z F, Meng X, et al. Study on incentive mechanisms of coal green mining [J]. Procedia Earth & Planetary Science, 2009, 1 (1): 211-218.

[50] Maheshi D, Steven V P, Karel V A. Environmental and economic assessment of open waste dump mining in Sri Lanka [J]. Resources Conservation & Recycling, 2015, 102: 67-79.

[51] Medows. Market feedbacks and the limit to growth [J]. INFOR Journal, 1977, 15 (1): 1-21.

[52] MMSD. Breaking New Ground. The Report of the Mining, Minerals and Sustainable Development Project [M]. Earthscan: London, 2002.

[53] Ocampo J A. The Transition to a Green Economy: Benefits, Challenges and Risks from a Sustainable Development Perspective Summary of Background Papers [R]. United Nations Department of Ecomomic and Social Affairs, 2011.

[54] Olusola O O, Harold J A. Contrasting community and corporate perceptions of sustainability: A case study within the platinum mining region of South Africa [J]. Resources Policy, 2013, 38 (4): 568-576.

[55] O'regan B, Moles R. Using system dynamics to model the interaction between environmental and economic factors in the mining industry [J]. Journal of Cleaner Production, 2006, 14 (8): 689-707.

[56] Prinsloo T F, Oberholzer M. A Note: Estimating the relationship between environmental performance and economic performance of South African mining companies [J]. South African Journal of Accounting Research, 2011, 25 (1): 191-207.

[57] Liu Q, Li H M. A Survey and analysis on public awareness and performance for promoting

circular economy in China：A case study for Tianjin ［J］. Journal of Leaner Production, 2008 (7)：265-270.

［58］ Qian M G. Technological system and green ming concept ［J］. Coal Sci. Technol, 2003, 4：1-3.

［59］ Qiao F S. Building the green mine for the development of green mining ［J］. China Mining Magazine, 2009, 18（8）：4-6, 16.

［60］ Shang D, Yin G, Li X, et al. Analysis for green mine（phosphate）performance of China：An evaluation index system ［J］. Resources Policy, 2015, 46：71-84.

［61］ Shi H Q. Mine green mining ［J］. Energy Procedia, 2012, 16（Part A）：409-416.

［62］ Su Lining, Li Fang. Global green new deal and green economy policy reform in China ［J］. Science & Technology Progress and Policy, 2011, 28（8）：95-99.

［63］ Whitall D, Ricker B S, Ferreir A J, et al. Assessment of eutrophication in Estuaries：pressure-state-response and nitrogen source apportionment ［J］. Environmental Management, 2007, 40（4）：678-690.

［64］ Yang L. Developing recycling economy on mining and building green mines ［J］. China Mining Magazine, 2006（4）：23-25, 33.

［65］ Yin X G, Huo T. A Synthesis of foreign scholars' research on low carbon economy ［J］. China Population, Resources and Environment, 2010, 20（9）：18-23.

［66］ 白中科, 杨侨, 白甲林. 论绿色矿山建设的源头管控与过程监管 ［J］. 中国矿业, 2018, 27（8）：75-79.

［67］ 布尔台煤矿：煤矿变"美矿" ［J］. 中国环境监察, 2022（4）：102-104.

［68］ 曹献珍. 国外绿色矿山建设对我国的借鉴意义 ［J］. 矿产保护与利用, 2011（1）：19-23.

［69］ 曹正远, 李浩荡, 丁震. 数字信息基础设施在煤炭行业的探索与实践 ［J］. 能源科技, 2022, 20（2）：3-8.

［70］ 陈斌, 张有乾, 艾聪. 基于绿色开采的绿色矿山建设 ［J］. 山西焦煤科技, 2010（6）：50-53.

［71］ 陈国栋, 郭宝奎, 刘瑄, 等. 对山东省绿色矿山建设与发展的思考 ［J］. 山东国土资源, 2018（6）：55-58.

［72］ 陈莲芳, 严良. 基于复合区位熵的中国油气资源产业集群识别 ［J］. 中国人口·资源与环境, 2012, 22（2）：152-158.

［73］ 崔亚仲, 任艳艳, 白明亮. 神东矿区煤炭智能化建设实践 ［J］. 煤炭科学技术, 2022, 50（S1）：218-226.

[74] 崔周全，李小双，李云驹，等．绿色矿山建设实践中磷矿资源税费改革的思考［J］．现代矿业，2016（6）：1-4.

[75] 丁全利，姜圣才．创新引领绿色发展［N］．中国国土资源报，2015-9-5.

[76] 范莹．制造企业低碳化运营驱动因素及激励对策研究［D］．天津：天津财经大学，2013.

[77] 冯德祥．区域经济与生态环境冲突协调的实证研究［D］．济南：华东大学，2012.

[78] 冯国庭．智能薄煤层等高综采工作面关键技术与装备［J］．煤炭科学技术，2022，50（S1）：264-268.

[79] 冯双剑．换机器减人员 促转型保安全——国能神东煤炭集团煤炭智能化建设工作小记［J］．中国应急管理，2022（3）：78-81.

[80] 冯银．湖北省生态文明建设水平评价研究［D］．武汉：中国地质大学（武汉），2018.

[81] 高登云，李瑞群．神东矿区井下回采矸石处理和地面矸石重复利用技术［J］．煤炭工程，2021，53（5）：13-16.

[82] 高峰，石建祥，陈加更，等．以绿色环保为目标的煤矿矿井水综合处理系统构建与实施［J］．国企管理，2022（18）：50-53.

[83] 龚斌，师懿，陈姚朵，等．生态文明建设背景下绿色矿山内涵扩展研究［J］．中国矿业，2017，26（8）：81-84.

[84] 关万里，白永亭．神东矿区现代化掘进工作面一体化高效除尘技术及装备［J］．中国煤炭，2022，48（S1）：62-67.

[85] 关万里，罗望，王钰，等．神东矿区现代化掘进工作面一体化高效除尘技术及装备［J］．煤炭科学技术，2022，50（S1）：147-151.

[86] 郭利刚．我国煤矿、金属矿山损毁土地复垦潜力研究［D］．北京：中国地质大学（北京），2011.

[87] 郭炜煜．京津冀一体化发展环境协同治理模型与机制研究［D］．北京：华北电力大学，2016.

[88] 韩浩波，赵晓蕊．神东煤炭集团企业文化软实力模型构建及提升对策［J］．煤炭经济研究，2023，43（3）：104-112.

[89] 韩文彬．标杆党支部如何在实践工作中发挥引领示范作用［J］．支部建设，2021（2）：38-40.

[90] 郝俊奇，郝熙春，贾建强．全面定额量化管理改革实践——以神东煤炭集团公司为例［J］．中国人力资源社会保障，2021（1）：46-48.

[91] 黑与绿：煤矿区的精彩转身［J］．可持续发展经济导刊，2022（5）：2.

[92] 侯增周．山东省东营市环境与经济发展协调度评估［J］．中国人口·资源与环境，

2011, 21（7）：157-160.

[93] 霍春龙．论政府治理机制的构成要素、涵义与体系［J］．探索，2013（1）：81-84.

[94] 靳利飞，安翠娟．关于绿色矿山建设的优惠政策探讨［J］．中国人口·资源与环境，
2014, 24（5）：349-351.

[95] 靖培星，卢明银，巩维才，等．基于区间直觉模糊熵和变权理论的井工煤矿绿色矿山评
价［J］．中国矿业，2016, 25（12）：59-63, 75.

[96] 鞠建华，强海洋．中国矿业绿色发展的趋势和方向［J］．中国矿业，2017, 26（2）：
7-12.

[97] 康静．我国油页岩企业绿色矿山建设路径研究［D］．北京：中国地质大学（北
京），2014.

[98] 康柳．浅析我国矿山环境的问题与防治措施［J］．能源与环境，2012（15）：138.

[99] 可敬．煤矿矿井水处理系统探讨［J］．煤炭科学技术，2022, 50（S1）：187-193.

[100] 寇晓蓉，白中科，薛藩秀．绿色矿山建设与土地整治的关系［J］．东北农业大学学报，
2017, 48（4）：89-96.

[101] 李昌干．绿色矿山建设实践与发展论述——以庆安帝圣矿业有限公司为例［J］．中国
矿业，2012（9）：57-60.

[102] 李国政．"绿色矿业"的逻辑机理、实践探索与推进策略［J］．西部论坛，2018, 28
（2）：79-90.

[103] 李华．基于系统仿真和情景模拟的崇明生态安全评估［D］．上海：华东师范大
学，2010.

[104] 李奇明，杨树旺，王来峰．我国绿色矿山鼓励政策评析［J］．中国国土资源经济，2014
（3）：52-55.

[105] 李晓西，潘建成．中国绿色发展指数的编制——《2010 中国绿色发展指数年度报告
——省际比较》内容简述［J］．经济研究参考，2011（2）：36-64.

[106] 李新华．传承百年奋斗经验　保障国家能源安全　为实现第二个百年奋斗目标贡献神
东力量［J］．中国煤炭工业，2022（2）：18-20.

[107] 李新宇，王飞．矿山企业发展绿色矿业经济博弈分析［J］．中国国土资源经济，2013
（5）：24-25.

[108] 李玉照，刘永，颜小品．基于 DPSIR 模型的流域生态安全评价指标体系研究［J］．北京
大学学报（自然科学版），2012, 48（6）：971-981.

[109] 栗欣．绿色矿山建设模式的实践与探索［J］．中国国土资源，2017（4）：22-25.

[110] 栗欣．国家级绿色矿山模式研究［M］．北京：地质出版社，2014.

[111] 栗欣．我国绿色矿山建设实践、问题及对策［J］．矿产保护与利用，2015（3）：1-5.

[112] 林媚珍, 许阳萍, 谢鸿宇, 等. 基于 PSR-AHP 方法的中山市生态安全评价 [J]. 南师范大学学报 (自然科学版), 2010 (4): 107-111.

[113] 刘海平, 王义. 神东矿区资源环境治理对策研究及其具体实践 [J]. 中国煤炭, 2023, 49 (S1): 6-14.

[114] 刘建芬. "一带一路" 沿线中国省域绿色矿山发展策略 [J]. 中国经贸导刊, 2017 (11): 27-29.

[115] 刘建兴. 绿色矿山的概念内涵及其系统构成研究 [J]. 中国矿业, 2014, 23 (2): 51-54.

[116] 刘丽萍, 侯华丽, 刘建芬. 对我国绿色矿山建设与发展的思考 [J]. 中国国土资源经济, 2015 (7): 18-21, 25.

[117] 刘儒侠. 神东煤炭集团绿色矿山重点工作系统评估研究及建议 [J]. 中国煤炭工业, 2023 (9): 84-85.

[118] 刘欣. 生态文明建设背景下矿山环境保护与治理 [J]. 环境保护, 2013 (19): 41-42.

[119] 刘玉强. 绿色矿山建设现状及展望 [J]. 矿产保护与利用, 2011 (1): 4-8.

[120] 罗利华, 胡先杰, 汤承双. 基于指数的我国科技服务业发展水平评价研究 [J]. 中国科技资源导刊, 2017, 49 (6): 20.

[121] 罗文. 国能神东煤炭集团重大科技创新成果与实践 [J]. 煤炭科学技术, 2023, 51 (2): 1-43.

[122] 吕帅, 王新国, 陈宇鹏. 上湾煤矿绿色矿山建设实践 [J]. 中国煤炭, 2023, 49 (S1): 41-45.

[123] 马莉. 我国绿色矿山发展水平评价及发展模式与长效机制研究 [D]. 北京: 中国矿业大学 (北京), 2022.

[124] 苗泽华. 全面建设绿色矿山: 京津冀经济与环境协同发展基础工程 [J]. 企业经济, 2017 (6): 23-28.

[125] 庞博. 矿产资源开发对中国矿产资源型地区经济发展的影响及其机制研究 [D]. 西安: 西北大学, 2013.

[126] 彭建平, 沈述保. 绿色矿山建设长效机制与典型案例 [J]. 黄金科学技术, 2016, 24 (4): 133-136.

[127] 蒲应举, 杨华舒, 王学鹏, 等. 新疆非金属矿业发展方向——绿色矿业 [J]. 中国非金属矿工业导刊, 2014 (2): 3-4.

[128] 乔繁盛, 栗欣. 推进绿色矿山建设工作之浅见 [J]. 中国矿业, 2010 (10): 59-62.

[129] 乔繁盛, 栗欣. 绿色矿山建设工作的进展与成效 [J]. 中国矿业, 2012 (8): 1-3.

[130] 乔振峰, 谢进, 王占飞, 等. 基于 "7+1+1" 基础架构的智能矿山建设 [J]. 工矿自动

化，2022，48（S1）：1-5.

[131] 申文金，张文辉．"标准化"手段助力绿色矿山建设的探讨［J］．现代矿业，2018（4）：1-4，10.

[132] 司春彦．我国绿色矿山投资效率评价——基于 DEA 模型［D］．北京：中国地质大学（北京），2017.

[133] 宋海彬．绿色矿山绩效评价指标设计［J］．煤炭技术，2013，32（8）：5-7.

[134] 宋学峰，温斌．绿色矿山建设水平定量化评价研究［J］．中国矿业，2014，23（4）：54-56，61.

[135] 孙伟，周磊．"十二五"时期我国发展绿色经济的对策思考［J］．湖北社会科学，2012（8）：81-84.

[136] 孙彦辉．新疆阿勒泰地区绿色矿业经济发展战略研究［D］．武汉：中国地质大学（武汉），2015.

[137] 滕永波．地下金属矿山绿色产业链模式构建与应用研究——以安徽徐楼铁矿为例［D］．北京：中国地质大学（北京），2017.

[138] 王斌．我国绿色矿山评价研究［D］．北京：中国地质大学（北京），2014.

[139] 王春芳，高兵，黄贤营，等．生态脆弱区绿色矿业发展研究：以新疆克州为例［J］．中国矿业，2017，26（10）：101-105.

[140] 王春芳．系统论视角下的绿色矿山建设研究——以丰泰油页岩矿为例［D］．北京：中国地质大学（北京），2015.

[141] 王存飞．加快绿色低碳发展　全力打造黄河流域生态保护与高质量发展先行示范区［J］．中国煤炭工业，2023（9）：30-33.

[142] 王迪．中国煤炭产能评估体系与调控政策研究［D］．徐州：中国矿业大学（徐州），2014.

[143] 王飞．绿色矿业经济发展模式研究——以平顶山煤业集团四矿为例［D］．武汉：中国地质大学（武汉），2012.

[144] 王海霞．节能减排的国际比较研究［D］．哈尔滨：东北林业大学，2011.

[145] 王建．我国矿业企业社区关系研究［D］．北京：中国地质大学（北京），2017.

[146] 王凯．系统论与榆神府矿区绿色矿山建设模式［J］．陕西煤炭，2018（4）：30-32.

[147] 王磊．绿色矿业经济发展路径探索［J］．产业与科技论坛，2017，16（4）：17-18.

[148] 王明旭，许梦国，王平，等．基于新型木桶理论的绿色矿山建设水平评价［J］．中国矿业，2013，22（12）：68-72.

[149] 王浦，周进生，张旭，等．矿业城市低碳经济发展与绿色矿山建设研究［J］．中国人口·资源与环境，2013（5）：67-70.

[150] 王浦．鹤岗新岭煤矿绿色矿山建设战略研究［D］．北京：中国地质大学（北京），2013.

[151] 王素萍．关于绿色矿山建设规划编制的探讨［J］．中国国土资源经济，2012（2）：32-34.

[152] 王旭，李志伟．浅谈神东矿区的绿色矿山建设［J］．陕西煤炭，2022，41（4）：212-215.

[153] 王永生，黄洁，李虹．澳大利亚矿山环境治理管理、规范与启示［J］．中国国土资源经济，2006（11）：36-38.

[154] 王玉丽，赵晓蕊．企业文化服务供给模式研究——基于神东公司问卷调查的分析［J］．企业管理，2023（3）：118-122.

[155] 王中亚．资源诅咒与资源型城市可持续发展研究［D］．天津：天津大学，2011.

[156] 温亮．神东煤炭集团智能化建设探索与实践［J］．工矿自动化，2022，48（S2）：62-64.

[157] 文莉军．海口磷矿绿色矿山建设示范与综合评价［D］．重庆：重庆大学，2014.

[158] 武建稳．绿色矿山评价指标体系构建——以湖南有色新田岭钨矿为例［D］．北京：中国地质大学（北京），2012.

[159] 相洪波．我国绿色矿业发展现状分析及对策建议［J］．中国国土资源经济，2016（10）：48-51.

[160] 肖砚涛．强化国有企业党员教育工作的实践与思考［J］．中国煤炭工业，2023（1）：80-81.

[161] 谢媛媛．新闻出版产业发展指数及其影响因素研究［D］．合肥：合肥工业大学，2016.

[162] 徐杰芳．煤炭资源型城市绿色发展路径研究［D］．合肥：安徽大学，2018.

[163] 徐夕岭，宋焕虎．唐山矿绿色矿山建设实践与探索［J］．煤炭与化工，2017，40（9）：152-154，157.

[164] 许加强．基于熵理论的绿色煤炭矿山综合评价研究［D］．北京：中国地质大学（北京），2017.

[165] 许晓艳．关于煤炭企业发展循环经济的探讨［J］．中国中小企业，2022（7）：195-197.

[166] 薛藩秀．我国绿色矿山建设评价及实证——以平朔矿区为例［D］．北京：中国地质大学（北京），2016.

[167] 闫志刚，刘玉朋，王雪丽．绿色矿山建设评价指标与方法研究［J］．中国煤炭，2012，38（2）：116-120.

[168] 严慧．大屯矿区绿色矿山建设评价及对策研究［D］．徐州：中国矿业大学（徐州），2015.

［169］杨俊彩．神东矿区新型沿空留巷技术装备研究与应用［J］．煤炭科学技术，2022，50（S2）：113-120．

［170］杨俊鹏，戴华阳，张建伟．新常态下我国绿色矿山建设面临问题与解决途径［J］．中国矿业，2017，26（1）：67-71．

［171］尹建华．产业层面发展循环经济的理论与实践［M］．北京：中国社会科学出版社，2010．

［172］尤文顺．国家能源集团打造"1235"煤矿智能化建设模式　加快推进煤炭工业高质量发展［J］．智能矿山，2022，3（2）：26-33．

［173］袁伟．神东煤炭集团：提高政治站位　忠实履职尽责［J］．中国煤炭工业，2021（6）：18-19．

［174］云中光．资源型城市产业发展新模式研究［D］．武汉：武汉理工大学，2012．

［175］张德明，贾晓晴，乔繁盛，等．绿色矿山评价指标体系的初步探讨［J］．再生资源与循环经济，2010，3（12）：11-13．

［176］张建军．国能神东煤炭集团廉洁文化建设方法和途径［J］．现代企业，2023（5）：145-147．

［177］张楠．有色金属行业绿色矿山建设与差异化管理建议［J］．中国矿业，2018，18（3）：106-109．

［178］张清军，鲁俊娜．我国绿色矿山建设现状、问题及发展途径［C］//第四届中国矿山安全技术装备与管理大会，2014，8：21-24．

［179］张薇．神东矿区排矸场治理技术研究与应用［J］．内蒙古煤炭经济，2022（10）：150-152．

［180］张薇．神东生态矿区规划研究与建设实践［J］．中国煤炭，2023，49（S1）：66-70．

［181］张煜，牛国锋．走资源开发与绿色矿山建设双赢之路——内蒙古大中矿业股份有限公司和谐矿业环境建设纪实［J］．西部资源，2011（5）：8-9．

［182］赵利鼎，高姣姣，郭靖，等．绿色矿山建设模式的实践与探索［J］．化工设计通讯，2017（12）：251．

［183］赵仕玲．国外矿山环境保护制度对中国的借鉴［J］．中国矿业，2007（10）：35-38．

［184］赵洋．基于PSR概念模型的我国战略性矿产资源安全评价［D］．北京：中国地质大学（北京），2011．

［185］郑先坤，朱易春，连军锋，等．新常态下江西省绿色矿山建设供给侧改革发展策略研究［J］．中国人口·资源与环境，2018（S2）：82-86．

［186］周灵．绿色矿业经济评价指标体系构建与实证［J］．统计与决策，2018，34（20）：68-70．

[187] 周曙东．"两型社会"建设中企业环境行为及其激励机理研究 [D]．长沙：中南大学，2012.

[188] 朱晓兰．提升煤炭企业舆论引导水平的探索与实践 [J]．中国煤炭工业，2020（11）：72-73.

[189] 邹才华．试论可持续发展理念下绿色矿山的建设路径 [J]．中国高新技术经济，2016（36）：203-205.